"互联网＋"
新形态教材

普通高等教育"十三五"精品规划教材

机械设计制造及其自动化专业课程群系列

# 机械工程测试技术及应用

主　编　陈保家
副主编　李　力　曾祥亮　陈法法　赵美云

U0294036

中国水利水电出版社
www.waterpub.com.cn

·北京·

## 内容提要

本书共 12 章，主要内容包括：绪论，常用传感器原理，信号的描述方法，测试系统的特性，信号的调理方法，信号分析与处理基础，计算机测试系统与虚拟仪器，位移测量，振动测试，应变、力与扭矩测量，流体参量的测量，温度测量等。

本书内容编排上力求使理论基础与工程实践有机结合，更多赋予测试技术知识以工程实际意义和内涵。书中融入了作者在长期教学和科研中的工作经验与科技进步新成果，阐述问题深入浅出、循序渐进。

本书配有丰富的二维码资源（视频/微课/文档/图片/实验指导/习题解答/试卷及参考答案），方便读者随时随地学习。

本书可作为高等学校本科机械类专业"机械工程测试技术"课程的教材，也可作为高等职业学校机械类专业"机械工程测试技术"课程的教材，还可供机械工程相关领域的工程技术人员使用和参考，或作为继续教育培训的参考教材。

## 图书在版编目（CIP）数据

机械工程测试技术及应用 / 陈保家主编. -- 北京：
中国水利水电出版社，2019.6
普通高等教育"十三五"精品规划教材
ISBN 978-7-5170-6661-3

Ⅰ. ①机… Ⅱ. ①陈… Ⅲ. ①机械工程－测试技术－高等学校－教材 Ⅳ. ①TG806

中国版本图书馆CIP数据核字(2018)第169026号

策划编辑：雷顺加　责任编辑：宋俊娥

| | |
| --- | --- |
| 书　　名 | 普通高等教育"十三五"精品规划教材<br>**机械工程测试技术及应用**<br>JIXIE GONGCHENG CESHI JISHU JI YINGYONG |
| 作　　者 | 主　编　陈保家<br>副主编　李　力　曾祥亮　陈法法　赵美云 |
| 出版发行 | 中国水利水电出版社<br>（北京市海淀区玉渊潭南路 1 号 D 座　100038）<br>网址：www.waterpub.com.cn<br>E-mail：sales@waterpub.com.cn<br>电话：(010) 68367658（营销中心） |
| 经　　售 | 北京科水图书销售中心（零售）<br>电话：(010) 88383994、63202643、68545874<br>全国各地新华书店和相关出版物销售网点 |
| 排　　版 | 北京智博尚书文化传媒有限公司 |
| 印　　刷 | 三河市龙大印装有限公司 |
| 规　　格 | 185mm×260mm　16 开本　15 印张　362 千字 |
| 版　　次 | 2019 年 6 月第 1 版　2019 年 6 月第 1 次印刷 |
| 印　　数 | 0001—3000 册 |
| 定　　价 | 42.00 元 |

制造业是实体经济的主体，是国民经济的脊梁，是国家安全和人民幸福安康的物质基础，是我国经济实现创新驱动、转型升级的主战场。然而，与发达国家相比，我国制造业创新能力、整体素质和竞争力仍有明显差距，大而不强。因此，实现从制造大国向制造强国的转变，是新时期我国制造业应着力实现的重大战略目标。为了推进这一历史性的转变，国务院组织编制并于 2015 年 5 月 8 日正式发布了《中国制造 2025》，对我国制造业转型升级和跨越发展作了整体部署，提出了我国制造业由大变强"三步走"战略目标，明确了建设制造强国的战略任务和重点。《中国制造 2025》围绕经济社会发展和国家安全重大需求，选择 10 大优势和战略产业作为突破点，力争到 2025 年达到国际领先地位或国际先进水平。作为制造业发展的关键支承技术，制造业信息化将信息技术、自动化技术、现代管理技术与制造技术相结合，可以改善制造企业的经营、管理、产品开发和生产等各个环节，提高生产效率、产品质量和企业的创新能力，降低消耗，带动产品设计方法和设计工具的创新、企业管理模式的创新、制造技术的创新以及企业间协作关系的创新，从而实现产品设计制造和企业管理的信息化、生产过程控制的智能化、制造装备的数控化以及咨询服务的网络化，全面提升我国制造业的竞争力。

在机械制造业信息化和创新型人才培养中，测试技术和工程测试技术课程起着极为重要的作用。测试技术是一门综合性技术，涉及传感、微电子、控制、计算机、信号处理、精密机械设计等多门学科。随着机电一体化技术的应用，测试技术和信号处理迅猛发展，并在机械工程领域得到广泛的应用，已成为机械类及相关专业学生必须掌握的理论基础之一。由于机械设备零部件之间的相互运动，大多数机械信号为动态信号，加之安装、环境及自身制造等因素，使得机械测试和信号处理具有自身特点。为此，本书针对机械工程测试与信号的特点，详细介绍了本学科领域基础知识及其工程应用，使学生能够很好地掌握有关机械工程相关信号的传感、测试、分析和处理知识，并能将其用于解决实际问题，为进一步学习和研究奠定必要的基础。

本书内容可分为测试技术的基础知识和工程应用两大部分。基础知识按测试技术中涉及的基本环节，如传感器、中间调理器、信号处理器、记录显示仪器等展开，循序渐进。工程应用主要介绍机械工程中典型物理量的测试方法和应用，不同的专业可以根据教学要求有选择性地进行讲授。书中内容编排上力求使理论与实践有机结合，更多地赋予测试技术知识以工程实际意义和内涵。本书共分 12 章，主要内容包括：第 1 章绪论，介绍测试技术的内容、测试技术在机械工程中的作用、测试系统的组成和本课程的学习要求。第 2 章常用传感器原理，介绍传感器的分类、电阻式传感器、电感式传感器、电容式传感器、压电式传感器、磁电式传感器、光电式传感器、热电式传感器、其他类型（超声波、光纤、集成）传感器和传感器的选用原则。第 3 章信号的描述方法，介绍信号的分类、信号的时域描述、信号的频域描述和随机信号的描述。第 4 章测试系统的特性，介绍线性系统及其基本性质、测试系统的静态特性、测试系统的动态特性、不失真测试条件、一阶和二阶系统的特性、测量装置动态特性的测量、负载效应和测试装置的抗干扰。第 5 章信号的调理方法，介绍电桥、信号的滤波、信号调制与解调、信号的放大和测试信号的显示与记录。第 6 章信号分析与处理基础，介绍信号的相关分析、功率谱分析及其应用、数字信号处理基础和现代信号分析方法。第 7 章计算机测试系统与虚拟仪器，介绍计算机测试系统的概述及组成、插卡式测试系统、仪器前端和虚拟仪器。第 8 章位移测量，介绍常用的位移传感器（包括差动变压器位移传感器、电容式位移传感器、应变片式位移传感器）和位移测量的应用。第 9 章振动测试，介绍机械振动的基础知识、常用的测振传感器和机械振动测试系统。第 10 章应变、力与扭矩测量，介绍应变与应力的测量、力的测量和扭矩的测量方法。第 11 章流体参量的测量，介绍压力的测量和流量的测量。第 12 章温度测量，介绍温度标准和测量方法、热电偶温度计、热电阻温度计和非接触式测温法。本书融入了编者长期从事机械测试与信号处理方面的教学经验和科研成果，以及最新的科技进展。同时，参考了国内外测试与信号处理类教材和相关资料。

本书是湖北省精品课程"机械工程测试技术"配套教材，书中配有丰富的二维码，用手机扫前言中的"资源总码"二维码，可以查看全书资源明细，或者扫书中的二维码打开云平台中的相关资源。书中所配资源主要包括免费教学课件、视频、微课、文档、图片、题库、习题解答、实验指导、试卷及参考答案等。

本书由陈保家、李力、曾祥亮、陈法法、赵美云共同编写，其中第 1、6 章由李力编写，第 2、3、4、5 章由陈保家编写，第 7、8、9 章由陈法法编写，第 10、11 章由赵美云编写，第 12 章由曾祥亮编写。部分文字录入、修改、格式整理、校对等工作由硕士研究生沈保明、刘浩涛、聂凯、汪新波、邱光银、游虎、杨晓青、代绍雄、方俊豪完成。本书最后统稿、审阅修改由陈保家完成。

由于编者学识水平和经验有限，书中存在一些疏漏之处在所难免，恳请各位专家和读者批评指正。

编　者

2019 年 3 月

# 目录
**C**ONTENTS

# 第1章 绪论

在信息社会的今天，信息的获取、传输和交换已经成为人类最基本的活动。信息是反映一个系统的状态或特性的预先未知知识，是人类对外界事物的感知。信息是多种多样、丰富多彩的，其具体物理形态也千差万别，如视觉信息和话音信息等，人类要正确地获取和传输信息，是不能通过信息本身完成的，必须借助一定的载体——信号。例如，视觉信息表现为亮度或色彩变化等；话音信息表现为声压。古人利用点燃烽火台而产生的滚滚狼烟，向远方军队传递敌人入侵的消息，人们观察到的光信号，反映的是"敌人来了"（信息）；当我们说话时，声波传递到他人的耳朵，使他人了解我们的意图（信息），这属于声信号；遨游太空的各种无线电波、四通八达的电话网中的电流等，都可以用来向远方表达各种信息，这属于电信号。人们通过对光、声、电等信号的接收，可以知道对方要表达的信息。

因此，信息本身是不具有传输、交换功能的，只有通过信号才能实现这种功能。而信号与测试技术密切相关，测试技术是从被测对象的测试信号中提取所需特征信息的技术手段。在工程实际中，无论是工程研究、产品开发，还是质量监控、性能试验等，都离不开测试技术。测试技术是人类认识客观世界的手段，是科学研究的基本方法。

## 1.1　测试技术的内容

测试是具有试验性质的测量，它包含测量和试验两方面的内容。测试的基本任务是获取信息，而信息又蕴涵在某些随时间或空间变化的物理量中，即信号之中。因此，测试技术主要研究各种物理量的测量原理、测量方法、测量系统以及测量信号处理方法。

测量原理指实现测量所依据的物理、化学、生物等现象及有关定律。例如，用压电晶体测振动加速度时所依据的是压电效应；用电涡流位移传感器测静态位移和振动位移时所依据的是电磁效应；用热电偶测量温度时所依据的是热电效应等。

测量方法是在测量原理确定后，根据对测量任务的具体要求和现场实际情况，需要采用不同的测量方法等，如直接测量法与间接测量法、电测法与光测法、模拟量测量法与数字量测量法等。机械工程中常将各种机械量（一般为非电物理量）变换为电信号，以便传输、存储和处理。

测量系统是在确定了被测量的测量原理和测量方法以后，设计或选用各种测量装置组成的测试系统。要获得有用的信号，必须对被测物理量进行转换、分析和处理，这就需要借助一定的测试系统。

利用测试系统测得被测对象的信号常常含有许多噪声，必须对测试得到的信号进行转换、分析和处理，提取出所需要的信息，才能获得正确可靠的结果。

## 1.2 测试技术在机械工程中的作用

测试技术与科学研究、工程实践密切相关，科学技术的发展历史表明，许多新的发现和突破都是以测试为基础的。同时，其他领域科学技术的发展和进步又为测试提供了新的方法和装备，促进了测试技术的发展。在机械工程领域，测试技术得到了广泛的应用，已成为一项重要的基础技术。下面列举其在几个方面的作用。

### 1.2.1 在机械振动和结构设计中的作用

在工业生产领域里，机械结构的振动分析是一个重要的研究课题。采用各种振动传感器，在工作状态或人工输入激励下，获取各种机械振动的测试信号，再对这些机械信号进行分析和处理，提取出各种振动特征参数，从而得到机械结构的各种有价值信息，尤其是通过对机械振动信号的频谱分析、机械结构模态分析和参数识别技术等方法，用以分析振动性质及产生原因，找出消振、减振的方法，进一步改进机械结构的设计，提高产品质量。

### 1.2.2 在自动化生产中的作用

在工业自动化生产中，通过对工艺参数的测试和数据采集，实现工艺流程、产品质量和设备运行状态的监测和控制。如图 1-1 所示为自动轧钢系统，测力传感器实时测量轧钢的轧制力大小，测厚传感器实时测量钢板的厚度，这些测量信号反馈到控制系统后，控制系统根据轧制力和板材厚度信息来调整轧辊的位置，保证了板材的轧制尺寸和质量。

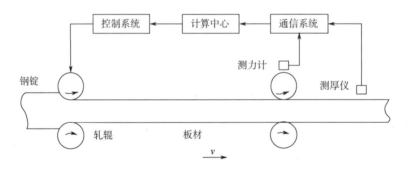

图 1-1 自动轧钢系统

### 1.2.3 在产品质量和自动控制中的作用

在汽车、机床设备和电机、发动机等零部件出厂时，必须对其性能质量进行测量和出厂检验。例如在汽车出厂检验中，测量参数包括润滑油温度、冷却水温度、燃油压力及发动机转速等。通过对汽车的抽样测试，工程师可以了解产品质量。

在各种自动控制系统中，测试环节是重要的组成部分，起着控制系统感官的作用，最典型的就是各种传感器的使用。如图 1-2 所示的汽车制造生产线上的焊接机器人，其上的激光测距传感器、机器人转动/移动位置传感器以及力传感器等协调工作，从而确保汽车车身的尺寸和焊接强度。

图 1-2 汽车制造生产线上的焊接机器人

### 1.2.4 在机械监测和故障诊断中的作用

在电力、冶金、石化、化工等众多行业中，某些关键设备，如汽轮机、燃气轮机、水轮机、发电机、电机、压缩机、风机、泵、变速箱等的工作状态关系到整个生产的正常流程。对这些关键设备的运行状态实施 24 小时实时动态监测，可以及时、准确地掌握它的变化趋势，为工程技术人员提供详细、全面的机组信息，是实现设备事后维修或定期维修向预测维修转变的基础。

如图 1-3 所示是水电站大型金属结构的应力检测，应变片直接粘贴在结构上进行测量。如图 1-4 所示是管道腐蚀检测系统，它利用漏磁原理来检验管道的内部腐蚀，具有操作简单、高效、便携的特点。如图 1-5 所示是一个数字化加工厂的测试系统，系统含切削力传感器、加工噪声传感器、超声波测距传感器、红外接近开关传感器等，这些信号传输到中心控制室进行分析和处理，作为设备监测和诊断的依据。

图 1-3 金属结构应力检测

图 1-4 管道腐蚀检测系统

## 1.3 测试系统的组成

测试系统的基本组成可用图 1-6 表示。一般来说，测试系统包括传感器、信号调理、信号分析及处理，以及信号的显示与记录。有时候测试工作所希望获取的信息并没有直接蕴含

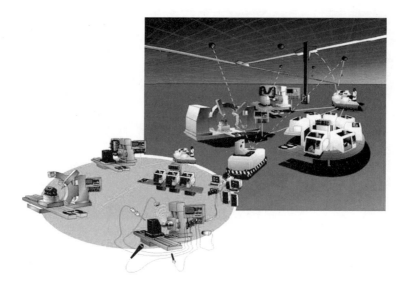

图 1-5　数字化加工厂的测试系统

图 1-6　测试系统的基本组成框图

在可检测的信号中，这时测试系统就需要选用合适的方式激励被测对象，使其响应并产生既能充分表征其有关信息又便于检测的信号。

在测试系统中，当传感器受到被测量的直接作用后，能按一定规律将被测量转换成同种或别种量值输出，其输出通常是电信号。如金属电阻应变片是将机械应变值的变化转换成电阻值的变化，电容式传感器测量位置时是将位移量的变化转换成电容量的变化等。

传感器输出的电信号种类很多，输出功率又太小，一般不能将这种电信号直接输入到后续的信号处理电路或输出元件中去。信号调理环节的主要作用就是对信号进行转换和放大，即把来自传感器的信号转换成更适合进一步传输和处理的信号。信号转换在多数情况下是电信号之间的转换，将各种电信号转换为电压、电流、频率等少数几种便于测量的电信号。

信号处理环节接收来自信号调理环节的信号，并进行各种运算、滤波、分析，将结果输出至显示、记录或控制系统。例如，扭矩传感器可以测出转轴的转速 $n$ 和它的扭矩 $M$，信号处理环节对 $M$ 和 $n$ 进行乘法运算，可以得到此转轴传输的功率 $P = Mn$，然后将其输出到显示与记录设备上。

信号显示记录环节以观察者易于识别的形式来显示测量结果，或将测量结果存储，以供需要时使用。

图 1-6 是一个完整的工程测试系统，在某些情况下，有些环节是可以简化或省略的，如测试系统构成自动控制系统的一个组成单元时，可能显示、记录设备就不需要了，但传感器环节是任何测试系统必不可少的。

# 1.4　测试技术的发展趋势

测试技术随着现代科学技术的发展而迅速发展，特别是计算机、软件、网络、通信等技术的发展推动了测试技术的日新月异。可以归纳为以下几方面。

## 1.4.1　传感器向新型、微型、智能化方向发展

传感器的作用是获取信号，是测试系统的首要环节，现代测试系统都以计算机为核心，信号处理、转换、存储和显示等都与计算机直接相关，属于共性技术，唯独传感器是千变万化、多种多样的，所以测试系统的功能更多地体现在传感器方面。

新的物理、化学、生物效应用于传感器是传感器技术的重要发展方向之一。每一种新的物理效应的应用，都会出现一种新型的敏感元件，或者能测量某种新的参数。例如一些声敏、湿敏、色敏、味敏、化学敏、射线敏等新材料与新元件的应用，有力地推动了传感器的发展。由于物性型传感器的敏感元件依赖于敏感功能材料，因此，敏感功能材料（如半导体、高分子合成材料、磁性材料、超导材料、液晶材料、生物功能材料、稀土金属等）的开发也推动着传感器的发展。

快变参数和动态测量是机械工程测试和控制系统中的重要环节，其主要支柱是微电子与计算机技术。传感器与微计算机结合，产生了智能传感器，也是传感器技术发展的新动向。智能传感器能自动选择测量量程和增益，自动校准与实时校准，进行非线性校正、漂移等误差补偿和复杂的计算处理，完成自动故障监控和过载保护。通过引入先进技术，智能传感器可以利用微处理技术提高传感器精度和线性度，修正温度漂移和时间漂移。

近年来，传感器向多维发展，如把几个传感器制造在同一基体上，把同类传感器配置成传感器阵等。因此，传感器必须要微细化、小型化才可能实现多维传感器。

## 1.4.2　测试仪器向高精度和多功能方向发展

仪器与计算机技术的深层次结合产生了全新的仪器结构，即虚拟仪器。虚拟仪器采用计算机开放体系结构来取代传统的单机测量仪器，将传统测量仪器的公共部分（如电源、操作面板、显示屏、通信总线和 CPU）集中起来由计算机共享，通过计算机仪器扩展板和应用软件在计算机上实现多种物理仪器，实现多功能集成。

随着微处理器速度的加快，使得一些实时性要求提高，原来要由硬件完成的功能，可以通过软件来实现，即硬件功能软件化。另外，在测试仪器中广泛使用高速数字处理器也极大地增强了仪器的信号处理能力和性能，仪器精度也获得了大大的提高。

## 1.4.3　测试与信号处理向自动化方向发展

越来越多的测试系统都采用以计算机为核心的多通道自动测试系统，这样的系统既能实现动态参数的在线实时测量，又能快速地进行信号实时分析与处理。随着信号处理芯片的出现和发展，对简化信号处理系统结构、提高运算速度、加速信号处理的实时能力方面起到很大的推动作用。

## 1.5 本课程的学习要求

测试技术涉及传感技术、计算机技术、信号处理技术、控制技术等多学科的技术知识，是集机电于一体、软硬件相结合的一门综合性技术。目前，测试与信号处理技术正在迅猛地发展，并在机械工程领域得到广泛的应用，已成为机械类专业学生必须掌握的理论基础之一。同时，测试技术又具有很强的实践性。因此，学生在学习中必须注意将理论学习与实践训练密切结合，才能系统地掌握课程知识，获得相应的能力。

本书内容分为测试技术基本理论知识、机械测试技术及其应用、测试技术实验和信号处理编程实验等。学生学完本课程应获得以下知识和能力。

（1）掌握测试技术的基本理论，包括常用传感器原理、信号调理方法、信号分析与处理基本方法等。

（2）熟悉机械工程中常见物理量所用的测试系统、测试方法和计算机辅助测试技术。

（3）具备测试技术的实验技能和数据处理能力。

## 习　题　一

1.1　什么是测试技术？测试技术的研究对象有哪些？

1.2　测试系统的基本组成环节有哪些？并说明各环节的作用。

1.3　试举自己身边的测试技术的应用实例，说明测试技术的重要作用。

1.4　简要概括测试技术的发展。

1.5　如何学习本课程？本课程的学习要求有哪些？

第1章课件　　　习题一答案　　　实验说明及格式　　　MATLAB使用简介　　　测试仪器视频介绍

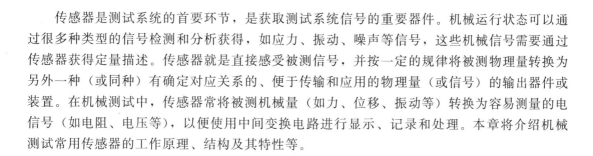

# 第2章 常用传感器原理

传感器是测试系统的首要环节，是获取测试系统信号的重要器件。机械运行状态可以通过很多种类型的信号检测和分析获得，如应力、振动、噪声等信号，这些机械信号需要通过传感器获得定量描述。传感器就是直接感受被测信号，并按一定的规律将被测物理量转换为另外一种（或同种）有确定对应关系的、便于传输和应用的物理量（或信号）的输出器件或装置。在机械测试中，传感器常将被测机械量（如力、位移、振动等）转换为容易测量的电信号（如电阻、电压等），以便使用中间变换电路进行显示、记录和处理。本章将介绍机械测试常用传感器的工作原理、结构及其特性等。

## 2.1 传感器的分类

由于被测物理量的范围广泛，种类多样，而用于构成传感器的物理现象和物理定律又很多，因此传感器的种类、规格十分繁杂，其工作原理和应用场合也各不相同，只有正确地选择传感器，才能满足测试系统的各种要求，真实、准确地获取要测量的信息。在机械测试中，往往一种被测量可用多种类型的传感器来测量。为了便于选择和应用传感器，有必要对其进行合理科学的分类。目前传感器的分类方法有很多，机械测试中主要有下面几种分类方法。

1. 按传感器的被测量分类

根据传感器的被测量，可分为力传感器、位移传感器、速度传感器、温度传感器等。这种分类方法便于实际选用传感器。

2. 按传感器工作的物理原理分类

根据传感器工作的物理原理，可分为机械式传感器、电磁及电子式传感器、辐射式传感器、流体式传感器等。

3. 按传感器信号的变换特征分类

根据传感器信号的变换特征，可分为物性型传感器与结构型传感器。

物性型传感器是根据传感器敏感元件材料本身物理特性的变化来实现信号的转换。如压电加速度计是利用了传感器中石英晶体的压电效应；光敏电阻则是利用材料在受光照作用下改变电阻的效应等。

结构型传感器是指根据传感器的结构变化来实现信号的传感，如电容传感器是依靠改变电容极板的间距或作用面积来实现电容的变化；可变电阻传感器是利用电刷的移动来改变电阻丝的长度从而来改变电阻值的大小。

4. 按传感器的能量变换分类

根据传感器与被测对象之间的能量转换关系，将传感器分为能量转换型和能量控制型。

能量转换型传感器（也称无源传感器）是直接由被测对象输入能量使传感器工作，属于此类传感器的有热电偶温度计、弹性压力计等。

能量控制型传感器（也称有源传感器）则依靠外部提供辅助能源来工作，由被测量来控制该能量的变化。如电桥电阻应变仪，其中电桥电路的能源由外部提供，应变片的变化由被测量引起，从而导致电桥输出的变化。

当前，传感器技术的发展速度很快。随着各行各业对测量任务的需要不断增长，新型的传感器层出不穷。同时，随着现代信息技术的高速发展，传感器也朝着小型化、集成化和智能化的方向发展。传感器已不再是传统概念的传感器，一些现代传感器常常将传感器和处理电路集成在一起，甚至和一个微处理器相结合，构成所谓的"智能传感器"。另外，利用微电子技术、微米技术或纳米技术，可在硅片上制造出微型传感器，使传感器的应用范围更加广泛。可以预见，随着科学技术的发展，传感器技术也将得到更进一步的发展。

机械工程中常用传感器的基本类型归纳见表 2-1。

表 2-1　机械工程中常用的传感器

| 传感器类型 | 名　称 | 被测量 | 变换量 | 应用举例 |
|---|---|---|---|---|
| 机械式 | 弹性转换元件 | 力、压力、温度 | 位移 | 弹簧秤、压力表、温度计 |
| 电磁及电子式 | 电阻式传感器 | 位移 | 电阻 | 直线电位计 |
| | 电阻丝应变片 | 力、位移、应变 | 电阻 | 应变仪 |
| | 半导体应变片 | 力、加速度 | 电阻 | 应变仪 |
| | 电感式传感器 | 力、位移 | 自感 | 电感测微仪 |
| | 电涡流传感器 | 位移、测厚 | 自感 | 涡流式测振仪 |
| | 差动变压器 | 力、位移 | 互感 | 电感比较仪 |
| | 电容式传感器 | 力、位移 | 电容 | 电容测微仪 |
| | 压电元件 | 力、加速度 | 电荷 | 测力计、加速度计 |
| | 磁电传感器 | 速度 | 电势 | 磁电式速度计 |
| | 霍尔元件 | 位移 | 电势 | 位移传感器 |
| | 压磁元件 | 力、扭矩 | 磁导率 | 测力计 |
| | 光敏电阻 | | 电阻 | |
| | 光电池 | | 电压 | 硒光电池 |
| | 光敏晶体管 | 转速、位移 | 电流 | 光敏转速仪 |

## 2.2　电阻式传感器

电阻式传感器种类繁多，应用广泛，常用来测量力、位移、应变、扭矩、加速度等，其基本原理是将被测信号的变化转换成传感元件电阻值的变化，再经过转换电路变成电压信号输出。下面介绍电位器式、电阻应变式等常用的电阻式传感器。

### 2.2.1　电位器式传感器

1. 结构

电位器式传感器的结构如图 2-1 所示。它由电阻元件及电刷（活动触点）两个基本部分组成。电刷相对于电阻元件的运动可以是直线运动、转动和螺旋运动，因而可以将直线位移或角位移转换为与其成一定函数关系的电阻或电压输出。利用电位器作为传感元件可制成各种电位器式传感器，除可以测量线位移或角位移外，还可以测量一切可以转换为位移的其他物理量参数，如压力、加速度等。

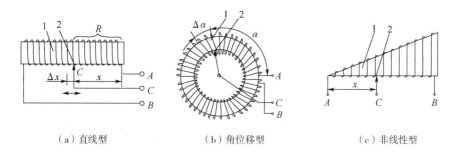

（a）直线型　　　　　　　　　　（b）角位移型　　　　　　　　　（c）非线性型

图 2-1　电位器式传感器的工作原理
1—电阻元件；2—电刷

**2. 工作原理与特点**

电位器式传感器也称为变阻器式传感器，它通过改变电位器的触头位置，把位移转换为电阻的变化。根据式（2-1），如果电阻丝直径和材质一定时，则电阻值随导线长度而变化。

$$R = \rho \frac{l}{A} \tag{2-1}$$

式中，$R$ 为电阻，单位为 $\Omega$；$\rho$ 为电阻率；$l$ 为电阻丝长度；$A$ 为电阻丝截面积。

图 2-1（a）所示为直线位移型电位器式传感器，当被测位移变化时，触点 $C$ 沿电位器移动。假设移动距离为 $x$，则 $C$ 点与 $A$ 点之间的电阻 $R_{AC}$ 为

$$R_{AC} = \frac{R}{L}x = K_L x \tag{2-2}$$

式中，$K_L$ 为导线单位长度的电阻。当导线材质分布均匀时，$K_L$ 为常数。

可见，这种传感器的输出与输入呈线性关系。传感器的灵敏度为

$$S = \frac{dR_{AC}}{dx} = K_L \tag{2-3}$$

图 2-1（b）所示为回转型电位器式传感器，其电阻值随转角而变化，故称为角位移型。这种传感器的灵敏度可表示为

$$S = \frac{dR_{AC}}{d\alpha} = K_\alpha \tag{2-4}$$

式中，$K_\alpha$ 为单位弧度对应的电阻值，当导线材质分布均匀时，$K_\alpha$ 为常数；$\alpha$ 为转角。

图 2-1（c）所示是一种非线性电位器式传感器，其输出电阻与滑动触头的位移之间呈现非线性函数关系。它可以实现指数函数、三角函数、对数函数等各种特定函数关系，也可以实现其他任意函数关系输出。电位器骨架形状由所要求的输出电阻来决定。例如，若输入量为 $f(x) = kx^2$，其中 $x$ 为输入位移，为了使输出的电阻值 $R_x$ 与输入量 $f(x)$ 呈线性关系，电位器骨架应做成直角三角形；如输入量 $f(x) = kx^3$，则应采用抛物线型电位器骨架。

变阻器式传感器的后接电路，一般采用电阻分压电路，如图 2-2 所示。在直流激励电压

$u_e$ 的作用下，这种传感器将位移变成输出电压的变化。当电刷移动距离 $x$ 后，传感器的输出电压 $u_o$ 可用下式计算

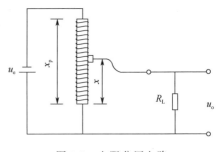

$$u_o = \dfrac{u_e}{\dfrac{x_p}{x} + \left(\dfrac{R_p}{R_L}\right)\left(1 - \dfrac{x}{x_p}\right)} \qquad (2\text{-}5)$$

式中，$R_p$ 为变阻器的总电阻；$x_p$ 为变阻器的总长度；$R_L$ 为后接电路的输入电阻。式（2-5）表明，为减小后接电路的影响，应使 $R_L \gg R_p$。

图 2-2　电阻分压电路

变阻器式传感器的优点是结构简单，性能稳定，使用方便。缺点是分辨力不高，因为受到电阻丝直径的限制。提高分辨率需使用更细的电阻丝，其绕制较困难。所以，变阻器式传感器的分辨力很难优于 $20\mu m$。

由于结构上的特点，这种传感器还有较大的噪声。电刷和电阻元件之间接触面的变动和磨损、尘埃附着等，都会使电刷在滑动中的接触电阻发生不规则的变化，从而产生噪声。

变阻器式传感器常用于进行线位移、角位移测量，在测量仪器中用于伺服记录仪器或电子电位差计等。

### 2.2.2　电阻应变式传感器

电阻应变式传感器可以用于测量应变、力、位移、扭矩等参数。这种传感器具有体积小、动态响应快、测量精度高、使用方便等优点，在航空、船舶、机械、建筑等行业获得广泛应用。

电阻应变式传感器的核心元件是电阻应变片。当被测试件或弹性敏感元件受到被测量作用时，将产生位移、应力和应变，则粘贴在被测试件或弹性敏感元件上的电阻应变片就会将应变转换成电阻的变化。这样，通过测量电阻应变片的电阻值变化，从而测得被测量的大小。

电阻应变式传感器可分为金属电阻应变片式与半导体应变片式两类。

#### 2.2.2.1　金属电阻应变片

1. 结构

图 2-3 是一种电阻丝应变片的结构示意图，电阻应变片是用直径为 $0.025mm$，具有高电阻率的电阻丝制成的。为了获得高的阻值，将电阻丝排列成栅状，称为敏感栅，并粘在绝缘基片上。敏感栅上面粘贴具有保护作用的覆盖层。电阻丝的两端焊接引线。

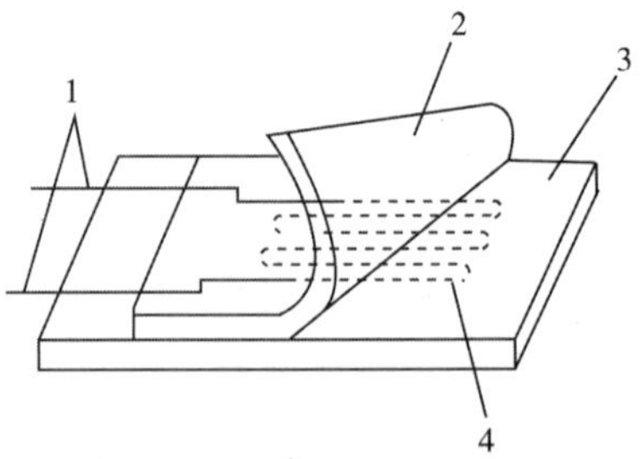

根据电阻应变片敏感栅的材料和制造工艺的不同，它的结构形式有丝式、箔式和膜式三种，如图 2-4 所示。

图 2-3　电阻丝应变片的基本结构

1—引线；2—覆盖层；3—基片；4—电阻丝

金属箔式应变片是用栅状金属箔片代替栅状金属丝。金属箔栅系用光刻技术制造，适用于大批量生产，其线条均匀，尺寸准确，阻值一致性好。箔片厚约 $1 \sim 10\mu m$，散热好，黏结情况好，传递试件应变性能好。因此目前使用的多是金属箔式应变片。

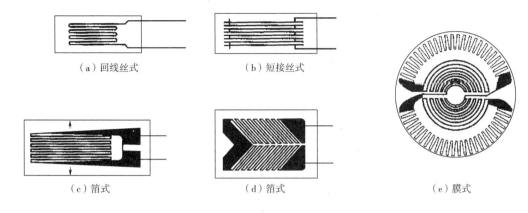

（a）回线丝式　　　　（b）短接丝式

（c）箔式　　　　　　（d）箔式　　　　　　（e）膜式

图 2-4　电阻应变片

2. 工作原理

金属导体在外力作用下发生机械变形（伸长或缩短）时，其电阻值会随着变形而发生变化的现象，称为金属的电阻应变效应。以金属丝应变片为例，若金属丝的长度为 $l$，横截面积为 $A$，电阻率为 $\rho$，其未受力时的电阻为 $R$，根据欧姆定律，有

$$R = \rho \frac{l}{A} \tag{2-6}$$

当金属丝发生变形时，其长度 $l$、截面积 $A$ 及电阻率 $\rho$ 均会发生变化，导致金属丝电阻 $R$ 变化。当各参数以增量 $\mathrm{d}l$、$\mathrm{d}A$ 和 $\mathrm{d}\rho$ 变化时，则所引起的电阻增量 $\mathrm{d}R$ 为

$$\mathrm{d}R = \frac{\partial R}{\partial l}\mathrm{d}l + \frac{\partial R}{\partial A}\mathrm{d}A + \frac{\partial R}{\partial \rho}\mathrm{d}\rho \tag{2-7}$$

式中，$A = \pi r^2$，$r$ 为金属丝半径。

将式（2-6）代入式（2-7），有

$$\frac{\mathrm{d}R}{R} = \frac{\mathrm{d}l}{l} - 2\frac{\mathrm{d}r}{r} + \frac{\mathrm{d}\rho}{\rho} \tag{2-8}$$

式中，$\dfrac{\mathrm{d}l}{l} = \varepsilon$，为金属丝轴向应变；$\dfrac{\mathrm{d}r}{r}$ 为金属丝含径向的横向应变。

由材料力学知识可知

$$\frac{\mathrm{d}r}{r} = -\mu\frac{\mathrm{d}l}{l} = -\mu\varepsilon \tag{2-9}$$

式中，$\mu$ 为金属丝材料的泊松比。

将式（2-8）代入式（2-9），整理得

$$\frac{\mathrm{d}R}{R} = (1 + 2\mu)\varepsilon + \frac{\mathrm{d}\rho}{\rho} \tag{2-10}$$

令

$$S_0 = \frac{\mathrm{d}R/R}{\varepsilon} = (1 + 2\mu) + \frac{\mathrm{d}\rho/\rho}{\varepsilon} \tag{2-11}$$

式中，$S_0$ 称为金属丝的灵敏度，其物理意义是单位应变所引起的电阻相对变化。

由式（2-11）可以看出，金属材料的灵敏度受两个因素影响：一个是受力后，材料的几何尺寸变化所引起的，即 $1 + 2\mu$ 项；另一个是受力后，材料的电阻率变化所引起的，即

$(d\rho/\rho)/\varepsilon$ 项。对于金属材料，$(d\rho/\rho)/\varepsilon$ 项比 $1+2\mu$ 项小得多。大量实验表明，在金属丝拉伸极限范围内，电阻的相对变化与其所受的轴向应变是成正比的，即 $S_0$ 为常数。于是式 (2-10) 可以写成

$$\frac{dR}{R} = S_0\varepsilon \qquad (2\text{-}12)$$

通常金属电阻丝的灵敏度 $S_0$ 约在 $1.7 \sim 3.6$ 之间。几种常用电阻丝材料的物理性能见表 2-2。

表 2-2　常用电阻丝材料的物理性能

| 材料名称 | 成 分 | | 灵敏度 $S_0$ | 电阻率 $\rho$ / $(\Omega \cdot mm^2/m)$ | 电阻温度系数/ $(\times 10^{-6}/℃)$ | 线胀系数/ $(\times 10^{-6}/℃)$ |
|---|---|---|---|---|---|---|
| | 元素 | % | | | | |
| 康铜 | Cu | 57 | $1.7 \sim 2.1$ | 0.49 | $-20 \sim 20$ | 14.9 |
| | Ni | 43 | | | | |
| 镍铬合金 | Ni | 80 | $2.1 \sim 2.5$ | $0.9 \sim 1.1$ | $110 \sim 150$ | 14.0 |
| | Cr | 20 | | | | |
| 镍铬铝合金 | Ni | 73 | 2.4 | 1.33 | $-10 \sim 10$ | 13.3 |
| | Cr | 20 | | | | |
| | Al | $3 \sim 4$ | | | | |
| | Fe | 余量 | | | | |

一般市售电阻应变片的标准阻值有 $60\Omega$、$120\Omega$、$350\Omega$、$600\Omega$ 和 $1000\Omega$ 等。其中以 $120\Omega$ 最为常用。应变片的尺寸可根据使用要求来选定。

#### 2.2.2.2　半导体应变片

1. 结构

半导体应变片最简单的典型结构如图 2-5 所示。半导体应变片的使用方法与金属电阻应变片相同，即粘贴在弹性元件或被测物体上，其电阻值随被测试件的应变而变化。

半导体应变片的工作原理是基于半导体材料的压阻效应。所谓压阻效应，是指单晶半导体材料在沿某一轴向受到外力作用时，其电阻率 $\rho$ 发生变化的现象。从半导体物理可知，半导体在压力、温度及光辐射作用下，能使其电阻率 $\rho$ 发生很大的变化。

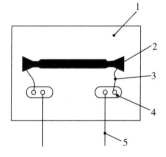

图 2-5　半导体应变片

1—角膜衬底；2—P-Si；3—内引线；

4—焊接板；5—外引线

2. 工作原理

分析表明，单晶半导体在外力作用下，原子点阵的排列规律发生变化，导致载流子迁移率及载流子浓度的变化，从而引起电阻率的变化。

对于半导体应变片而言，电阻率的变化对电阻值的影响要远大于几何尺寸变化的影响，因此有

$$\frac{dR}{R} \approx \lambda E\varepsilon \qquad (2\text{-}13)$$

式中，$\lambda$ 为压阻系数，与材质有关；$E$ 为电阻丝材料的弹性模量。

这样，半导体应变片的灵敏度为

$$S_0 = \frac{\mathrm{d}R/R}{\varepsilon} \approx \lambda E \tag{2-14}$$

其数值比金属丝电阻应变片大 $50\sim70$ 倍。

以上分析表明，金属丝电阻应变片与半导体应变片的主要区别在于：前者利用导体形变引起电阻的变化，后者利用半导体电阻率变化引起电阻的变化。

几种常用半导体材料的特性见表 2-3。从表中可以看出，不同的材料，不同的载荷施加方向，压阻效应不同，灵敏度也不同。

表 2-3　几种常用半导体材料的特性

| 材料 | 电阻率 $\rho/(\Omega \cdot \mathrm{cm})$ | 弹性模量 $E/(\times 10^7 \mathrm{N/mm}^2)$ | 灵敏度 | 晶向 |
|---|---|---|---|---|
| P 型硅 | 7.8 | 1.87 | 175 | [111] |
| N 型硅 | 11.7 | 1.23 | −132 | [100] |
| P 型锗 | 15.0 | 1.55 | 102 | [111] |
| N 型锗 | 16.6 | 1.55 | −157 | [111] |
| N 型锗 | 1.5 | 1.55 | −147 | [111] |
| P 型锑化钢 | 0.54 | | −45 | [100] |
| P 型锑化钢 | 0.01 | 0.745 | 30 | [111] |
| N 型锑化钢 | 0.013 | | −74.5 | [100] |

半导体应变片最突出的优点是灵敏度高，这为它的应用提供了有利条件。另外，由于机械滞后小、横向效应小以及它本身的体积小等特点，扩大了半导体应变片的使用范围。其最大缺点是温度稳定性能差、灵敏度分散度大（由于晶向、杂质等因素的影响）以及在较大应变作用下非线性误差大等。这些缺点也给使用带来了一定困难。

目前，国产的半导体应变片大都采用 P 型硅单晶制作。随着集成电路技术和薄膜技术的发展，出现了扩散型、外延型、薄膜型半导体应变片。它们对实现传感器小型化、改善应变片的特性等方面有良好的作用。

## 2.3　电感式传感器

电感式传感器是基于电磁感应原理，将被测非电量（如位移、压力、振动等）转换为电感量变化的一种装置。按照转换方式的不同，可分为自感型传感器（包括变磁阻式与涡流式）和互感型传感器（差动变压器式）。

### 2.3.1　变磁阻式电感传感器

如图 2-6 所示是变磁阻式电感传感器的结构。它由线圈、铁芯和衔铁三部分组成。铁芯和衔铁由导磁材料制成，在铁芯和衔铁之间有空气隙，气隙厚度为 $\delta$，传感器的运动部分与衔铁相连。由电工学知识可知，线圈自感量 $L$ 为

$$L = \frac{W^2}{R_\mathrm{m}} \tag{2-15}$$

式中，$W$ 为线圈匝数；$R_m$ 为磁路总磁阻。

若不考虑磁路的铁损，且空气隙 $\delta$ 较小时，则磁路总磁阻为

$$R_m = \frac{l}{\mu A} + \frac{2\delta}{\mu_0 A_0} \qquad (2\text{-}16)$$

式中，$l$ 分别为铁芯的导磁长度；$\mu$ 为铁芯的磁导率；$A$ 为铁心的导磁截面积；$\delta$ 为空气隙厚度；$\mu_0$ 为空气磁导率，$\mu_0 = 4\pi \times 10^{-7}$；$A_0$ 为空气隙导磁横截面积。

因为 $\mu \gg \mu_0$，故

$$R_m \approx \frac{2\delta}{\mu_0 A_0} \qquad (2\text{-}17)$$

因此，自感 $L$ 可写为

$$L = \frac{W^2 \mu_0 A_0}{2\delta} \qquad (2\text{-}18)$$

式（2-18）表明，当线圈匝数 $W$ 为常数时，只要改变 $\delta$ 或 $A_0$，均可导致电感变化，只要能测出这种电感量的变化，就可确定被测量的变化。因此，变磁阻式传感器可分为变气隙型和变气隙导磁面积型。

保持气隙导磁横截面积 $A_0$ 不变，变化气隙厚度 $\delta$ 可构成变气隙型传感器。$L$ 与 $\delta$ 呈非线性关系，其输出特性曲线如图 2-7 所示。此时传感器的灵敏度为

$$S = \frac{\mathrm{d}L}{\mathrm{d}\delta} = -\frac{W^2 \mu_0 A_0}{2\delta^2} \qquad (2\text{-}19)$$

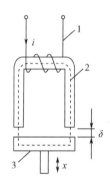

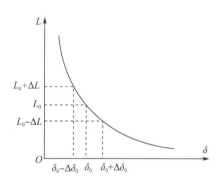

图 2-6　变磁阻式电感传感器结构简图　　　　图 2-7　变气隙型电感传感器输出特性

1—线圈；2—铁芯；3—衔铁

同样，保持气隙厚度 $\delta$ 不变，变化气隙导磁横截面积 $A_0$ 可构成变气隙导磁面积型传感器。自感 $L$ 与 $A_0$ 呈线性关系，如图 2-8 所示。

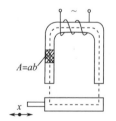

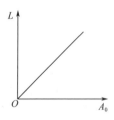

图 2-8　变气隙导磁面积型传感器

如图 2-9 所示，列出了几种常用变磁阻式传感器的典型结构。图 2-9（a）是可变导磁面积型，其自感 $L$ 与 $A_0$ 呈线性关系，这种传感器的灵敏度较低。图 2-9（b）是差动型，衔铁有位移时，可以使两个线圈的间隙按 $\delta_0 + \Delta\delta$ 和 $\delta_0 - \Delta\delta$ 变化，一个线圈自感增加，另一个线圈自感减少。图 2-9（c）是单螺管线圈型，当铁芯在线圈中运动时，将改变磁阻，使线圈自感发生变化，这种传感器的结构简单、制造容易，但灵敏度较低，适用于大位移测量。图 2-9（d）是双螺管线圈差动型，较之单螺管线圈有较高的灵敏度，常用于电感测微计上。

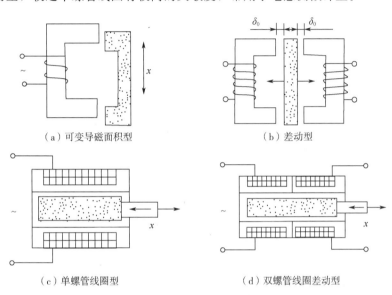

（a）可变导磁面积型　　　　　　　　　　　（b）差动型

（c）单螺管线圈型　　　　　　　　　　　（d）双螺管线圈差动型

图 2-9　变磁阻式传感器典型结构

### 2.3.2　涡流式电感传感器

根据电磁感应原理，金属导体置于变化的磁场中或在磁场中做切割磁力线运动时，导体内将产生呈闭合涡旋状的感应电流，此现象称为涡流效应。根据涡流效应制成的传感器称为涡流式电感传感器。按照涡流在金属导体内的贯穿形式，涡流传感器常分为高频反射式和低频透射式两类，但工作原理基本上相似。

**1. 高频反射式涡流传感器**

如图 2-10 所示为高频反射式涡流传感器的工作原理图。金属板置于一个线圈附近，相互间距为 $\delta$。当线圈中通一高频交变电流 $i$，产生的高频电磁场作用于金属板的板面。在金属板表面薄层内产生涡流 $i_1$，涡流 $i_1$ 又产生新的交变磁场。根据楞次定律，涡流的交变电磁场将抵抗线圈磁场的变化，导致原线圈的等效阻抗 $Z$ 发生变化，变化程度与距离 $\delta$ 有关。分析表明，影响高频线圈阻抗 $Z$ 的因素，除了线圈与金属板的间距 $\delta$ 以外，还有金属板的电阻率 $\rho$、磁导率 $\mu$ 以及线圈激振圆频率 $\omega$ 等。当改变其中某一因素时，可实现不同的测量。如变化 $\delta$，可作为位移、振动测量；变化 $\rho$ 或 $\mu$，可作为材质鉴别或探伤等。

**2. 低频透射式涡流传感器**

如图 2-11 所示为低频透射式涡流传感器的工作原理图。发射线圈 $L_1$ 和接收线圈 $L_2$ 分别放在被测金属板的上面和下面。当在线圈 $L_1$ 两端加上低频电压 $u_1$ 后，$L_1$ 将产生交变磁场 $\Phi_1$，若两线圈间无金属板，交变磁场的作用使线圈 $L_2$ 产生感应电压 $u_2$。如果将被测金属板放入两线圈之间，则线圈 $L_1$ 产生的磁场将导致金属板中产生涡流。此时磁场能量受到损耗，到达 $L_2$ 的磁场将减弱为 $\Phi'_1$，从而使 $L_2$ 产生的感应电压 $u_2$ 下降。实验与理论证明，金属板越厚，涡流损失就越大，$u_2$ 电压就越小。因此，可根据电压 $u_2$ 的大小得知被测金属板的厚度。透射式涡流厚度传感器的检测范围可达 $1 \sim 100\,\mathrm{mm}$，分辨率为 $0.1\,\mu\mathrm{m}$。

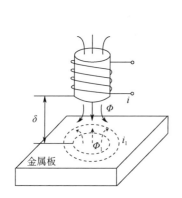

图 2-10　高频反射式涡流传感器

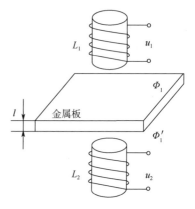

图 2-11　低频透射式涡流传感器

涡流式传感器的测量电路一般有阻抗分压式调幅电路及调频电路。如图 2-12 所示是用于涡流测振仪上的分压式调幅电路原理。图 2-13 是其谐振曲线和输出特性。

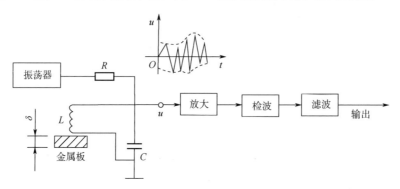

图 2-12　分压式调幅电路原理

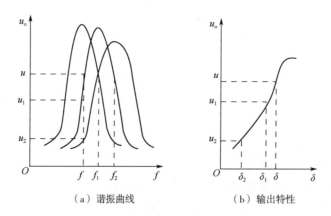

（a）谐振曲线　　　　　　　（b）输出特性

图 2-13　分压式调幅电路的谐振曲线及输出特性

传感器线圈 $L$ 和电容 $C$ 组成并联谐振回路，其谐振频率为

$$f = \frac{1}{2\pi \sqrt{LC}} \qquad (2\text{-}20)$$

电路中由振荡器提供稳定的高频信号电源，当谐振频率与该电源频率相同时，输出电压 $u$ 最大。测量时，传感器线圈的阻抗随 $\delta$ 而改变，$LC$ 回路失谐，输出信号 $u(t)$ 的频率虽然仍为振荡器的工作频率，但幅值随 $\delta$ 而变化。它相当于一个调幅波。此调幅波经放大、检波、滤波后即可以得到气隙 $\delta$ 动态变化的信息。

3. 应用

涡流式传感器的测量范围随传感器的结构尺寸、线圈匝数和激磁频率而异，从 $\pm0.1$mm 到 $\pm10$mm 不等，最高分辨率可达 $1\mu$m。其最大特点是能对位移、厚度、表面温度、速度、应力、材料损伤等进行非接触式连续测量，此外，还具有体积小、灵敏度高、频率响应宽等优点。因此，近几年来涡流位移和振动测量仪、测厚仪和无损探伤仪在机械、冶金行业中应用广泛。实际上，这种传感器在径向振动、回转轴误差运动、转速及表面裂纹和缺陷测量中都可应用，如图 2-14 所示。

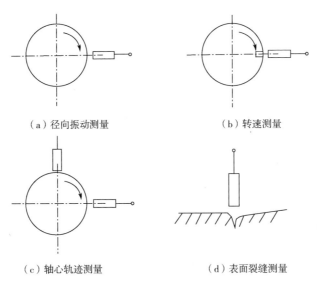

（a）径向振动测量　　　（b）转速测量

（c）轴心轨迹测量　　　（d）表面裂缝测量

图 2-14　涡流式传感器的工程应用实例

### 2.3.3　差动变压器式电感传感器

1. 互感现象

在电磁感应中，互感现象十分常见，如图 2-15 所示。当线圈 $L_1$ 输入交流电流 $i_1$ 时，线圈 $L_2$ 产生感应电动势 $e_{12}$，其大小与电流 $i_1$ 的变化率成正比，即

$$e_{12} = -M\frac{\mathrm{d}i_1}{\mathrm{d}t} \qquad (2\text{-}21)$$

式中，$M$ 为比例系数，称为互感（H），其大小与线圈相对位置及周围介质的导磁能力等因素有关，它表明两线

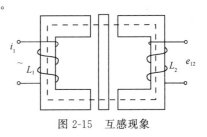

图 2-15　互感现象

圈之间的耦合程度。

2. 结构与工作原理

差动变压器式传感器就是利用这一原理，将被测位移量转换成线圈互感的变化。如图 2-16（a）、（b）所示为差动变压器式传感器的结构及工作原理。它主要由线圈、铁芯和活动衔铁三部分组成。线圈实质上是一个变压器结构，由一个初级线圈和两个次级线圈组成。当初级线圈接入稳定交流电源后，两个次级线圈产生感应电动势 $e_1$ 和 $e_2$，实际中常采用两个次级线圈组成差动式，因此传感器的输出电压为二者之差，即 $e_0 = e_1 - e_2$，其大小与活动衔铁的位置有关。当活动衔铁在中心位置时，$e_1 = e_2$，输出电压 $e_0 = 0$；当活动衔铁向上移时，即 $e_1 > e_2$，$e_0 > 0$；当活动衔铁向下移时，$e_1 < e_2$，$e_0 < 0$。随着活动衔铁偏离中心的位置，输出电压 $e_0$ 将逐渐增大，其输出特性如图 2-16（c）所示。

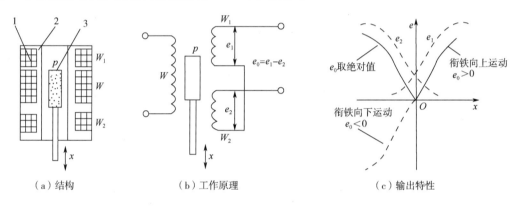

（a）结构　　　　　　（b）工作原理　　　　　　（c）输出特性

图 2-16　差动变压器式传感器
1—线圈；2—铁芯；3—活动衔铁

差动变压器的输出电压是交流量，其幅值与铁芯位移成正比，其输出电压如用交流电压表指示，输出值只能反映铁芯位移的大小，不能反映移动的方向性。其次，交流电压输出存在一定的零点残余电压。零点残余电压是由于两个次级线圈结构不对称，以及初级线圈铜损电阻、铁磁材质不均匀、线圈间分布电容等原因形成的。所以，即使铁芯处于中间位置时，输出也不为零。为此，差动变压器式传感器的后接电路形式需要采用既能反映铁芯位移方向性，又能补偿零点残余电压的差动直流输出电路。

图 2-17 是差动相敏检波电路工作原理。在没有输入信号时，铁芯处于中间位置，调节电阻 $R$，使零点残余电压减小；当有输入信号时，铁芯移上或移下，其输出电压经交流放大、相敏检波、滤波后得到直流输出，由表头指示输入位移量的大小和方向。

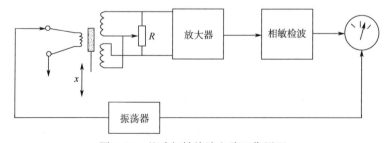

图 2-17　差动相敏检波电路工作原理

差动变压器式传感器具有精度高（0.1μm 数量级）、稳定性好、使用方便等优点，多用于直线位移的测量。借助弹性元件可以将压力、重量等物理量转换成位移的变化，故这类传感器也可用于压力、重量等物理量的测量。

## 2.4　电容式传感器

电容式传感器是将被测量的变化转换为电容量变化的一种传感器。它结构简单、体积小、分辨率高，可以非接触式测量，并能在高温、辐射和强烈振动等恶劣条件下工作，常用于压力、液位、振动、位移等物理量的测量。

电容式传感器的基本原理是基于电容量及其结构参数之间的关系。以最简单的平板电容器为例，由物理学知识可知，当不考虑边缘电场的影响时，由两个平行极板组成的电容器的电容量 $C$ 为

$$C = \frac{\varepsilon A}{\delta} \tag{2-22}$$

式中，$\varepsilon = \varepsilon_0 \varepsilon_k$ 为介质的介电常数，$\varepsilon_0 = 8.85 \times 10^{-12}$ F/m 为真空介电常数，$\varepsilon_k$ 为极板间介质的相对介电常数，在空气中 $\varepsilon_k = 1$；$A$ 为极板的面积；$\delta$ 为两平行极板间的距离。

式（2-22）表明，当被测量使 $\delta$、$A$ 或 $\varepsilon$ 发生变化时，都会引起电容量 $C$ 变化。如果保持其中两个参数不变，而仅改变另一个参数，就可以把该参数的变化转换为电容量的变化。根据电容器变化的参数，可分为变极距型、变面积型、变介质型三类传感器。在实际中，变极距型与变面积型传感器的应用较为广泛。

### 2.4.1　变极距型电容式传感器

根据式（2-22），如果两极板的面积及极间介质不变，则电容量 $C$ 与极距 $\delta$ 呈非线性关系，如图 2-18 所示。当极距有一微小变化量 $\mathrm{d}\delta$ 时，引起的电容变化量 $\mathrm{d}C$ 为

$$\mathrm{d}C = -\frac{\varepsilon A}{\delta^2}\mathrm{d}\delta \tag{2-23}$$

由此可以得到传感器的灵敏度为

$$S = \frac{\mathrm{d}C}{\mathrm{d}\delta} = -\frac{\varepsilon A}{\delta^2} = -\frac{C}{\delta} \tag{2-24}$$

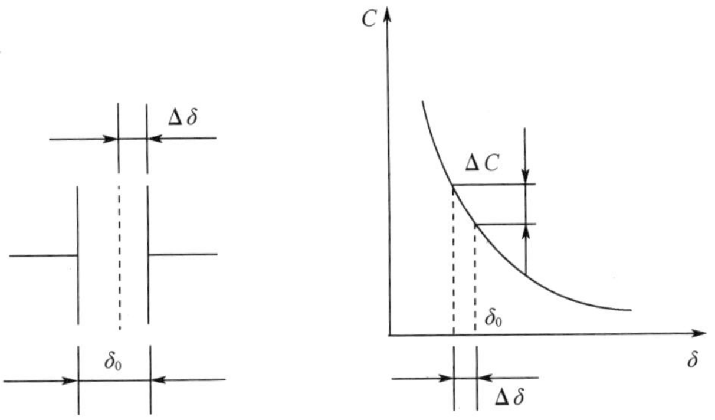

图 2-18　变极距型电容式传感器

可以看出，灵敏度 $S$ 与极距的平方成反比，极距越小，灵敏度越高。显然，由于电容量 $C$ 与极距 $\delta$ 呈非线性关系，必将引起非线性误差。为了减少这一误差，通常规定在较小的极距变化范围内工作，一般取极距变化范围约为 $\Delta\delta/\delta \approx 0.1$，此时传感器的灵敏度近似为常数，输出量 $C$ 与 $\delta$ 获得近似的线性关系。实际应用中，为了提高传感器的灵敏度、工作范围及克服外界条件（如电源电压、环境温度等）变化对测量精度的影响，常常采用差动式电容传感器。

变极距型电容式传感器的优点是可以进行动态非接触式测量，对被测系统的影响小；灵敏度高，适用于较小位移（0.01 微米至数百微米）的测量。但这种传感器有线性误差，传感器的杂散电容也对灵敏度和测量精确度有影响，与传感器配合使用的电子线路也比较复杂。由于上述这些缺点，其使用范围受到一定的限制。

### 2.4.2 变面积型电容式传感器

变面积型电容式传感器的工作原理是在被测参数的作用下变化极板的有效面积。常用的变面积型电容式传感器有角位移型和线位移型两种，如图 2-19 所示。

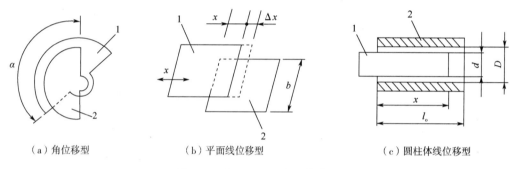

（a）角位移型　　　　　　（b）平面线位移型　　　　　　（c）圆柱体线位移型

图 2-19　变面积型电容式传感器
1—动板；2—定板

图 2-19（a）为角位移型电容式传感器。当动板有一转角时，与定板之间相互覆盖的面积发生改变，从而导致电容量变化。覆盖面积 $A$ 为

$$A = \frac{\alpha r^2}{2} \tag{2-25}$$

式中，$\alpha$ 为覆盖面积对应的中心角；$r$ 为极板半径。电容量为

$$C = \frac{\varepsilon \alpha r^2}{2\delta} \tag{2-26}$$

灵敏度为

$$S = \frac{\mathrm{d}C}{\mathrm{d}\alpha} = \frac{\varepsilon r^2}{2\delta} = 常数 \tag{2-27}$$

输出与输入呈线性关系。

图 2-19（b）为平面线位移型电容式传感器。当动板沿 $x$ 方向移动时，覆盖面积发生变化，电容量也随之变化。电容量 $C$ 为

$$C = \frac{\varepsilon b x}{\delta} \tag{2-28}$$

式中，$b$ 为极板宽度。

灵敏度为

$$S = \frac{\mathrm{d}C}{\mathrm{d}x} = \frac{\varepsilon b}{\delta} = 常数 \tag{2-29}$$

图 2-19（c）为圆柱体线位移型电容式传感器。动板（内圆柱）与定板（外圆筒）相互覆盖，当覆盖长度为 $x$ 时，电容量为

$$C = \frac{2\pi\varepsilon x}{\ln(D/d)} \tag{2-30}$$

式中，$D$ 为外圆筒的直径；$d$ 为内圆柱体的直径。

灵敏度为

$$S = \frac{\mathrm{d}C}{\mathrm{d}x} = \frac{2\pi\varepsilon}{\ln(D/d)} = 常数 \tag{2-31}$$

变面积型电容式传感器的优点是输出与输入呈线性关系，但与变极距型电容式传感器相比，其灵敏度较低，适用于较大角位移或直线位移的测量。

### 2.4.3 变介质型电容式传感器

变介质型电容式传感器是一种利用介质的介电参数的变化将被测量转换成电量变化的传感器，可用来测量电介质的厚度（见图 2-20（a））、位移（见图 2-20（b））和液位（见图 2-20（c）），还可以根据极板间介质的介电常数随温度、湿度等而发生改变的特性来测量温度、湿度等（见图 2-20（d））。

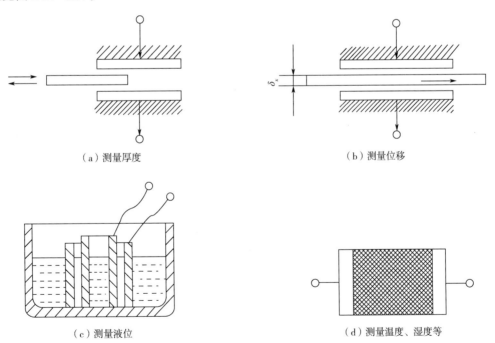

（a）测量厚度　　　　　　　　　　　　　　　（b）测量位移

（c）测量液位　　　　　　　　　　　　　　　（d）测量温度、湿度等

图 2-20　变介质型电容式传感器

### 2.4.4 电容式传感器的应用

图 2-21 所示为电容式转速传感器的工作原理。在图中，齿轮外沿为电容式传感器的定

极板，当电容器的定极板与齿顶相对时，电容量最大；与齿隙相对时，电容量最小。当齿轮转动时，电容量发生周期性变化，通过测量电路转换成脉冲信号，则频率计显示的频率代表转速大小。设齿数为 $z$，频率为 $f$，则转速 $n$ 为

$$n = \frac{60f}{z} \qquad (2-32)$$

图 2-22 是测量金属带材在轧制过程中厚度的电容式测厚仪的工作原理。工作极板与带材之间形成两个电容 $C_1$、$C_2$，总电容为二者之和，即 $C = C_1 + C_2$。当金属带材在轧制过程中的厚度发生变化时，将引起电容量的变化。通过检测电路，转换和显示出带材的厚度。

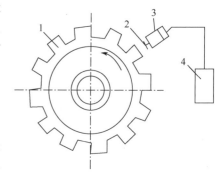

图 2-21　电容式转速传感器的工作原理
1—齿轮；2—定极板；3—电容传感器；
4—频率计

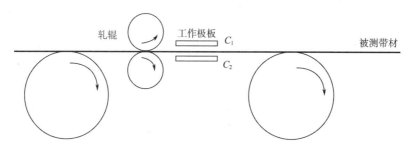

图 2-22　电容式测厚仪的工作原理

## 2.5　压电式传感器

压电式传感器是一种可逆型换能器，既可以将机械能转换为电能，又可以将电能转换为机械能。这种性质使得它被广泛用于力、压力、加速度测量，也被用于超声波发射与接收装置。这种传感器具有体积小、重量轻、精确度及灵敏度高等优点。现在与其配套的后续仪器（如电荷放大器等）的技术性能日益提高，使得这种传感器的应用越来越广泛。

压电式传感器的工作原理是利用某些物质的压电效应。

### 2.5.1　压电效应

当某些物质沿着一定方向对其加力而使其变形时，在一定表面上将产生电荷，当外力去掉后，又重新回到不带电的状态，这种现象称为压电效应。相反，如果在这些物质的极化方向施加电场，这些物质就在一定方向上产生机械变形或机械应力，当外电场撤去以后，这些变形或应力也随之消失，这种现象称为逆压电效应。

具有压电效应的材料称为压电材料。石英是常用的一种压电材料。石英晶体的结晶形状为六角形晶柱，如图 2-23（a）所示。两端为一对称的棱锥，六棱柱是它的基本组织。纵轴 $z-z$ 称为光轴，通过六角棱线而垂直于光轴的轴线 $x-x$ 称为电轴，垂直于棱面的轴线 $y-y$ 称为机械轴，如图 2-23（b）所示。

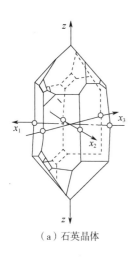
（a）石英晶体

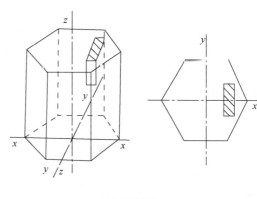
（b）石英晶轴

图 2-23　石英晶体

　　如果从晶体中切下一个平行六面体，并使晶面分别平行于 $z-z$、$x-x$、$y-y$ 轴线，这个晶片在正常状态下不呈现电性。当施加外力时，将沿 $x-x$ 方向形成电场，其电荷分布垂直于 $x-x$ 轴的平面上，如图 2-24 所示。沿 $x-x$ 轴方向加力产生纵向压电效应，沿 $y-y$ 轴加力产生横向压电效应，沿相对两平面加力产生切向压电效应。

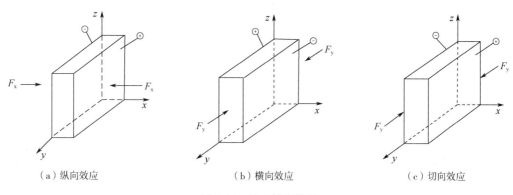

（a）纵向效应　　　　　　　　　（b）横向效应　　　　　　　　　（c）切向效应

图 2-24　压电效应模型

　　实验证明，压电体表面积聚的电荷与作用力成正比。若沿单一晶轴 $x-x$ 方向加力 $F$，则在垂直于 $x-x$ 方向的压电体表面上积聚的电荷量 $q$ 为

$$q = d_0 F \tag{2-33}$$

式中，$q$ 为电荷量；$d_0$ 为压电常数，与材质和切片方向有关；$F$ 为作用力。

　　若压电体受到多方向的力，压电体的各表面都会积聚电荷。每个表面上的电荷量不仅与作用于该面上的垂直力有关，而且与压电体其他面上所受的力有关。

### 2.5.2　压电材料

　　常用的压电材料大致可分为三类：压电单晶、压电陶瓷和有机压电薄膜。压电单晶为单晶体，常用的有石英晶体（$SiO_2$）、铌酸锂（$LiNbO_3$）、钽酸锂（$LiTaO_3$）等。压电陶瓷多为晶体，常用的有钛酸钡（$BaTiO_3$）、锆钛酸铅（PZT）等。

　　石英是压电单晶中最有代表性的，应用广泛。除天然石英外，大量应用的还有人造石英。

石英的压电常数不高，但具有较好的机械强度及时间和温度稳定度。其他压电单晶的压电常数为石英的 2.5～3.5 倍，但价格较贵。水溶性压电晶体，如酒石酸钾钠（NaKO$_4$H$_4$O$_5$·4H$_2$O），其压电常数较高，但易受潮，机械强度低，电阻率低，性能不稳定。

现在声学和传感技术中最普遍应用的是压电陶瓷。压电陶瓷制作方便，成本低。原始的压电陶瓷不具有压电性，其内部电畴是无规则排列的，其电畴与铁磁物质的磁畴类似。在一定温度下对其进行极化处理，即利用强电场使其电畴按规则排列，可以呈现压电性能。极化电场消失后，电畴取向保持不变，在常温下可呈压电特性。压电陶瓷的压电常数比单晶体高得多，一般比石英高数百倍。现在压电元件绝大多数采用压电陶瓷。

钛酸钡是使用最早的压电陶瓷。其居里点（温度达到该点将失去压电特性）低，约为 120℃。现在使用最多的是 PZT 系列压电陶瓷。PZT 是一材料系列，随配方和掺杂的变化可以获得不同的性能。它具有较高的居里点（350℃）和很高的压电常数（70～590pC/N）。

高分子压电薄膜的压电特性并不太好，但它可以大量生产，且具有面积大、柔软而不易破碎等优点。可用于微压测量和机器人的触觉，其中以聚偏二氟乙烯（PVDF）最为著名。

近年来压电半导体也已开发成功，它具有压电和半导体两种特性，很容易发展成新型的集成传感器。

### 2.5.3 压电传感器

在压电晶片的两个工作面上进行金属蒸镀，形成金属膜，构成两个电极，如图 2-25（a）所示。当晶片受到外力的作用时，在两个极板上积聚数量相等、极性相反的电荷，形成电场。因此，压电传感器可以看作是电荷发生器，又可以构成一个电容器。其电容量按式 (2-34) 计算，即

$$C = \frac{\varepsilon \varepsilon_0 A}{\delta} \tag{2-34}$$

式中，$\varepsilon$ 为压电材料的相对介电常数；$\delta$ 为极板间距，即镜片间距；$A$ 为压电晶片工作面的面积。

如果施加在晶片上的外力不变，积聚在极板上的电荷无内部泄漏，外电路负载无穷大，那么在外力作用过程中，电荷量将始终保持不变，直到外力作用终止，电荷才随之消失。如果负载不是无穷大，电路将会放电，极板上的电荷无法保持不变，从而造成测量误差。因此，利用压电式传感器测量静态或准静态量时，必须采用极高阻抗的负载，以降低电荷的泄漏。在动态测量时，电荷可以得到补充，漏电荷量相对较小，故压电式传感器适宜作动态测量。

实际在压电传感器中，往往用两个或两个以上的晶片进行并联或串联。图 2-25（b）所示为并联连接，两压电晶片的负极集中在中间极板上，两侧的正极并联在一起，此时电容量大，输出电荷量大，适用于测量缓变信号，适用于以电荷量输出的场合。图 2-25（c）所示为串联连接，正电荷集中在上极板，负电荷集中在下极板，中间两晶片的正负极相连，此时传感器的电容小，输出电压大，适用于以电压为输出信号的场合。

压电式传感器是一个具有一定电容的电荷源，如图 2-26 所示。电容器上的开路电压 $u_0$ 与电荷 $q$、电容 $C_a$ 存在如下关系

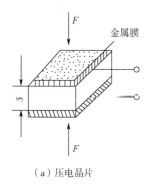
（a）压电晶片

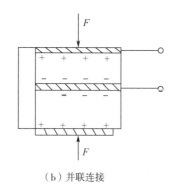
（b）并联连接

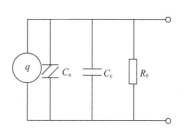
（c）串联连接

图 2-25 压电晶片及连接方式

$$u_0 = \frac{q}{C_a} \tag{2-35}$$

### 2.5.4 压电式传感器的应用

如图 2-27 所示为压电式加速度传感器的工作原理。它主要由基座、压电晶片、质量块及弹簧组成。基座固定在被测物体上，基座的振动使质量块产生与振动加速度方向相反的惯性力，惯性力作用在压电晶片上，使压电晶片的表面产生交变电压输出，这个输出电压与加速度成正比，经测量电路处理后，即可知加速度的大小。

图 2-26 等效电荷源

图 2-28 为用压缩式振动传感器来测量汽车安全系统异常振动的装置。该传感器主要由压电晶片、质量块、弹簧组成。质量块通过弹簧压在压电晶片上，当汽车处于正常状态工作时，质量块的振动使压电晶片有一个正常状态的电荷输出。当汽车负载运行，会引起异常振动或由其他噪声引起振动，从而导致质量块的异常振动，经测量系统传至显示系统就可获得异常振动的电信号。

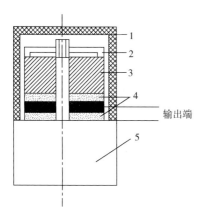

图 2-27 压电式加速度传感器
1—壳体；2—弹簧；3—质量块；
4—压电晶片；5—基座

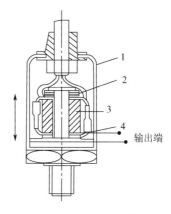

图 2-28 压缩式振动传感器
1—壳体；2—弹簧；
3—质量块；4—压电晶片

压电效应是一种力—电荷变换，可直接用作力的测量。现在已形成系列的压电式力传感器，测量范围从微小力值 $10^{-3}$ N 到 $10^4$ kN，动态范围一般为 60dB；测量方向有单方向的，也有多方向的。

压电式加速度计按不同需要做成不同灵敏度、不同量程和不同大小，形成系列产品，大型高灵敏度加速度计的灵敏阀可达 $10^{-6} g_0$。（$g_0$ 是标准重力加速度，是一个单位，其值为 $g_0 = 9.80665 \text{m/s}^2$），但其测量上限也很小，只能测量微弱振动。而小型的加速度计仅重 0.14g，灵敏度虽低，却能测量上千 $g$ 的强振。

压电式传感器的工作频率范围广、内阻高，产生的电荷量很小，易受传输电缆杂散电容的影响，必须采用阻抗变换器或电荷放大器。环境温度、湿度的变化和压电材料本身的时效都会引起压电常数的变化，导致传感器灵敏度的变化。因此，经常校准压电式传感器是十分必要的。

压电式传感器的工作原理是可逆的，施加电压于压电片，压电片便产生伸缩。所以压电片可以反过来做"驱动器"。例如对压电片施加交变电压，则压电片可作为振动源，可用于高频振动台、超声发生器、扬声器以及精密的微动装置。

# 2.6 磁电式传感器

磁电式传感器的基本工作原理是通过磁电作用将被测物理量的变化转换为感应电动势的变化。磁电式传感器包括磁电感应传感器、霍尔传感器等。

## 2.6.1 磁电感应传感器

磁电感应传感器又称为感应传感器，是一种机-电能量转换型传感器，不需要外部电源供电，电路简单，性能稳定，输出阻抗小，又具有一定的频率响应范围，适用于振动、转速、扭矩等测量，但这种传感器的尺寸和重量都较大。

根据法拉第电磁感应定律，$W$ 匝数的线圈在磁场中运动切割磁感线或线圈所在磁场的磁通变化时，线圈中所产生的感应电动势 $e$ 的大小取决于穿过线圈磁通量 $\Phi$ 的变化率，即

$$e = -W \frac{\mathrm{d}\Phi}{\mathrm{d}t} \tag{2-36}$$

磁通变化率与磁场强度、磁路电阻、线圈的运动速度有关，故若改变其中一个因素，都会改变线圈的感应电动势。根据工作原理的不同，磁电感应传感器可分为动线圈式与磁阻式。

### 1. 动圈式磁电传感器

动线圈式又可分为线速度型和角速度型。图 2-29（a）是线速度型磁电感应传感器的工作原理。在永磁铁产生的直流磁场中，放置一个可动线圈，当线圈在磁场中作直线运动时，它所产生的感应电动势为

$$e = WBlv\sin\theta \tag{2-37}$$

式中，$W$ 为线圈的匝数；$B$ 为磁场的磁感应强度；$l$ 为单匝线圈的有效长度；$v$ 为线圈相对磁场的运动速度；$\theta$ 为线圈运动方向与磁场方向的夹角。

图 2-29（b）是角速度型磁电感应传感器的工作原理。线圈在磁场中转动时产生的感应

电动势为

$$e = kWBA\omega \tag{2-38}$$

式中，$k$ 为传感器的结构系数，$k<1$；$A$ 为单匝线圈的平均截面积；$\omega$ 为角速度。

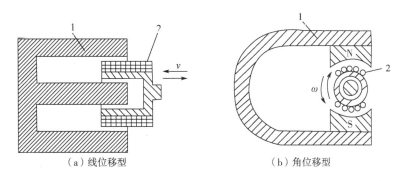

（a）线位移型　　　　　　　　（b）角位移型

图 2-29　动圈式磁电感应传感器

1—磁铁；2—线圈

在传感器中，当结构参数确定后，$B$、$l$、$W$、$A$ 均为定值，感应电动势 $e$ 与线圈相对磁场的运动速度（$v$ 或 $\omega$）成正比，所以这类传感器的基本形式是速度传感器，能直接测量线速度或角速度。如果测量电路中接入积分或微分电路，还可用来测量位移或加速度。显然，磁电感应传感器只适用于动态测量。

磁电式传感器的工作原理也是可逆的。作为测振传感器，它工作于发电机状态。若在线圈上加上交变激励电压，则线圈在磁场中振动，成为一个激振器（电动机状态）。

2. 磁阻式磁电传感器

磁阻式磁电传感器的线圈与磁铁彼此不作相对运动，由运动的物体（导磁材料）来改变电路的磁阻，引起磁力线增强或减弱，使线圈产生感应电动势。它的工作原理及应用实例如图 2-30所示，这种传感器由永久磁铁及缠绕其上的线圈组成。例如图 2-30（a），可测量转体的频数。当齿轮旋转时，齿的凸凹引起磁阻变化，使磁通变化，线圈中感应交流电动势的频率等于测量齿轮的齿数与转速的乘积。磁阻式磁电传感器使用简便，结构简单，在不同场合下还可用来测量转速（见图 2-30（b））、偏心量（见图 2-30（c））、振动（见图 2-30（d））等。

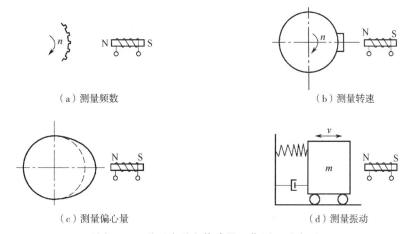

（a）测量频数　　　　　　　　　（b）测量转速

（c）测量偏心量　　　　　　　　（d）测量振动

图 2-30　磁阻式磁电传感器工作原理及应用

### 2.6.2 霍尔传感器

霍尔传感器是一种基于霍尔效应的磁电传感器，用半导体制成的霍尔传感器具有对磁场敏感度高、结构简单、使用方便等特点，广泛应用于测量直线位移、角位移与压力等物理量。

#### 1. 霍尔效应与元件

霍尔元件是一种半导体磁电转换元件。一般由锗（Ge）、锑化铟（InSb）、砷化铟（InAs）等半导体材料制成。它是利用霍尔效应进行工作的。如图 2-31（a）所示，将霍尔元件置于磁场 $B$ 中，如果在引线 $a$、$b$ 端通以电流 $I$，那么在 $c$、$d$ 端就会出现电位差 $e_H$，这种现象称为霍尔效应。

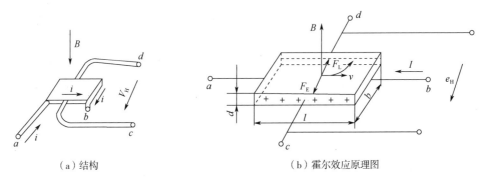

（a）结构　　　　　　　　　　　（b）霍尔效应原理图

图 2-31　霍尔元件及霍尔效应原理

霍尔效应的产生是由于运动电荷受磁场力作用的结果。如图 2-31（b）所示，假设薄片为 N 型半导体，磁感应强度为 $B$ 的磁场方向垂直于薄片，在薄片左、右两端通以控制电流 $I$，半导体中的载流子（电子）将沿着与电流 $I$ 相反的方向运动。由于外磁场 $B$ 的作用，使电子受到磁场力 $F_L$（洛伦磁力）而发生偏转，结果在半导体的后端面上电子积累带负电，而前端面缺少电子带正电，前、后端面间形成电场。该电场产生的电场力 $F_E$ 阻止电子继续偏转。当 $F_E$ 与 $F_L$ 相等时，电子积累达到动态平衡。这时在半导体前后两端面间（即垂直于电流和磁场方向）的电场称为霍尔电场，相应的电动势称为霍尔电动势 $e_H$，其大小为

$$e_H = K_H I B \sin\alpha \qquad (2-39)$$

式中，$K_H$ 为霍尔常数，与载流材料的物理性质和几何尺寸有关，表示在单位磁感应强度和单位控制电流时霍尔电动势的大小；$\alpha$ 为电流与磁场方向的夹角。

可见，如果改变 $B$ 或 $I$，或者两者同时改变，就可以改变霍尔电动势的大小。运用这一特性，可将被测量转换为电压量的变化。

#### 2. 应用

如图 2-32 所示是一种霍尔效应位移传感器的工作原理。将霍尔元件置于磁场中，左半部分磁场方向向上，右半部分磁场方向向下，从 $a$ 端通入电流 $I$，根据霍尔效应，左半部分产生霍尔电动势 $e_{H1}$，右半部分产生相反方

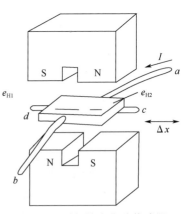

图 2-32　霍尔效应位移传感器

向的霍尔电动势 $e_{H2}$。因此，$c$、$d$ 两端电动势为 $e_{H1}-e_{H2}$。如果霍尔元件在初始位置时 $e_{H1}=e_{H2}$，则输出为零。当改变磁极系统与霍尔元件的相对位置时，可由输出电压的变化反映出位移量。

图 2-33 是一种利用霍尔元件探测钢丝绳断丝的工作原理。图中，永久磁铁使钢丝绳局部磁化，当钢丝绳有断丝时，断口处出现漏磁场，霍尔元件通过此磁场时将获得一个脉动电压信号。此信号经放大、滤波、A/D 转换后，进入计算机分析，识别出断丝根数和端口位置。目前，这项技术成果已成功用于矿井提升钢丝绳断丝检测，获得了良好的效益。

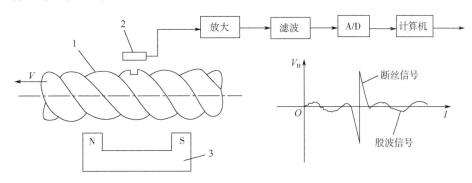

图 2-33　钢丝绳断丝检测原理

1—钢丝绳；2—霍尔元件；3—永久磁铁

# 2.7　光电式传感器

光电式传感器是以光电效应为基础，将光信号转换成电信号的传感器。光电式传感器由于反应速度快，能实现非接触测量，而且精度好、分辨率高、可靠性好，因此是一种应用广泛的重要敏感器件。

## 2.7.1　光电效应及光敏元件

光电效应是指光照射到某些物质，使该物质的电特性发生变化的一种物理现象，可分为外光电效应、光电导效应和光生伏特效应三类。根据这些效应可制成不同的光电转换器件，统称为光敏元件。

### 1. 外光电效应

光照射在某些物质（金属或半导体）上，使电子从这些物质表面逸出的现象称为外光电效应。根据外光电效应制成的光电元件的类型有很多，最典型的是真空光电管，如图 2-34 所示。在一个真空的玻璃泡内装有两个电极——光电阴极和光电阳极。光电阴极通常采用光敏材料（如铯 CS）。光线照射到光敏材料上便有电子逸出，这些电子被具有正电位的阳极吸引，在光电管内形成空间电子流，在外电路中产生电流。若外电路串入一定阻值的电阻，则在该电阻上的电压将随光照强弱而变化，从而实现光信号转换为电信号的目的。

### 2. 光电导效应

半导体材料受光照射后，其内部的原子释放出电子，但这些电子并不逸出物体表面，仍留在内部，使物体电阻率发生变化的现象称为光电导效应。光敏电阻就是基于这种效应工作

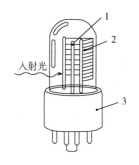
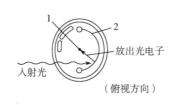
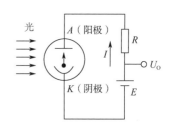

图 2-34　真空光电管的结构与工作原理

1—光电阳极；2—光电阴极；3—插头

的。如图 2-35 所示，当光敏电阻受到光照射时，其电阻值将会减小。实质是由于光量子的作用，光敏电阻吸收了能量，内部释放出电子，使载流子密度或迁移率增加，从而导致电导率增加，电阻下降。光敏电阻是一种电阻器件，使用时要对它加一定的偏压，当无光照射时，其阻值很大，电路中的电流很小；受到光照时，其阻值下降，电路中的电流迅速增加。

3. 光生伏特效应

光生伏特效应是指光照作用后半导体材料产生一定方向电动势的现象。半导体光电池是常用的光生伏特型元件，其直接将光能转换为电能，受到光照时，直接输出电势，实际上相当于一个电源。如图 2-36 所示为具有 PN 结的光电池工作原理。当光照射时，在 PN 结附近由于吸收了光子能量而产生电子和空穴。它们在 PN 结电场作用下产生漂移运动，电子被推向 N 区，而空穴被拉进 P 区，结果在 P 区积聚了大量过剩的空穴，N 区积聚了大量过剩的电子，使 P 区带正电，而 N 区带负电，二者之间产生了电位差，用导线连接后电路中就有电流通过。一般常用的光电池有硒、硅、碲化镉、硫化镉等光电池，其中使用最广的是硅光电池，其简单轻便，不会产生气体或热污染，易适应环境，尤其适用于为宇宙飞行器的各种仪表提供电源。

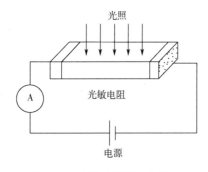

图 2-35　光敏电阻的工作原理

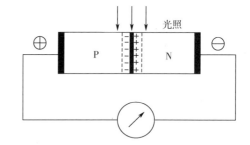

图 2-36　光电池工作原理

### 2.7.2　光电式传感器的应用

光电式传感器在机械工程领域应用得很广。下面列举部分实例，说明光电传感器的具体应用。

图 2-37 是用光电传感器检测工件表面缺陷。激光管 1 发出的光束经过透镜 2、3 变为平

行光束，再由透镜 4 把平行光束聚焦在工件 7 的表面上，形成宽约 0.1mm 的细长光带。光闸 5 用于控制光通量。如果工件表面有缺陷（非圆、粗糙、裂纹等），则会引起光束偏转或散射，这些光被光电传感器 6 接收，即可转换为电信号输出。

图 2-38 是光电转速计的工作原理。在电动机的旋转轴上涂上黑白两种颜色，当电动机转动时，反射光与不反射光交替出现，光电元件相应地间断接收光的反射信号，并输出间断的电信号，再经过放大整形电路输出方波信号，最后由数字频率计测出电动机的转速。

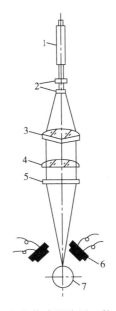

图 2-37　光电传感器检测工件表面缺陷

1—激光管；2、3、4—透镜；5—光闸；

6—光电传感器；7—工件

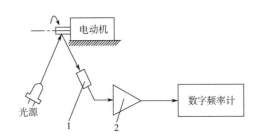

图 2-38　光电转速计的工作原理

1—光电元件；2—放大整形电路

# 2.8　其他类型传感器

本节仅介绍超声波传感器、光纤传感器和集成传感器。近年来，传感器技术迅速发展，传感器的新品种、新结构、新应用不断涌现，如无线传感器、智能传感器、生物传感器等，有兴趣的读者可进一步阅读传感器的相关资料。

## 2.8.1　超声波传感器

### 1. 超声波探头

超声波在工业生产中应用广泛，如超声波清洗、超声波焊接、超声波加工（超声钻孔、切削、研磨、抛光等）、超声波处理（淬火、超声波电镀、净化水质等）、超声波治疗诊断（体外碎石、B超等）和超声波检测（超声波测厚、检漏、测距、成像等）等。超声波传感器又称超声波探头，是一种能将电信号转换成机械振动而向介质中辐射（或发射）超声波，或将超声场中的机械振动转换成相应的电信号的装置。超声波探头按其工作原理可分为压电式、磁致伸缩式、电磁式等；按其结构可分为直探头、斜探头、双晶探头、液浸探头和聚焦探头等。最常用的是压电式超声波探头。

压电式超声波探头是利用压电材料的压电效应工作的。逆压电效应将高频电振动转换成高频机械振动，从而产生超声波，作为发射探头；正压电效应将超声波的振动波转换成电信号，接收超声波，作为接收探头。如图2-39所示为最常用的压电式超声波直探头。它由压电晶片、阻尼块、电缆线、接头、保护膜和外壳组成。压电晶片是以压电效应发射和接收超声波的元件，是探头最重要的元件。压电晶片的性能决定着探头的性能。阻尼块对压电晶片的振动起阻尼作用，吸收晶片背面发射的超声波，降低杂乱信号干扰。保护膜用硬度很高的耐磨材料制成，防止压电晶片磨损。直探头的探测深度较大，检测灵敏度高。

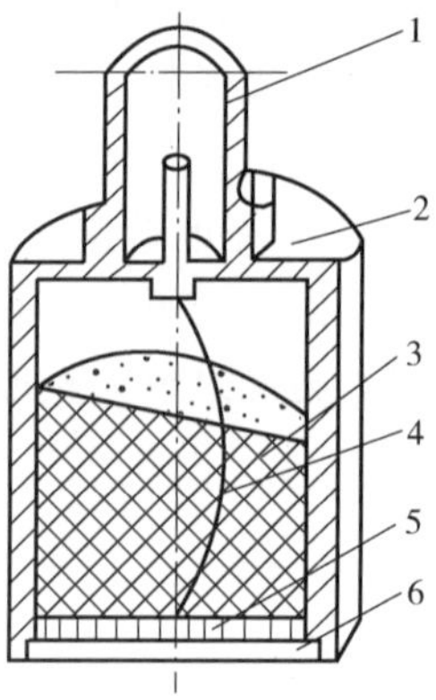

图 2-39　压电式超声波直探头

1—接头；2—外壳；3—阻尼块；
4—电缆线；5—压电晶片；6—保护膜

2. 应用

如图 2-40 所示为超声波测厚仪的工作原理。超声波探头与被测试件表面接触。主控制器产生一定频率的脉冲信号送往发射电路，激励压电式超声波探头，产生重复的超声波脉冲（输入信号），脉冲波传到被测试件另一面被反射回来（回波，输出信号），被同一探头接收。从示波器荧光屏上可以直接观察发射和回波反射脉冲，求出其时间间隔 $t$。若假设超声波在工件中的声速 $c$ 已知，那么试件厚度 $\delta$ 很容易求得，为 $\delta = ct/2$，这种测量方法称为超声波脉冲反射测厚原理。凡能使超声波以一恒定速度在其内部传播的各种材料均可采用此原理测量。按此原理设计的测厚仪可对各种板材和各种加工零件进行精确测量，也可以对生产设备中的各种管道和压力容器进行监测，监测它们在使用过程中受腐蚀后的减薄程度，广泛应用于石油、化工、冶金、造船、航空、航天等各个领域。如图 2-41 所示为使用超声波测厚仪测量钢材厚度。

如图 2-42 所示为超声波探伤仪的工作原理。发射电路受触发产生高频窄脉冲加至探头，激励压电晶片振动而产生超声波，并入射到试件内部。试件内无缺陷时，超声波遇到零件表面和底面发生反射，在显示器上分别显示出始波 $T$ 和底波 $B$；零件内有缺陷时，除了显示始波、底波外，还在始波和底波之间出现缺陷波 $F$，通过缺陷波 $F$ 到底波的距离和波幅高度，即可判断缺陷在零件中的位置和大小。如图 2-43 所示为用超声波探伤检测材料表面的缺陷。

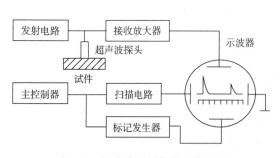

图 2-40　超声波测厚仪的工作原理

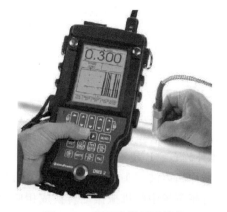

图 2-41　超声波测钢材厚度

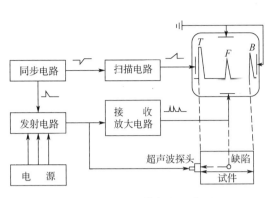

图 2-42　超声波探伤仪的工作原理

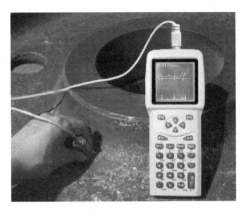

图 2-43　超声波探伤

### 2.8.2　光纤传感器

光纤传感器是 20 世纪 70 年代发展起来的新型传感器，与前面介绍的传统传感器相比，有着重大的差别。传统传感器以机—电量转换为基础，以电信号为变换和传输的载体，利用导线输送电信号。光纤传感器以光学量转换为基础，以光信号为变换和传输的载体，利用光导纤维输送光信号。

1. 分类

光纤传感器以光学测量为基础，因此光纤传感器首先要解决的问题是如何将被测量的变化转换成光波的变化。实际上，只要使光波的强度、频率、相位或偏振态四个参数之一随被测量而变化，此问题便获解决。通常，把光波随被测量的变化而变化称为对光波进行调制。相应地，按照调制方式将光纤传感器分为强度调制、频率调制、相位调制和偏振调制等四种类型。其中强度调制型光纤传感器较简单和常用。

按光纤的作用分，光纤传感器可分为功能型和传光型两种（见图 2-44）。功能型光纤传感器的光纤不仅起传输光波的作用，还起敏感元件的作用，由它对光波实行调制；它既传光又传感。传光型光纤传感器的光纤仅仅起传输光波的作用，对光波的调制则需要依靠其他元件来实现。从图 2-44 中可以看到，实际上传光型光纤传感器也有两种情况。一种是在光波传输途中由敏感元件对光波实行调制（见图 2-44（b）），另一种是由敏感元件和发光元件发出已调制的光波（见图 2-44（c））。

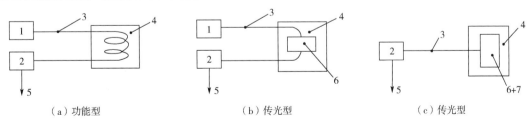

（a）功能型　　　　　　　　（b）传光型　　　　　　　　（c）传光型

图 2-44　光纤传感器的种类

1—光源；2—光敏元件；3—光纤；4—被测对象；5—电输出；

6—敏感元件；7—发光元件

33

2. 光纤导光原理

由物理学得知，当光由大折射率 $n_1$ 的介质（光密介质）射入小折射率 $n_2$ 的介质（光疏介质）时（见图 2-45），折射角 $\theta_r$ 大于入射角 $\theta_i$。增大 $\theta_i$，$\theta_r$ 也随之增大。当 $\theta_r = 90°$，对应的入射角称为临界角（见图 2-45 （b）），并记为 $\theta_{ic}$。若 $\theta_i$ 继续增大，即 $\theta_i > \theta_{ic}$ 时，将出现全反射现象，此时光线不进入 $n_2$ 介质，而在界面上全部反射回 $n_1$ 介质中（见图 2-45 （c））。光波沿光纤传播是以全反射方式进行的。

光纤为圆柱形，内外共分三层。中心是直径为几十微米、大折射率 $n_1$ 的芯子。芯子外面有一层直径为 $100 \sim 200 \mu m$、折射率 $n_2$ 较小的包层。最外层为保护层，其折射率 $n_3$ 则远大于 $n_2$。这样的结构保证了进入光纤的光波将集中在芯子内传输，并不受外来电磁波干扰。

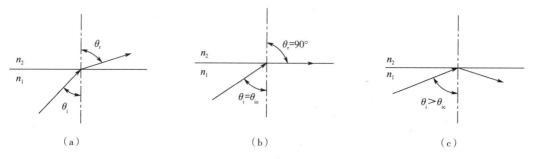

图 2-45　光的折射过程

3. 光纤传感器的特点

光纤传感器技术已经成为极其重要的传感器技术，其应用领域正在迅速地扩展，对传统传感器的应用领域起着补充、扩大和提高的作用。在实际应用中，有必要了解光纤传感器的特点，以利于在光纤传感器和传统传感器之间做出合适的选择。

光纤传感器具有以下几方面的优点：

（1）采用光波传递信息不受电磁干扰，电气绝缘性能好；

（2）光波传输无电能和电火花，不会引起被测介质的燃烧、爆炸；

（3）重量轻、体积小、可挠性好，利于在狭窄空间使用。

（4）光纤传感器有良好的几何形状适应性，可做成任意形状的传感器和传感器阵列。

（5）频带宽，动态范围大。

（6）利用现有光通信技术易于实现远距离测控。

### 2.8.3　集成传感器

随着集成电路技术的发展，越来越多的后续电路和半导体传感器制作在同一芯片上，形成集成传感器。它既具有传感器的功能，又能完成后续电路的部分功能。

随着集成技术的发展，集成传感器包括的电路由少而多，由简而繁。优先集成的电路大致有：各种调节和补偿电路，如电压稳定电路、温度补偿电路和线性化电路、信号放大和阻抗变换电路、信号数字化和信号处理电路、信号发送与接收电路、多传感器的集成。集成传感器的出现，不仅使测量装置的体积缩小、重量减轻，而且增多了功能、改善了性能。例如，温度补偿电路和传感元件集成在一起，能有效地感知并跟随传感元件的温度，可取得极好的补偿效果；阻抗变换、放大电路和传感元件集成在一起，可有效地减小两者之间传输导线引进的外来干扰，改善信噪比；多传感器的集成可同时进行多参量测量，并能对测量结果进行综合处理，从而得出被测系统的整体状态信息；信号发送和接收电路与传感元件集成在一起，使传感器有可能置于危险环境、封闭空间甚至植入生物体中而接收外界的控制，并自动输送出测量结果。

近年来，随着集成技术的发展，集成传感器包含的电路已具有一定的"智能"，从而出现了"灵巧传感器"（Smart Sensor）或"智能传感器"（Intelligent Sensor）。这类传感器一般具有如下几方面的能力：

（1）条件调节和环境补偿能力。能自动补偿环境变化（如温度、气压等）的影响，能自动校正、自选量程和输出线性化。

（2）通信能力。以某种方式与系统接口。

（3）自诊断能力。能自寻故障并通知系统。

（4）逻辑和判断能力。能进行判断并操作控制元件。

灵巧传感器能有效地提高测量精确度、扩大使用范围和提高可靠性。

已经应用的灵巧传感器种类甚多。在物体的位置、有无、距离、厚度、状态测量和目标识别等方面检测用的灵巧传感器尤其受到重视。

## 2.9 传感器的选用原则

在实际机械测试中经常会遇到这样的问题，即如何根据测试目的和实际条件合理地选用传感器。因此，本节在前述传感器初步知识的基础上，介绍选用传感器的一些基本原则。

### 1. 灵敏度

通常情况下，传感器的灵敏度越高越好，这样被测量即使只有一微小的变化，传感器也能够有较大的输出。但是也应该考虑到，当灵敏度高时，和被测信号无关的干扰信号也更容易混入且会被放大系统放大，因此在选择传感器时，必须考虑既要保证较高的灵敏度，本身又要噪声小且不易受外界的干扰，即要求传感器具有较高的信噪比。

传感器的灵敏度和其测量范围密切相关。在测量时，除非有精确的非线性校正方法，否则输入量不应使传感器进入非线性区，更不能进入其饱和区。在实际测量中，输入量不仅包括被测信号，还包括干扰信号。因此，如果灵敏度选择过高，会影响传感器的测量范围。

### 2. 响应特性

实际的传感器总会有一定的时间延迟，一般希望时间延迟越小越好。

一般来讲，利用光电效应、压电效应等物性型传感器，响应较快，可工作频率范围宽。而结构型传感器，如电感、电容、磁电式传感器等，由于受到机械系统惯性的限制，其固有频率低，可工作频率也较低。

在动态测量中，传感器的响应特性对测量结果有直接影响，所以应根据传感器的响应特性和被测信号的类型（如稳态、瞬态或随机信号等）来合理选择传感器。

### 3. 线性测量范围

传感器有一定的线性范围，在线性范围内输出与输入成比例关系。线性范围越宽，则表明传感器的测量范围越大。

传感器工作在线性范围内是保证精确测量的基本条件。例如，机械式传感器中的测力弹性元件，其材料的弹性限是决定测力量程的基本因素。当超过弹性限时，将产生线性误差。

然而任何传感器都很难保证其绝对线性，在允许误差范围内，它可以在其近似线性区域内应用。例如变间隙型的电容、电感传感器，均采用在初始间隙附近的近似线性区内工作。因此选用时，必须考虑被测信号的变化范围，以使它的非线性误差在允许范围以内。

4. 稳定性

传感器在经过长时间的使用之后，还应该具有保持其原有输出特性不发生变化的性能，即高稳定性。为了保证传感器在应用中具有较高的稳定性，事前须选用设计、制造良好，使用条件适宜的传感器，同时在使用过程中，应严格保持规定的使用条件，尽量减轻使用条件的不良影响。例如，电位器式传感器表面有尘埃，将引入噪声。又如，变间隙型的电容传感器，环境湿度或浸入间隙油剂会改变介质的介电常数。磁电式传感器或霍尔元件在电场、磁场工作时，会带来测量误差。光电传感器的感光表面有尘埃或水汽时，会改变光通量、光谱成分等。

在机械工程中，有些机械系统或自动化加工过程要求传感器能够长期地使用而不需要经常更换或校准。例如，自适应磨削过程的测力系统或零件尺寸的自动检测装置等，在这种情况下就应该充分考虑传感器的稳定性。

5. 精确度

传感器的精确度反映了传感器的输出与被测信号的一致程度。传感器处于测试系统的输入端，因此，传感器能否真实地反映被测量信号，对整个测试系统具有直接的影响。

然而，也并非要求传感器的精确度越高越好，还应考虑到经济性。传感器的精确度越高，价格也就越昂贵。因此，应结合测试系统的性价比，具体情况具体分析，从测量目的出发进行选择。当进行定性测量或比较性研究而无须要求测量绝对量值时，对传感器的精确度要求可以适当降低；当要对信号进行定量分析时，就要求传感器具有足够高的精确度。

6. 测量方式

选择传感器时还需要考虑另外一个重要因素，就是它在实际应用中的工作方式，如接触式测量与非接触式测量、在线测量与非在线测量等。传感器的工作方式不同，对传感器的要求也不同，所以选择时应该充分加以考虑。

7. 其他

除了以上应充分考虑的因素以外，还应当兼顾结构简单、体积小、重量轻、性价比高、易于维修和更换等条件。

# 习 题 二

2.1 试按接触式与非接触式区分传感器，列出它们的名称、变换原理，用在何处。

2.2 把一个变阻器式传感器按题 2.2 图接线。它的输入是什么？输出是什么？在什么条件下它的输出量与输入量之间有较好的线性关系？

2.3 电阻丝应变片与半导体应变片在工作原理上有什么区别？各有什么优缺点？如何针对具体情况来使用？

2.4 有一电阻应变片如题 2.4 图所示，其灵敏度 $S_g = 2$，$R = 120\Omega$。

(1) 设工作时其应变片为 $1000\mu\varepsilon$，问 $\Delta R$ 的值为多少？

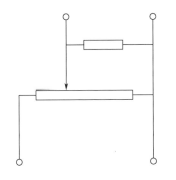
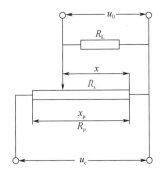

题 2.2 图

设将此应变片接成如题 2.4 图所示的电路，试求：

（2）无应变时电流表示值；

（3）有应变时电流表示值；

（4）电流表指示值相对变化量；

（5）分析这个变量能否从表中读出？

2.5　电感传感器（自感型）的灵敏度与哪些因素有关？要提高灵敏度可采取哪些措施？采取这些措施会带来什么后果？

2.6　试比较自感式传感器与差动变压器式传感器的异同。

2.7　某电容传感器（平行极板电容器）的圆形极板半径 $R=$ 4mm，工作初始极板间距离 $\delta_0=0.3$mm，介质为空气。试求：

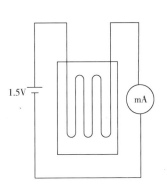

题 2.4 图

（1）如果极板间距离变化量 $\Delta\delta=\pm 1\mu m$，电容的变化量 $\Delta C$ 是多少？

（2）如果测量电路的灵敏度 $K_1=100$mV/pF，读数仪表的灵敏度 $K_2=5$ 格/mV，在 $\Delta\delta=\pm 1\mu m$ 时，读数仪表的变化量是多少？

2.8　为什么电容式传感器易受干扰？如何减小干扰？

2.9　一压电式压力传感器的灵敏度 $S=90$pC/MPa，把它和一台灵敏度调到0.005V/pC 的电荷放大器连接，放大器的输出又接到一灵敏度已调到 20mm/V 的光线示波器上记录，试绘出这个测试系统的框图，并计算其总的灵敏度。

2.10　压电式加速度传感器的固有电容为 $C_a$，电缆电容为 $C_c$，电压灵敏度 $K_u=U_0/a$（$a$ 为被测加速度），输出电荷灵敏度 $K_q=Q/a$。试推导 $K_u$ 和 $K_q$ 的关系。

2.11　何为霍尔效应？其物理本质是什么？用霍尔元件可测量哪些物理量？请举出三个例子说明。

2.12　光电传感器包含哪几种类型？各有什么特点？用光电式传感器可以测量哪些物理量？

2.13　试说明压电式加速度计、超声换能器、声发射传感器之间的异同点。

2.14　选用传感器应注意哪些问题？

第 2 章课件　　习题二答案　　传感器实验　　传感器实验视频讲解

# 第3章 信号的描述方法

在工程和科学研究中，经常要对许多客观存在的物体或物理过程进行观测，就是为了获取有关研究对象状态与运动等特征方面的信息。被研究对象的信息量往往是非常丰富的，测试工作是按一定的目的和要求，获取信号中感兴趣的、有限的某些特定信息，而不是全部信息。为了达到测试目的，需要研究信号的各种描述方式，本章介绍信号基本的时域和频域描述方法。

机械工程信号，如力、加速度、温度、位移等信号大多表现为非电量信号，这类信号需要转换成电信号，才能被记录分析和处理。工程测试包含测量和试验，是从客观事物中获取有关信息的认识过程。信息又蕴含在电信号之中，人们通常通过对它的载体——信号的分析来获取工程信息。

## 3.1 信号的分类

信号按数学关系、取值特征、能量功率等，可以分为确定性信号和非确定性信号、连续信号和离散信号、能量信号和功率信号等。

### 3.1.1 确定性信号与非确定性信号

根据信号随时间的变化规律可分为确定性信号和非确定性信号（随机信号），其分类如图 3-1 所示。

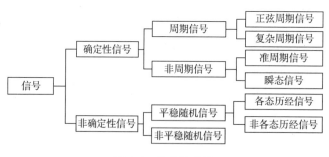

图 3-1　信号的分类

#### 3.1.1.1 确定性信号

确定性信号可划分为周期信号和非周期信号两类。周期信号又可以分为正弦周期信号和复杂周期信号，非周期信号又可以分为准周期信号和瞬态信号。

1. 周期信号

经过一段时间间隔重复出现的信号称为周期信号，其中最基本的周期信号是正弦信号，

可表示为

$$x(t) = A\sin(2\pi ft + \theta_0) \tag{3-1}$$

式中，$A$ 为振幅；$f$ 为振动频率；$\theta_0$ 为初始相位角。

复杂周期信号由不同频率的正弦信号叠加构成，其频率之比为有理数。若设周期信号中的基频为 $f$，则各构成正弦信号的频率 $f_n$ 为基频的整数倍，即 $f_n = nf$（$n=1,2,\cdots$）。在机械系统中，回转体不平衡引起的振动，往往是一种周期性运动。图 3-2 是某减速机上测得的振动信号（测点 3），可近似看作为周期复杂信号。

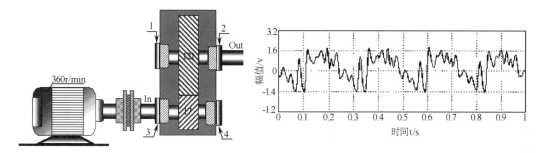

图 3-2 某减速机振动测点布置图和测点 3 的振动信号

2. 非周期信号

能用明确的数学关系进行描述，但又不具有周期重复性的信号，称为非周期信号。它分为准周期信号和瞬态信号两类。准周期信号是由两个以上不同频率的正弦信号叠加而成的，但其频率比不全是有理数。在实际的机械中，当几个不同的周期性振动源混合作用时，常会产生准周期信号，例如几个电机不同步振动造成的机床振动，其信号测量的结果为准周期信号。再如 $x(t) = \sin t + \sin \sqrt{2}t$ 是两个正弦信号的合成，但频率比不是有理数，为准周期信号，其信号波形如图 3-3 所示，从波形图上看不出是周期信号。准周期信号往往出现在机械转子振动分析、齿轮噪声分析、语音分析等场合。

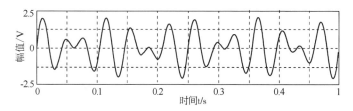

图 3-3 准周期信号

除准周期信号外的非周期信号为瞬态信号，它在某一时刻出现而到某个时刻消失。产生瞬态信号的因素很多，例如阻尼振荡系统在解除激振力后的自由振荡等。图 3-4 是单自由度振动模型在脉冲力作用下的响应，它就是一个瞬态信号。

非周期信号是一种信号取值时间有限的信号，其波形可以以足够的精确度用确切的数学表达式表达出来。物理和工程上很多现象都可看作非周期信号，

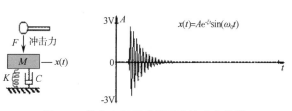

图 3-4 单自由度振动模型脉冲响应信号

39

如机械脉冲或电脉冲信号，阶跃信号和指数衰减信号等。

### 3.1.1.2 非确定性信号

在工程测试领域中，存在大量非确定性信号。其特点为，它在各瞬时取值（幅值、相位或频率）无复现性，又无法预知其确切的瞬时值。不能准确预测信号未来的瞬时值，也无法用准确的数学关系式来描述的信号，称为随机信号，也称不确定性信号。如图 3-5 所示，加工过程中车床主轴受环境影响的振动信号，显然无法准确预见此信号的某一瞬时幅值，但这种信号却有一定的统计特征，当实验次数很多或信号取得很长时，其幅值的平均值就可能趋向某一确定的极限值。

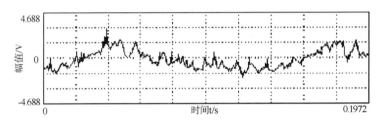

图 3-5　加工过程中车床主轴受环境影响的振动信号

### 3.1.2 连续信号和离散信号

若信号的数学表示式中独立变量的取值是连续的，则称为连续信号，如图 3-6（a）所示。若独立变量取离散值，则称为离散信号。图 3-6（b）是将连续信号等时距采样后的结果，它就是离散信号。离散信号可用离散图形表示，或用数字序列表示。信号的幅值也分为连续和离散两种。若信号的幅值和独立变量均连续，则称为模拟信号；若信号幅值和独立变量均离散，则称为数字信号。目前，数字计算机使用的信号都是数字信号。

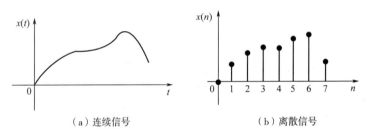

（a）连续信号　　　　　　　　（b）离散信号

图 3-6　连续信号和离散信号

### 3.1.3 能量信号和功率信号

在非电量测量中，常将被测信号转换为电压或电流信号来处理。显然，电压信号 $x(t)$ 加到电阻 $R$ 上，其瞬时功率 $P(t) = \dfrac{x^2(t)}{R}$。当 $R = 1$ 时，$P(t) = x^2(t)$。瞬时功率对时间积分就是信号在该时间内的能量。通常人们不考虑信号实际的量纲，而把信号 $x(t)$ 的平方 $x^2(t)$ 及其对时间的积分分别称为信号的功率和能量。当 $x(t)$ 满足

$$\int_{-\infty}^{+\infty} x^2(t)\,\mathrm{d}t < \infty \tag{3-2}$$

时，则认为信号的能量是有限的，并称之为能量有限信号，简称为能量信号，如矩形脉冲信

号、衰减指数信号等。

若信号在区间 $(-\infty, +\infty)$ 的能量是无限的，有

$$\int_{-\infty}^{+\infty} x^2(t)\mathrm{d}t \rightarrow +\infty \qquad (3\text{-}3)$$

但它在有限区间 $(t_1, t_2)$ 的平均功率是有限的，即

$$\frac{1}{t_2 - t_1}\int_{t_1}^{t_2} x^2(t)\mathrm{d}t < +\infty \qquad (3\text{-}4)$$

这种信号称为功率有限信号或功率信号，如各种周期信号、阶跃信号等。

必须注意的是，信号的功率和能量未必具有真实功率和能量的量纲。

## 3.2　信号的时域描述

直接检测或记录到的信号一般是随时间变化的物理量，称为信号的时域波形。为了从时域波形了解信号的性质，可以从不同的角度将复杂信号分解为若干简单信号，或者直接通过时域统计特征参数获得对被测对象的评价。

### 3.2.1　时域信号的合成与分解

**1. 稳态分量与交变分量**

信号 $x(t)$ 可以分解为稳态分量 $x_{\mathrm{d}}(t)$ 与交变分量 $x_{\mathrm{a}}(t)$ 之和，如图 3-7 所示，即

$$x(t) = x_{\mathrm{d}}(t) + x_{\mathrm{a}}(t) \qquad (3\text{-}5)$$

稳态分量是一种有规律变化的量，有时称之为趋势量。而交变分量可能包含了所研究物理过程的幅值、频率、相位信息，也可能是随机干扰噪声。

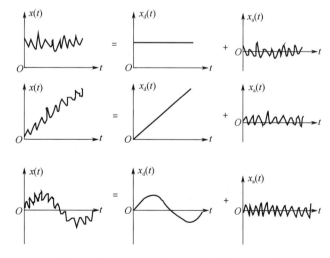

图 3-7　信号分解为稳态分量和交变分量之和

**2. 偶分量与奇分量**

信号 $x(t)$ 可以分解为偶分量 $x_{\mathrm{e}}(t)$ 与奇分量 $x_{\mathrm{o}}(t)$ 之和，如图 3-8 所示，即

$$x(t) = x_{\mathrm{e}}(t) + x_{\mathrm{o}}(t) \qquad (3\text{-}6)$$

偶分量关于纵轴对称，奇分量关于原点对称。

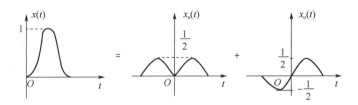

图 3-8 信号分解为奇、偶分量之和

3. 实部分量与虚部分量

对于瞬时值为复数的信号 $x(t)$ 可分解为实、虚两部分之和，即

$$x(t) = x_R(t) + jx_1(t) \tag{3-7}$$

一般实际产生的信号多为实信号，但在信号分析中，常借助复信号来研究某些实信号问题，因为这种分析方法可以建立某些有意义的概念和简化运算。例如，关于轴回转精度的测量与信号处理，将回转轴沿半径方向上的误差运动看作点在平面上的周期运动，它可以用一个时间为自变量的复数 $x(t)$ 来表示，实部 $x_R(t)$ 与虚部 $x_1(t)$ 则可用相互垂直的径向测量装置测量，所得信号 $x(t)$ 即为二者之和。

4. 正交函数分量

信号 $x(t)$ 可以用正交函数集来表示，即

$$x(t) \approx c_1 x_1(t) + c_2 x_2(t) + \cdots + c_n x_n(t) \tag{3-8}$$

各分量正交的条件为

$$\int_{t_1}^{t_2} x_i(t) x_j(t) \mathrm{d}t = \begin{cases} 0 & (i \neq j) \\ k & (i = j) \end{cases} \tag{3-9}$$

即不同分量在区间 $(t_1, t_2)$ 内乘积的积分为零，任一分量在区间 $(t_1, t_2)$ 内的能量有限。式中各分量的系数 $c_i$，是在满足最小均方差的条件下由式（3-10）求得

$$c_i = \frac{\int_{t_1}^{t_2} x(t) x_i(t) \mathrm{d}t}{\int_{t_1}^{t_2} x_i^2(t) \mathrm{d}t} \tag{3-10}$$

满足正交条件的函数集有：三角函数、复指数函数等。例如，用三角函数集描述信号时，可以把信号 $x(t)$ 分解为许多正（余）弦三角函数之和。

### 3.2.2　信号的统计特征参数

直接通过时域波形可以得到一些统计特征参数，它们常用于对机械系统状态进行快速的评价或诊断。

1. 均值

均值是随机信号的样本函数 $x(t)$ 在整个时间坐标上的平均值，即

$$\mu_x = \lim_{T \to \infty} \frac{1}{T} \int_0^T x(t) \mathrm{d}t \tag{3-11}$$

它的物理含义是描述动态信号的中心趋势，即直流分量，描述了信号的静态分量。在实际测试中，所测得的均值是对某个样本在足够长时间内的积分平均，称为均值估计。实际处理时，由于无限长时间的采样是不可能的，所以只能取有限长的样本作估计。

$$\hat{\mu}_x = \frac{1}{T} \int_0^T x(t) \mathrm{d}t \tag{3-12}$$

对于周期信号，$T$ 就是信号本身的一个周期长度。注意，均值相等的两个信号，仍可能相差很大。

**2. 均方值**

均方值是信号平方值的均值，或称为平均功率，其表达式为

$$\Psi_{\mathrm{x}}^2 = \lim_{T \to \infty} \frac{1}{T} \int_0^t x^2(t)\,\mathrm{d}t \tag{3-13}$$

均方值的估计为

$$\hat{\Psi}_{\mathrm{x}}^2 = \frac{1}{T} \int_0^T x^2(t)\,\mathrm{d}t \tag{3-14}$$

其物理意义表示了信号的强度或功率。

均方值的正平方根称为均方根值 $\hat{x}_{\mathrm{rms}}$，又称为有效值

$$\hat{x}_{\mathrm{rms}} = \sqrt{\hat{\psi}_{\mathrm{x}}^2} = \sqrt{\frac{1}{T} \int_0^T x^2(t)\,\mathrm{d}t} \tag{3-15}$$

它是信号平均能量（或功率）的另一种表达。

**3. 方差**

信号 $x(t)$ 的方差描述的是随机信号幅值的波动程度，方差是动态信号 $x(t)$ 相对于其均值 $x(t)$ 变化的均方值，其定义为

$$\sigma_{\mathrm{x}}^2 = \lim_{T \to \infty} \frac{1}{T} \int_0^T \left[ x(t) - \mu_{\mathrm{x}} \right]^2 \mathrm{d}t \tag{3-16}$$

将式（3-16）展开，并整理后可得均值 $\mu_{\mathrm{x}}$、均方值 $\Psi_{\mathrm{x}}^2$ 和方差 $\sigma_{\mathrm{x}}^2$ 三者之间的关系为

$$\Psi_{\mathrm{x}}^2 = \mu_{\mathrm{x}}^2 + \sigma_{\mathrm{x}}^2 \tag{3-17}$$

其中 $\sigma_{\mathrm{x}}^2$ 描述了动态信号的纯波动分量（纯交流量）。

# 3.3  信号的频域描述

信号的时域描述，能够提供诸如信号的强弱大小，变化快慢，不同信号波形相似程度，相互间的相位关系等。两个时域信号的统计特征参数可能相同，但实际作用的效果可能有较大不同。例如，同样通过 25W 收录机输出的方差或均值都差不多的声信号，但因频率的高低和节奏的不同，给人的感受并不一样；同均方差、同均值的两个振动信号，如果频率高低悬殊，则它们对构件的损伤程度也不相同。这就是说，时域信号并不能明显表示出信号的频率构成，因此必须研究信号中蕴含的频率结构（频率分量）。信号的时域描述以时间作为独立变量，反映了信号幅值随时间变化的关系。为了更加全面深入地研究信号，从中获得更多有用的信息，常把时域描述的信号变换为信号的频域描述，即以频率作为独立变量来表示信号。描述和分析信号的频率结构的主要方法之一是傅里叶分析法，相应的描述和分析称为信号频率描述或频域分析。

本节将对周期信号、非周期信号从时域和频域两方面进行描述和分析，运用数学手段（公式），逐一介绍不同信号的描述方法、物理意义及其应用。

### 3.3.1  周期信号的描述

谐波信号是最简单的周期信号，只有一种频率成分。一般周期信号可以利用傅里叶级数展开成多个乃至无穷多个不同频率的谐波信号的线性叠加。

1. 周期信号的三角函数展开式

如果周期信号 $x(t)$ 满足狄里赫利条件，即在周期 $\left(-\dfrac{T_0}{2}, \dfrac{T_0}{2}\right)$ 区间上连续或只有有限个第一类间断点，且只有有限个极值点，则 $x(t)$ 可展开成

$$x(t) = a_0 + \sum_{n=1}^{+\infty}(a_n\cos n\omega_0 t + b_n\sin n\omega_0 t) \tag{3-18}$$

式中，常值分量 $a_0$、余弦分量幅值 $a_n$、正弦分量幅值 $b_n$ 分别为

$$a_0 = \frac{1}{T_0}\int_{-\frac{T_0}{2}}^{\frac{T_0}{2}} x(t)\mathrm{d}t$$

$$a_n = \frac{2}{T_0}\int_{-\frac{T_0}{2}}^{\frac{T_0}{2}} x(t)\cos n\omega_0 t\mathrm{d}t$$

$$b_n = \frac{2}{T_0}\int_{-\frac{T_0}{2}}^{\frac{T_0}{2}} x(t)\sin n\omega_0 t\mathrm{d}t \tag{3-19}$$

$$\omega_0 = \frac{2\pi}{T_0}$$

式中，$a_0$、$a_n$、$b_n$ 为傅里叶系数；$T_0$ 为信号的周期；$\omega_0$ 为基波角频率；$n\omega_0$ 为 $n$ 次谐频。

由三角函数变换，式（3-19）可改写为

$$x(t) = A_0 + \sum_{n=1}^{+\infty} A_n\sin(n\omega_0 t + \varphi_n) \tag{3-20}$$

式中，常值分量 $A_0$、各谐波分量的幅值 $A_n$、各谐波分量的初相角 $\varphi_n$ 分别为

$$A_0 = a_0$$

$$A_n = \sqrt{a_n^2 + b_n^2} \tag{3-21}$$

$$\varphi_n = \arctan\frac{a_n}{b_n}$$

式（3-20）表明：满足狄里赫利条件的任何周期信号都可分解成一个常值分量和多个不同谐波信号分量，且这些谐波信号分量的角频率是基波角频率的整数倍。以频率 $\omega(n\omega_0)$ 为横坐标，分别以幅值 $A_n$ 和相位 $\varphi_n$ 为纵坐标，那么 $A_n - \omega$ 称为信号的幅频谱图，$\omega_n - \omega$ 称为信号的相频谱图，两者统称为信号的频谱。从频谱图可清楚直观地看出周期信号的频率分量、各分量幅值及相位的大小。

**例 3-1** 求图 3-9 中周期方波的傅里叶级数。

解：$x(t)$ 在一个周期 $\left[-\dfrac{T_0}{2}, \dfrac{T_0}{2}\right]$ 内，表达式为

$$x(t) = \begin{cases} A & \left(0 \leqslant t < \dfrac{T_0}{2}\right) \\ -A & \left(-\dfrac{T_0}{2} < t \leqslant 0\right) \end{cases}$$

傅里叶级数视频讲解

因为 $x(t)$ 是奇函数，而奇函数在一个周期内的积分值为 0，所以

$$a_0 = \frac{1}{T_0}\int_{-\frac{T_0}{2}}^{\frac{T_0}{2}} x(t)\mathrm{d}t = 0, a_n = 0$$

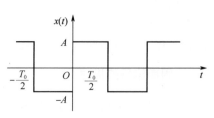

图 3-9　周期方波

$$b_n = \frac{2}{T_0} \int_{-\frac{T_0}{2}}^{\frac{T_0}{2}} x(t) \sin n\omega_0 t \mathrm{d}t$$

$$= \frac{2}{T_0} \left( \int_{-\frac{T_0}{2}}^{0} (-A) \sin n\omega_0 t \mathrm{d}t + \int_{0}^{\frac{T_0}{2}} A \sin n\omega_0 t \mathrm{d}t \right)$$

$$= \frac{2A}{T_0} \left[ \left( \frac{\cos n\omega_0 t}{n\omega_0} \right)_{-\frac{T_0}{2}}^{0} + \left( -\frac{\cos n\omega_0 t}{n\omega_0} \right)_{0}^{\frac{T_0}{2}} \right]$$

$$= \frac{2A}{n\omega_0 T} \left[ 1 - \cos\left( -\frac{n\omega_0 T_0}{2} \right) - \cos\left( \frac{n\omega_0 T_0}{2} \right) + 1 \right]$$

$$= \frac{4A}{n\omega_0 T} \left[ 1 - \cos\left( -\frac{n\omega_0 T_0}{2} \right) \right]$$

$$= \begin{cases} \dfrac{4A}{n\pi} & (n = 1,3,5,\cdots) \\ 0 & (n = 2,4,6,\cdots) \end{cases}$$

因此，有

$$x(t) = \frac{4A}{\pi} \left( \sin\omega_0 t + \frac{1}{3}\sin 3\omega_0 t + \frac{1}{5}\sin 5\omega_0 t + \cdots \right)$$

根据上式，幅频谱和相频谱分别如图 3-10（a）和图 3-10（b）所示。幅频谱只包含基波和奇次谐波的频率分量，相频谱中各次谐波分量的初相位 $\varphi_n$ 均为零。

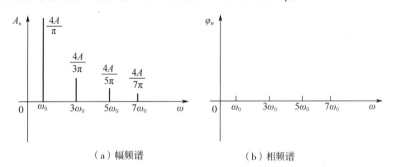

（a）幅频谱 　　　　　　　（b）相频谱

图 3-10 周期方波的幅频谱和相频谱

如图 3-11 所示为周期方波的时域、频谱两者之间的关系图。采用波形分解方式形象地说明了周期方波的时域描述（波形）、频域描述（频谱）及其相互关系。

2. 周期信号的复指数展开式

傅里叶级数也可以写成复指数函数形式。根据欧拉公式

$$\mathrm{e}^{\pm \mathrm{j}n\omega_0 t} = \cos n\omega_0 t \pm \mathrm{j}\sin n\omega_0 t \tag{3-22}$$

得

$$\cos n\omega_0 t = \frac{1}{2} \left( \mathrm{e}^{-\mathrm{j}n\omega_0 t} + \mathrm{e}^{\mathrm{j}n\omega_0 t} \right) \tag{3-23}$$

$$\sin n\omega_0 t = \frac{\mathrm{j}}{2} \left( \mathrm{e}^{-\mathrm{j}n\omega_0 t} - \mathrm{e}^{\mathrm{j}n\omega_0 t} \right) \tag{3-24}$$

式中，$\mathrm{j} = \sqrt{-1}$。将式（3-18）改写为

$$x(t) = a_0 + \sum_{n=1}^{+\infty} \left[ \frac{1}{2}(a_n + \mathrm{j}b_n) \mathrm{e}^{-\mathrm{j}n\omega_0 t} + \frac{1}{2}(a_n - \mathrm{j}b_n) \mathrm{e}^{\mathrm{j}n\omega_0 t} \right] \tag{3-25}$$

令

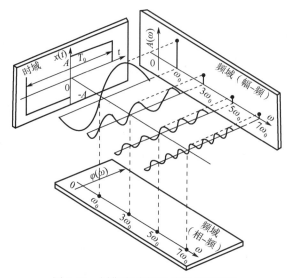

图 3-11　周期方波的时域及频域描述

$$C_0 = a_0$$

$$C_{-n} = \frac{1}{2}(a_n + \mathrm{j}b_n)$$

$$C_n = \frac{1}{2}(a_n - \mathrm{j}b_n)$$

则

$$x(t) = C_0 + \sum_{n=1}^{+\infty}(C_{-n}\mathrm{e}^{-\mathrm{j}n\omega_0 t} + C_n\mathrm{e}^{\mathrm{j}n\omega_0 t}) \tag{3-26}$$

即

$$x(t) = \sum_{n=-\infty}^{+\infty} C_n\mathrm{e}^{\mathrm{j}n\omega_0 t} \quad (n = 0, \pm 1, \pm 2, \cdots) \tag{3-27}$$

式中

$$C_n = \frac{1}{T_0}\int_{-\frac{T_0}{2}}^{\frac{T_0}{2}} x(t)\mathrm{e}^{-\mathrm{j}n\omega_0 t}\mathrm{d}t \quad (n = 0, \pm 1, \pm 2, \cdots) \tag{3-28}$$

一般情况下 $C_n$ 是复数，可以写成

$$C_n = \mathrm{Re}C_n + \mathrm{j}\mathrm{Im}C_n = |C_n|\mathrm{e}^{\mathrm{j}\varphi_n} \tag{3-29}$$

式中，$\mathrm{Re}C_n$、$\mathrm{Im}C_n$ 分别称为实频谱和虚频谱；$|C_n|$、$\varphi_n$ 分别称为幅频谱和相频谱。两种形式的关系为

$$|C_n| = \sqrt{(\mathrm{Re}C_n)^2 + (\mathrm{Im}C_n)^2} \tag{3-30}$$

$$\varphi_n = \arctan\frac{\mathrm{Im}C_n}{\mathrm{Re}C_n} \tag{3-31}$$

$C_n$ 和 $C_{-n}$ 共轭，即 $C_n = C_{-n}^*$；$\varphi_n = -\varphi_{-n}$。

把周期函数 $x(t)$ 展开为傅里叶级数的复指数函数形式后，可分别以 $|C_{-n}| - \omega$ 和 $\varphi_n - \omega$ 作幅频谱图和相频谱图；也可以 $C_n$ 实部或虚部与频率的关系作幅频图，并分别称为实频谱图和虚频谱图。比较傅里叶级数的两种展开形式可知：复指数函数形式的频谱为双边谱（$\omega$ 从 $-\infty$ 到 $+\infty$），三角函数形式的频谱为单边谱（$\omega$ 从 0 到 $+\infty$）；两种频谱的各谐波幅值在

量值上有确定的关系，即 $|C_n| = \dfrac{1}{2}A_n$，$|C_0| = a_0$。双边幅频谱为偶函数，双边相频谱为奇函数。

在式（3-27）中，$n$ 取正、负值。当 $n$ 为负值时，谐波频率 $n\omega_0$ 为"负频率"。出现"负"的频率似乎不好理解，实际上角速度按其旋转方向可以有正有负，一个向量的实部可以看成是两个旋转方向相反的矢量在其实轴上投影之和，而虚部则为其在虚轴上投影之差（见图 3-12）。

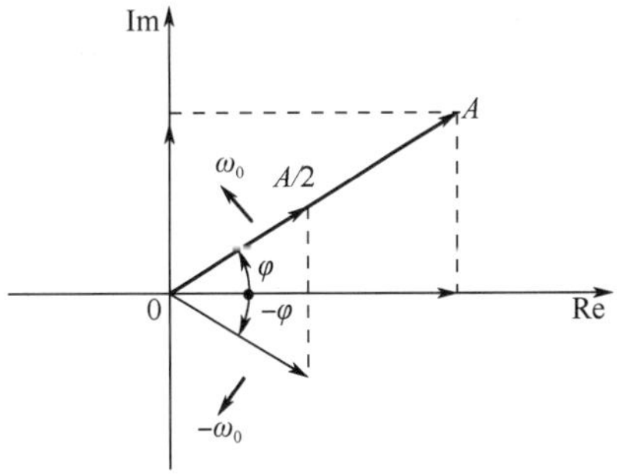

图 3-12　负频率的说明

例 **3-2**　画出余弦、正弦函数的实、虚部频谱图。

解：根据式（3-23）和式（3-24）得

$$\cos\omega_0 t = \frac{1}{2}(\mathrm{e}^{-\mathrm{j}\omega_0 t} + \mathrm{e}^{\mathrm{j}\omega_0 t})$$

$$\sin\omega_0 t = \mathrm{j}\frac{1}{2}(\mathrm{e}^{-\mathrm{j}\omega_0 t} - \mathrm{e}^{\mathrm{j}\omega_0 t})$$

故余弦函数只有实频谱图，与纵轴偶对称。正弦函数只有虚频谱图，与纵轴奇对称。图 3-13 是这两个函数的频谱图。

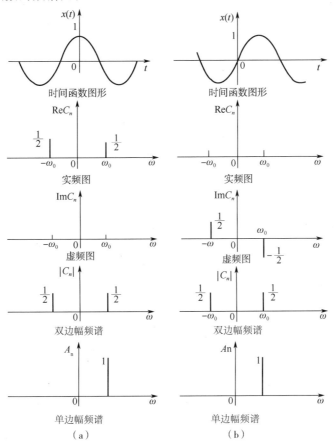

图 3-13　正、余弦函数的频谱图

一般周期函数按博里叶级数的复指数函数形式展开后，其实频谱总是偶对称的，其虚频谱总是奇对称的。

**例 3-3** 试求图 3-9 所示周期方波的复指数展开式，并作频谱图。

解：

$$C_n = \frac{1}{T_0} \int_{-\frac{T_0}{2}}^{\frac{T_0}{2}} x(t) e^{-jn\omega_0 t} dt$$

$$= \frac{1}{T_0} \int_{-\frac{T_0}{2}}^{\frac{T_0}{2}} x(t) (\cos n\omega_0 t - j\sin n\omega_0 t) dt$$

$$= \begin{cases} -j\dfrac{2A}{n\pi} & (n = \pm 1, \pm 3, \pm 5 \cdots) \\ 0 & (n = 0, \pm 2, \pm 4, \pm 6 \cdots) \end{cases}$$

则

$$x(t) = \sum_{n=-\infty}^{+\infty} C_n e^{jn\omega_0 t} = -j\frac{2A}{\pi} \sum_{n=-\infty}^{+\infty} \frac{1}{n} e^{jn\omega_0 t} \quad (n = \pm 1, \pm 3, \pm 5, \cdots)$$

幅频谱

$$|C_n| = = \begin{cases} \left| \dfrac{2A}{n\pi} \right| & (n = \pm 1, \pm 3, \pm 5 \cdots) \\ 0 & (n = 0, \pm 2, \pm 4, \pm 6 \cdots) \end{cases}$$

相频谱

$$\varphi_n = \arctan \frac{-\dfrac{2A}{\pi n}}{0} = \begin{cases} -\dfrac{\pi}{2} & (n > 0) \\ \dfrac{\pi}{2} & (n < 0) \end{cases}$$

实、虚频谱

$$\begin{cases} \mathrm{Re}\, C_n = 0 \\ \mathrm{Im}\, C_n = -\dfrac{2A}{n\pi} \end{cases}$$

其实、虚频谱和幅、相频谱如图 3-14 所示。

比较图 3-10 与图 3-14 可发现：图 3-10 中每一条谱线代表一个分量的幅度，而图 3-14 中把每个分量的幅度一分为二，在正负频率相对应的位置上各占一半，只有把正负频率上相对应的两条谱线矢量相加才能代表一个分量的幅度。需要说明的是，负频率项的出现完全是数学计算的结果，并没有任何物理意义。

从上述分析可知，周期信号频谱，无论是三角函数展开式还是复指数展开式，其特点如下：

（1）离散性：周期信号的频谱是离散谱，每一条谱线表示一个正弦分量；

（2）谐波性：周期信号的频率是由基波频率的整数倍组成的；

（3）收敛性：满足狄里赫利条件的周期信号，其谐波幅值总的趋势是随谐波频率的增大而减小。由于周期信号的收敛性，在工程测量中没有必要取次数过高的谐波分量。

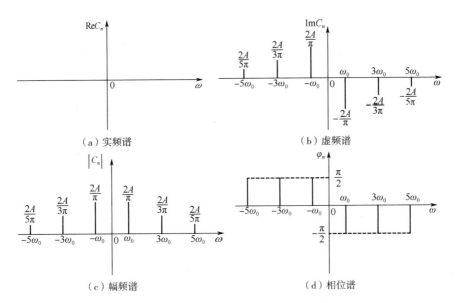

图 3-14 周期方波的实、虚频谱和幅、相频谱

### 3.3.2 非周期信号的描述

从信号合成的角度看，频率之比为有理数的多个谐波分量，其叠加后由于有公共周期，所以为周期信号。当信号中各个频率比不是有理数时，如 $x(t) = \cos\omega_0 t + \cos\sqrt{3}\omega_0 t$，其频率比为 $\dfrac{1}{\sqrt{3}}$，不是有理数，合成后没有频率的公约数，也就没有公共周期。由于这类信号频谱仍具有离散性（在 $\omega_0$ 与 $\sqrt{3}\omega_0$ 处分别有两条谱线），故称之为准周期信号。在工程实践中，准周期信号还是十分常见的，如两个或多个彼此无关联的振源激励同一个被测对象时的振动响应，就属于此类信号。除此之外，一般非周期信号多指瞬变信号。如图 3-15 所示为瞬变信号的一个例子，其特点是函数沿独立变量时间 $t$ 衰减，因而积分存在有限值，属于能量有限信号。

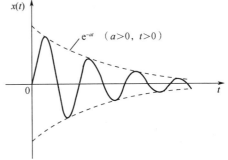

图 3-15 瞬变信号举例

#### 1. 傅里叶变换

非周期信号可以看成是周期信号 $T_0$ 趋于无穷大的周期信号转化而来的。当周期 $T_0$ 增大时，区间 $\left(-\dfrac{T_0}{2}, \dfrac{T_0}{2}\right)$ 趋于 $(-\infty, +\infty)$，频谱的频率间隔 $\Delta\omega = \omega_0 = \dfrac{2\pi}{T_0} \to \mathrm{d}\omega$，离散的 $n\omega_0$ 变为连续的 $\omega$，展开式的叠加关系变为积分关系，则式（3-27）可以改写为

$$\lim_{T_0 \to \infty} x(t) = \lim_{T_0 \to \infty} \sum_{n=-\infty}^{+\infty} C_n \mathrm{e}^{jn\omega_0}$$

$$= \lim_{T_0 \to \infty} \frac{1}{T_0} \sum_{n=-\infty}^{+\infty} \left[ \int_{-\frac{T_0}{2}}^{\frac{T_0}{2}} x(t) \mathrm{e}^{-jn\omega_0 t} \mathrm{d}t \right] \mathrm{e}^{jn\omega_0 t}$$

傅里叶变换视频讲解

$$= \int_{-\infty}^{+\infty} \frac{d\omega}{2\pi} \left[ \int_{-\infty}^{+\infty} x(t) e^{-jn\omega t} dt \right] e^{jn\omega t}$$

$$= \frac{1}{2\pi} \int_{-\infty}^{+\infty} \left[ \int_{-\infty}^{+\infty} x(t) e^{-jn\omega t} dt \right] e^{jn\omega t} d\omega \tag{3-32}$$

在数学上，式（3-32）称为傅里叶积分。严格地说，非周期信号 $x(t)$ 的傅里叶积分存在的条件是 $x(t)$ 在有限区间上满足狄里赫利条件，且绝对可积。

式（3-33）括号内对时间 $t$ 积分后，仅是角频率 $\omega$ 的函数，记作 $X(\omega)$，有

$$X(\omega) = \int_{-\infty}^{+\infty} x(t) e^{-j\omega t} dt \tag{3-33}$$

$$X(t) = \frac{1}{2\pi} \int_{-\infty}^{+\infty} x(\omega) e^{-j\omega t} d\omega \tag{3-34}$$

式（3-33）表达的 $X(\omega)$ 称为 $x(t)$ 的傅里叶变换（Fourier Transform，简称 FT），式（3-34）中的 $x(t)$ 称为 $X(\omega)$ 的傅里叶逆变换（Inverse Fourier Transform，简称 IFT），两者互为傅里叶变换对。

以 $\omega = 2\pi f$ 代入式（3-33）和式（3-34）后，二式可写为

$$X(f) = \int_{-\infty}^{+\infty} x(t) e^{-j2\pi ft} dt \tag{3-35}$$

$$x(t) = \int_{-\infty}^{+\infty} X(f) e^{j2\pi ft} df \tag{3-36}$$

这样可以避免在傅里叶变换中出现 $\frac{1}{2\pi}$ 的常数因子，使公式形式简化，其关系是

$$X(f) = 2\pi X(\omega) \tag{3-37}$$

一般是频率的复函数，可以写成

$$X(f) = |X(f)| e^{j\varphi(f)} \tag{3-38}$$

式中，$X(f)$ 为信号 $x(t)$ 的连续幅值谱，$\varphi(f)$ 为信号 $x(t)$ 的连续相位谱。

需要指出，尽管非周期信号的幅频谱和周期信号的幅频谱 $|C_n|$ 很相似，但是二者是有差别的。其差别突出表现在 $|C_n|$ 的量纲与信号幅值的量纲一样，而 $|X(f)|$ 的量纲则与信号幅值不一样，它是信号单位频宽上的幅值。所以确切地说，$X(f)$ 是频谱密度函数。工程测试中为方便，仍称 $X(f)$ 为频谱。一般非周期信号的频谱具有连续性和衰减性等特性。

**例 3-4** 求如图 3-16 所示的矩形窗函数的频谱。

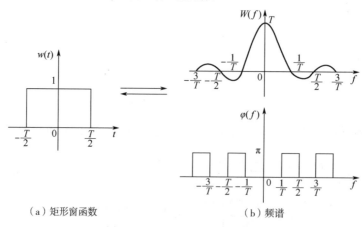

（a）矩形窗函数　　　　　　　（b）频谱

图 3-16　矩形窗函数及其频谱

解：矩形窗函数的时域定义为

$$x(t) = \begin{cases} A, |t| \leqslant \dfrac{\tau}{2} \\ 0, |t| > \dfrac{\tau}{2} \end{cases}$$

根据傅里叶变换的定义，其频谱为

$$X(\omega) = \int_{-\infty}^{+\infty} x(t)\mathrm{e}^{-\mathrm{j}\omega t}\,\mathrm{d}t = \int_{-\frac{\tau}{2}}^{\frac{\tau}{2}} A\mathrm{e}^{-\mathrm{j}\omega t}\,\mathrm{d}t$$

$$= \frac{A}{-\mathrm{j}\omega}(\mathrm{e}^{-\mathrm{j}\omega\frac{\tau}{2}} - \mathrm{e}^{\mathrm{j}\omega\frac{\tau}{2}})$$

$$= A\tau \frac{\sin\left(\omega\,\dfrac{\tau}{2}\right)}{\omega\,\dfrac{\tau}{2}}$$

$$= A\tau \operatorname{sinc}\left(\frac{\omega\tau}{2}\right)$$

这里定义 sinc 函数（也称为辛格函数）

$$\operatorname{sinc}(x) = \frac{\sin x}{x} \tag{3-39}$$

该函数是以 $2\pi$ 为周期，并随 $x$ 增加而衰减的振荡，函数在 $x = n\pi$（$n = \pm1$，$\pm2$，…）时，幅值为零，如图 3-16（b）所示。

2. 傅里叶变换的性质

一个信号的时域描述和频域描述依靠傅里叶变换来确立彼此一一对应的关系。熟悉傅里叶变换的主要性质，有助于了解信号在某个域中的变化和运算将在另一域中产生何种相应的变化和运算关系，最终有助于对复杂工程问题的分析和简化计算工作。

傅里叶变换的主要性质列于表 3-2。表中各项性质均从定义出发推导而得。这里仅就几项主要性质做必要的推导和解释。

**表 3-2　傅里叶变换的主要性质**

| 性质 | 时域 | 频域 | 性质 | 时域 | 频域 |
|------|------|------|------|------|------|
| 函数的奇偶虚实性 | 实偶函数 | 实偶函数 | 频移 | $x(t)\mathrm{e}^{\mp\mathrm{j}2\pi f_0 t}$ | $X(f \pm f_0)$ |
| | 实奇函数 | 虚奇函数 | 翻转 | $x(-t)$ | $X(-f)$ |
| | 虚偶函数 | 虚偶函数 | 共轭 | $x^*(t)$ | $X^*(-f)$ |
| | 虚奇函数 | 实奇函数 | 时域卷积 | $x_1(t) * x_2(t)$ | $X_1(f)X_2(f)$ |
| 线性叠加 | $ax(t) + by(t)$ | $aX(f) + bY(f)$ | 频域卷积 | $x_1(t)x_2(t)$ | $X_1(f) * X_2(f)$ |
| 对称 | $x(t)$ | $X(-f)$ | 时域微分 | $\dfrac{\mathrm{d}^n x(t)}{\mathrm{d}t^n}$ | $(\mathrm{j}2\pi f)^n X(f)$ |
| 尺度改变 | $x(kt)$ | $\dfrac{1}{k}X\left(\dfrac{f}{k}\right)$ | 频域微分 | $(-\mathrm{j}2\pi t)^n x(t)$ | $\dfrac{\mathrm{d}^n X(f)}{\mathrm{d}f^n}$ |
| 时移 | $x(t - t_0)$ | $X(f)\mathrm{e}^{-\mathrm{j}2\pi f t_0}$ | 积分 | $\displaystyle\int_{-\infty}^{t} x(t)\,\mathrm{d}t$ | $\dfrac{1}{\mathrm{j}2\pi f}X(f)$ |

（1）奇偶虚实性。一般 $X(f)$ 是实变量 $f$ 的复变函数。它可以写成

$$X(f) = \int_{-\infty}^{+\infty} x(t) e^{-j2\pi ft} \mathrm{d}t = \mathrm{Re}X(f) - j\mathrm{Im}X(f) \tag{3-40}$$

式中
$$\mathrm{Re}X(f) = \int_{-\infty}^{+\infty} x(t)\cos 2\pi ft \, \mathrm{d}t \tag{3-41}$$

$$\mathrm{Im}X(f) = \int_{-\infty}^{+\infty} x(t)\sin 2\pi ft \, \mathrm{d}t \tag{3-42}$$

余弦函数是偶函数，正弦函数是奇函数。由上式可知，如果 $x(t)$ 是实函数，则 $X(f)$ 一般为具有实部和虚部的复函数，且实部为偶函数，即 $\mathrm{Re}X(f) = \mathrm{Re}X(-f)$，虚部为奇函数，即 $\mathrm{Im}X(f) = -\mathrm{Im}X(-f)$。

如果 $x(t)$ 为实偶函数，则 $\mathrm{Im}X(f) = 0$，$X(f)$ 将是实偶函数，即 $X(f) = \mathrm{Re}X(f) = X(-f)$。

如果 $x(t)$ 为实奇函数，则 $\mathrm{Re}X(f) = 0$，$X(f)$ 将是虚奇函数，即 $X(f) = -j\mathrm{Im}X(f) = -X(-f)$。

如果 $x(t)$ 为虚函数，则上述结论的虚实位置也相互交换。

了解这个性质有助于估计傅里叶变换对的相应图形性质，减少不必要的变换计算。

（2）对称性。

若 $$x(t) \rightleftharpoons X(f)$$
则 $$X(t) \rightleftharpoons x(-f) \tag{3-43}$$

证明 $$x(t) = \int_{-\infty}^{+\infty} X(f) e^{j2\pi ft} \mathrm{d}f$$

以 $-t$ 替换 $t$ 得 $$x(-t) = \int_{-\infty}^{+\infty} X(f) e^{-j2\pi ft} \mathrm{d}f$$

将 $t$ 与 $f$ 互换，即得 $X(t)$ 的傅里叶变换为

$$x(-f) = \int_{-\infty}^{+\infty} X(t) e^{-j2\pi ft} \mathrm{d}t$$

所以

$$X(t) \rightleftharpoons x(-f)$$

应用这个性质，利用已知的傅里叶变换对即可得出相应的变换对。图 3-17 是对称性应用举例。

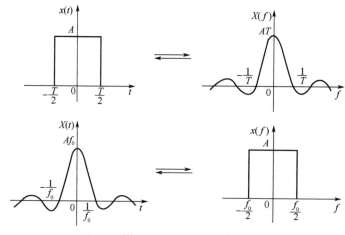

图 3-17　对称性举例

(3) 时间尺度改变特性。

若
$$x(t) \rightleftharpoons X(f)$$

则
$$x(kt) \rightleftharpoons \frac{1}{k} X\left(\frac{f}{k}\right) \quad (k > 0) \tag{3-44}$$

证明
$$\int_{-\infty}^{+\infty} x(kt)\mathrm{e}^{-\mathrm{j}2\pi ft}\,\mathrm{d}t = \frac{1}{k}\int_{-\infty}^{+\infty} x(kt)\mathrm{e}^{-\mathrm{j}2\pi\frac{f}{k}(kt)}\,\mathrm{d}(kt) = \frac{1}{k}X\left(\frac{f}{k}\right)$$

当时间尺度压缩（$k > 1$）时（见图 3-18 （c）），频谱的频带加宽，幅值压低；当时间尺度扩展（$k < 1$）时（见图 3-18 （a）），其频谱变窄，幅值增高。

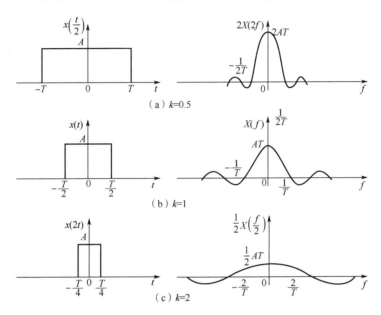

图 3-18　时间尺度改变特性举例

(4) 时移和频移特性。

若
$$x(t) \rightleftharpoons X(f)$$

在时域中信号沿时间轴平移一常值 $t_0$ 时，则
$$x(t \pm t_0) \rightleftharpoons X(f)\mathrm{e}^{\pm\mathrm{j}2\pi ft_0} \tag{3-45}$$

在频域中信号沿频率轴平移一常值 $f_0$ 时，则
$$x(t)\mathrm{e}^{\pm\mathrm{j}2\pi f_0 t} \rightleftharpoons X(f \pm f_0) \tag{3-46}$$

将式（3-35）和式（3-36）中的 $t$ 换成 $t-t_0$，便可获得式（3-45）和式（3-46），证明从略。

式（3-46）表示：将信号在时域中平移，则其幅频谱不变，而相频谱中相角的改变量 $\Delta\varphi$ 和频率成正比：$\Delta\varphi = -2\pi ft_0$。其中 $t_0 = \dfrac{T_0}{4}$，基频 $f_0 = \dfrac{1}{T_0}$，其相移为 $-\pi/2$；而三次谐波的频率 $3f_0$，其相移则为 $-3\pi/2$。

根据欧拉公式——式（3-22）可知，式（3-46）等于左侧的时域信号 $x(t)$ 与频率为 $f_0$ 的正、余弦信号之和的乘积。

(5) 卷积特性。

两个函数 $x_1(t)$ 与 $x_2(t)$ 的卷积定义为 $\displaystyle\int_{-\infty}^{+\infty} x_1(\tau)x_2(t-\tau)\,\mathrm{d}\tau$，记作 $x_1(t) * x_2(t)$。在很多情况下，卷积积分用直接积分的方法来计算是有困难的，但它可以利用变换的方法来解决，

从而使信号分析工作大为简化。因此，卷积特性在信号分析中占有重要的地位。

若
$$x_1(t) \rightleftharpoons X_1(f)$$
$$x_2(t) \rightleftharpoons X_2(f)$$

则
$$x_1(t) * x_2(t) \rightleftharpoons X_1(f)X_2(f) \tag{3-47}$$
$$x_1(t)x_2(t) \rightleftharpoons X_1(f) * X_2(f) \tag{3-48}$$

现以时域卷积为例，证明如下：

$$\int_{-\infty}^{\infty}\left[\int_{-\infty}^{\infty} x_1(\tau)x_2(t-\tau)d\tau\right]e^{-j2\pi ft}dt$$

$$= \int_{-\infty}^{\infty} x_1(\tau)\left[\int_{-\infty}^{\infty} x_2(t-\tau)e^{-j2\pi ft}dt\right]d\tau \quad （交换积分顺序）$$

$$= \int_{-\infty}^{\infty} x_1(\tau)X_2(f)e^{-j2\pi f\tau}d\tau \quad （根据时移特性）$$

$$= X_1(f)X_2(f)$$

（6）微分和积分特性。

若
$$x(t) \rightleftharpoons X(f)$$

则直接将式（3-36）对时间微分，可得

$$\frac{d^n x(t)}{dt^n} \rightleftharpoons (j2\pi f)^n X(f) \tag{3-49}$$

又将式（3-35）对 $f$ 微分，得

$$(-j2\pi f)^n x(t) \rightleftharpoons \frac{d^n X(f)}{df^n} \tag{3-50}$$

同样可证，

$$\int_{-\infty}^{t} x(t)dt \rightleftharpoons \frac{1}{j2\pi f}X(f) \tag{3-51}$$

在振动测试中，如果测得振动系统的位移、速度或加速度之中任一参数，应用微分、积分特性就可以获得其他参数的频谱。

### 3.3.3 常用典型信号的频谱

典型信号频谱视频讲解

#### 3.3.3.1 矩形窗函数的频谱

矩形窗函数的频谱已在例 3-4 中讨论了。由此可见，一个在时域有限区间内有值的信号，其频谱却延伸至无限频率。若在时域中截取信号的一段记录长度，则相当于原信号和矩形窗函数的乘积，因而所得频谱将是原信号频域函数和 sinc 函数的卷积，它将是连续的、频率无限延伸的频谱。从其频谱图（见图 3-16）中可以看到，在 $f = 0 \sim \pm\frac{1}{T}$ 之间的谱峰，幅值最大，称为主瓣。两侧其他各谱峰的峰值较低，称为旁瓣。主瓣宽度为 $\frac{2}{T}$，与时域窗宽度 $T$ 成反比。可见时域窗宽度 $T$ 越大，即截取信号时长越大，主瓣宽度越小。

#### 3.3.3.2 $\delta$ 函数及其频谱

1. $\delta$ 函数的定义

在 $\varepsilon$ 时间内激发一个矩形脉冲 $S_\varepsilon(t)$（或三角形脉冲、双边指数脉冲、钟形脉冲等），其面积为 1（见图 3-19）。当 $\varepsilon \rightarrow 0$ 时，$S_\varepsilon(t)$ 的极限就称为 $\delta$ 函数，记作 $\delta(t)$。$\delta$ 函数也称为单

位脉冲函数。

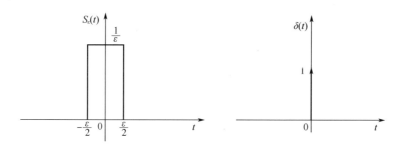

图 3-19 矩形脉冲与 $\delta$ 函数

$\delta(t)$ 的特点，从函数值极限角度看

$$\delta(t) = \begin{cases} \infty & (t = 0) \\ 0 & (t \neq 0) \end{cases} \tag{3-52}$$

从面积（通常也称为 $\delta$ 函数的强度）的角度来看

$$\int_{-\infty}^{+\infty} \delta(t)\mathrm{d}t = \lim_{\tau \to 0} \int_{-\infty}^{\infty} G(t)\mathrm{d}t = 1 \tag{3-53}$$

2. $\delta$ 函数的采样性质

如果 $\delta$ 函数与某一连续函数 $f(t)$ 相乘，显然其乘积仅在 $t = 0$ 处为 $f(0)\delta(t)$，其余各点 $(t \neq 0)$ 的乘积均为零。其中 $f(0)\delta(t)$ 是一个强度为 $f(0)$ 的 $\delta$ 函数；也就是说，从函数值来看，该乘积趋于无限大，从面积（强度）来看，则为 $f(0)$。如果 $\delta$ 函数与某一连续函数 $f(t)$ 相乘，并在 $(-\infty, +\infty)$ 区间中积分，则有

$$\int_{-\infty}^{+\infty} f(t)\delta(t)\mathrm{d}t = \int_{-\infty}^{+\infty} f(0)\delta(t)\mathrm{d}t = f(0)\int_{-\infty}^{+\infty} \delta(t)\mathrm{d}t = f(0) \tag{3-54}$$

同理，对于有延时 $t_0$ 的 $\delta$ 函数 $\delta(t - t_0)$，它与连续函数 $f(t)$ 的乘积只有在 $t = t_0$ 时刻不等于零，而等于强度为 $f(t_0)$ 的 $\delta$ 函数；在 $(-\infty, +\infty)$ 区间内，该乘积的积分为

$$\int_{-\infty}^{+\infty} f(t)\delta(t - t_0)\mathrm{d}t = \int_{-\infty}^{+\infty} f(t_0)\delta(t - t_0)\mathrm{d}t = f(t_0) \tag{3-55}$$

式（3-54）和式（3-55）表示 $\delta$ 函数的采样性质。此性质表明任何函数 $f(t)$ 和 $\delta(t - t_0)$ 的乘积是一个强度为 $f(t_0)$ 的 $\delta$ 函数 $\delta(t - t_0)$，而该乘积在无限区间的积分则是 $f(t)$ 在 $t = t_0$ 时刻的函数值 $f(t_0)$。这个性质对连续信号的离散采样是十分重要的，在第 5 章中会得到广泛应用。

3. $\delta$ 函数与其他函数的卷积

任何函数和 $\delta$ 函数 $\delta(t)$ 的卷积是一种最简单的卷积积分。例如，一个矩形窗函数 $x(t)$ 与 $\delta$ 函数的卷积为（见图 3-20（a））

$$\begin{aligned} x(t) * \delta(t) &= \int_{-\infty}^{+\infty} x(\tau)\delta(t - \tau)\mathrm{d}\tau \\ &= \int_{-\infty}^{+\infty} x(\tau)\delta(\tau - t)\mathrm{d}\tau = x(t) \end{aligned} \tag{3-56}$$

同理，对于时延单位脉冲 $\delta(t \pm t_0)$ 时（见图 3-20（b））

$$\begin{aligned} x(t) * \delta(t \pm t_0) &= \int_{-\infty}^{+\infty} x(\tau)\delta(t \pm t_0 - \tau)\mathrm{d}\tau \\ &= x(t \pm t_0) \end{aligned} \tag{3-57}$$

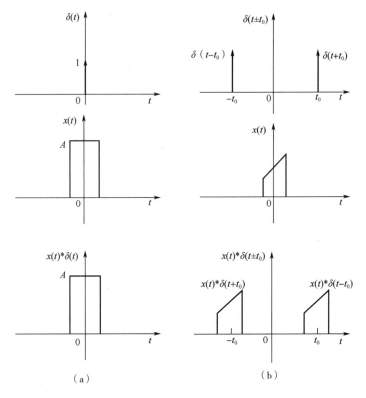

图 3-20　δ 函数与其他函数的卷积示例

可见函数 $x(t)$ 和 δ 函数的卷积的结果，就是在发生 δ 函数的坐标位置上（以此作为坐标原点）简单地将 $\delta(t)$ 重新构图。

4. $\delta(t)$ 的频谱

将 $\delta(t)$ 进行傅里叶变换

$$\Delta(f) = \int_{-\infty}^{+\infty} \delta(t) \mathrm{e}^{-\mathrm{j}2\pi ft} \mathrm{d}t = \mathrm{e}^{0} = 1 \tag{3-58}$$

其逆变换为

$$\delta(t) = \int_{-\infty}^{+\infty} 1 \cdot \mathrm{e}^{\mathrm{j}2\pi ft} \mathrm{d}f \tag{3-59}$$

由此可见时域的 δ 函数具有无限宽广的频谱，而且在所有的频段上都是等强度的（见图 3-21），这种频谱常称为"均匀谱"。

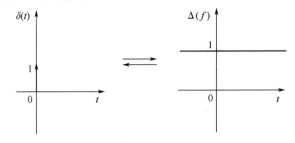

图 3-21　δ 函数及其频谱

根据傅里叶变换的对称性质和时移、频移性质，可以得到下列傅里叶变换对：

| 时域 | | 频域 |
|---|---|---|
| $\delta(t)$<br>（单位瞬时脉冲） | $\rightleftharpoons$ | 1<br>（均为频谱密度函数） |
| 1<br>幅值为 1 的直流量 | $\rightleftharpoons$ | $\delta(f)$<br>在 $f=0$ 处有脉冲谱线 |
| $\delta(t-t_0)$<br>（$\delta$ 函数时移 $t_0$） | $\rightleftharpoons$ | $\mathrm{e}^{-\mathrm{j}2\pi f_0 t}$<br>（各频率成分分别相移 $2\pi f t_0$ 角） |
| $\mathrm{e}^{\mathrm{j}2\pi f_0 t}$<br>（复指数函数） | $\rightleftharpoons$ | $\delta(f-f_0)$<br>（将 $\delta(f)$ 频移到 $f_0$） |

$$(3-60)$$

### 3.3.3.3　正、余弦函数的频谱密度函数

由于正、余弦函数不满足绝对可积条件，因此不能直接应用式（3-35）和式（3-36）进行傅里叶变换，而需在傅里叶变换时引入 $\delta$ 函数。

根据式（3-23）、式（3-24），正、余弦函数可以写成

$$\sin 2\pi f_0 t = \mathrm{j}\frac{1}{2}(\mathrm{e}^{-\mathrm{j}2\pi f_0 t} - \mathrm{e}^{\mathrm{j}2\pi f_0 t})$$

$$\cos 2\pi f_0 t = \frac{1}{2}(\mathrm{e}^{-\mathrm{j}2\pi f_0 t} + \mathrm{e}^{\mathrm{j}2\pi f_0 t})$$

应用式（3-61），可认为正、余弦函数是把频域中的两个 $\delta$ 函数向不同方向频移后之差或之和的傅里叶逆变换。因而可求得正、余弦函数的傅里叶变换为（见图 3-22）

$$\sin 2\pi f_0 t \rightleftharpoons \mathrm{j}\frac{1}{2}[\delta(f+f_0) - \delta(f-f_0)] \tag{3-61}$$

$$\cos 2\pi f_0 t \rightleftharpoons \frac{1}{2}[\delta(f+f_0) + \delta(f-f_0)] \tag{3-62}$$

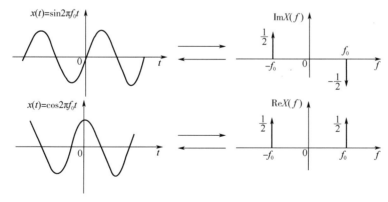

图 3-22　正、余弦函数及其频谱

### 3.3.3.4　周期单位脉冲序列的频谱

等间隔的周期单位脉冲序列常称为梳状函数，并用 $\mathrm{comb}(t, T_s)$ 表示，

$$\text{comb}(t, T_s) = \sum_{n=-\infty}^{+\infty} \delta(t - nT_s) \tag{3-63}$$

式中：$T_s$ 为周期；$n$ 为整数，$n = 0, \pm 1, \pm 2, \cdots$。

因为此函数是周期函数，所以可以把它表示为傅里叶级数的复指数函数形式

$$\text{comb}(t, T_s) = \sum_{k=-\infty}^{+\infty} c_k e^{j2\pi k f_s t} \tag{3-64}$$

式中，$f_s = \dfrac{1}{T_s}$，系数 $c_k$ 为

$$c_k = \frac{1}{T_s} \int_{-\frac{T_s}{2}}^{\frac{T_s}{2}} \text{comb}(t, T_s) e^{-j2\pi f_s t} dt$$

因为在 $\left(-\dfrac{T_s}{2}, \dfrac{T_s}{2}\right)$ 区间内只有一个 $\delta$ 函数，而当 $t = 0$ 时，$e^{-j2\pi f_s t} = e^0 = 1$，所以

$$c_k = \frac{1}{T_s} \int_{-\frac{T_s}{2}}^{\frac{T_s}{2}} \delta(t) e^{-j2\pi f_s t} dt = \frac{1}{T_s}$$

因此

$$\text{comb}(t, T_s) = \frac{1}{T_s} \sum_{k=-\infty}^{+\infty} e^{j2\pi k f_s t}$$

而根据式（3-49）有

$$e^{j2\pi k f_s t} \Longleftrightarrow \delta(f - k f_s)$$

可得 $\text{comb}(t, T_s)$ 的频谱 $\text{comb}(f, f_s)$，如图 3-23 所示，它也是梳状函数

$$\text{comb}(f, f_s) = \frac{1}{T_s} \sum_{k=-\infty}^{+\infty} \delta(f - k f_s) = \frac{1}{T_s} \sum_{k=-\infty}^{+\infty} \delta\left(f - \frac{k}{T_s}\right) \tag{3-65}$$

由图 3-23 可见，时域周期单位脉冲序列的频谱也是周期脉冲序列。若时域周期为 $T_s$，则频域脉冲序列的周期为 $\dfrac{1}{T_s}$；时域脉冲强度为 1，频域脉冲强度为 $\dfrac{1}{T_s}$。

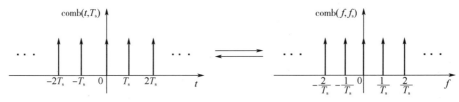

图 3-23　周期单位脉冲序列及其频谱

## 3.4　随机信号的描述

随机信号是机械工程中经常遇到的一种信号，其特点如下：

（1）时间函数不能用精确的数学关系式来描述；

（2）不能预测它未来任何时刻的准确值；

（3）对这种信号的每次观测结果都不同。但大量地重复试验可以看到它具有统计规律性，因而可用概率统计方法来描述和研究。

在工程实际中，随机信号随处可见，如气温的变化、机器振动的变化等，即使同一机床同一工人加工相同的零部件，其尺寸也不尽相同。图 3-24 是汽车在水平柏油路上行驶时，

车架主梁上一点的应变时间历程，可以看到在工况完全相同（车速、路面、驾驶条件等）的情况下，各时间历程的样本记录是完全不同的，这种信号就是随机信号。

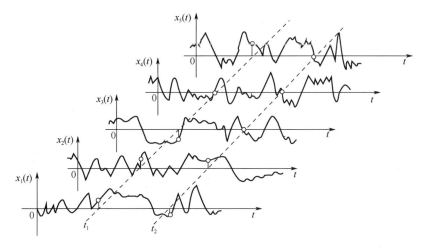

图 3-24 随机过程的样本函数

产生随机信号的物理现象称为随机现象。表示随机信号的单个时间历程 $x_i(t)$ 称为样本函数。某随机现象可能产生的全部样本函数的集合 $\{x(t)\} = \{x_1(t), x_2(t), \cdots, x_i(t), \cdots, x_N(t)\}$（也称总体）称为随机过程。

### 3.4.1 概率密度函数

随机信号的概率密度函数是表示信号幅值落在指定区间内的概率。对图 3-25 所示的信号，$x(t)$ 值落在 $(x, x + \Delta x)$ 区间内的时间为 $T_x$，即

$$T_x = \Delta t_1 + \Delta t_2 + \cdots + \Delta t_n = \sum_{i=1}^{n} \Delta t_i \tag{3-66}$$

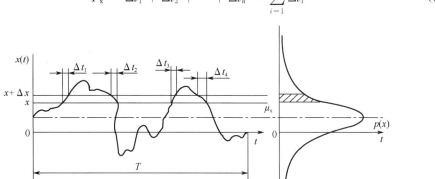

图 3-25 概率密度函数计算

当样本函数的记录时间 $T$ 趋于无穷大时，$\dfrac{T_x}{T}$ 的比值就是幅值落在 $(x, x + \Delta x)$ 区间内的概率，即

$$P_r[x < x(t) \leqslant x + \Delta x] = \lim_{T \to \infty} \frac{T_x}{T} \tag{3-67}$$

59

定义幅值概率密度函数 $p(x)$ 为

$$p(x) = \lim_{\Delta x \to 0} \frac{P_r[x < x(t) \leqslant x + \Delta x]}{\Delta x} \tag{3-68}$$

概率密度函数提供了随机信号幅值分布的信息，是随机信号的主要特征参数之一。不同的随机信号有不同的概率密度函数图形，可以借此来识别信号的性质。图 3-26 是常见的四种随机信号（假设这些信号的均值为零）的概率密度函数图形。

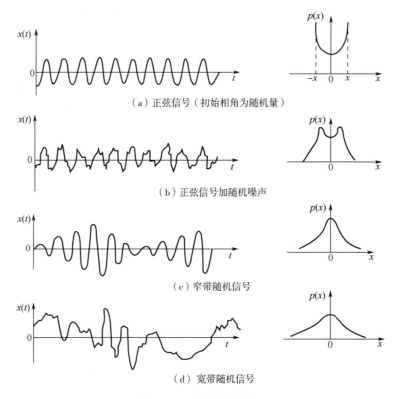

（a）正弦信号（初始相角为随机量）

（b）正弦信号加随机噪声

（c）窄带随机信号

（d）宽带随机信号

图 3-26　四种随机信号

当不知道所处理的随机数据服从何种分布时，可以用统计概率分布图和直方图法来估计概率密度函数。这些方法可参阅有关的数理统计专著。

另外两个描述随机信号的主要特征参数——自相关函数和功率谱密度函数将在第 5 章中讲述。

参照图 3-27（a），对于各态历经的随机信号，$x(t)$ 的值小于或等于振幅 $\xi$ 的概率为

$$P(x) = P[x(t) \leqslant \xi] = \lim_{T \to \infty} \frac{\Delta t[x(t) \leqslant \xi]}{T} \tag{3-69}$$

称其为概率分布函数。

由于 $\xi$ 必定有某个下限（可以是负无穷大）使 $x(t)$ 总是大于它，因此，在 $\xi$ 变得越来越小时，概率分布函数 $P(x)$ 的值总会达到零。同样，由于 $\xi$ 值必然有一个上限使 $x(t)$ 总是不能超过它，因此，在 $\xi$ 变得越来越大时，$P(x)$ 的值总会达到 1。所以概率分布函数曲线在 $0 \sim 1$ 之间变化，如图 3-27（b）所示。

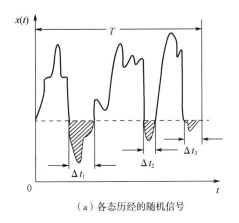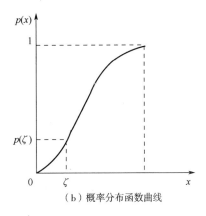

（a）各态历经的随机信号　　　　　　（b）概率分布函数曲线

图 3-27　概率分布函数

概率分布函数变化曲线，虽然只限制在 $0\sim1$ 之间变化，但可以有不同的形状代表不同概率结构的数据或信号。为了区分，一般用分布函数的斜率来描述其概率结构数据的不同，即

$$p(x) = \frac{\mathrm{d}P(x)}{\mathrm{d}x} \tag{3-70}$$

这样得到的函数称为概率密度函数。其变化曲线如图 3-27 所示，式（3-71）也可写成如下关系

$$p(x) = \lim_{\Delta x \to 0} \frac{P(x + \Delta x) - P(x)}{\Delta x} \tag{3-71}$$

式中，$P(x)$ 为 $x(t)$ 瞬时值小于 $x$ 水平的概率分布函数；$P(x + \Delta x)$ 为 $x(t)$ 瞬时值小于 $(x + \Delta x)$ 水平的概率分布函数。

### 3.4.2　典型信号的概率密度函数

与实际物理现象相联系的概率密度函数，在数量上是无穷无尽的，但只要掌握如下的三类典型信号概率密度函数就可以完全近似地反映大部分感兴趣的数据。这三类概率密度函数是：正态（高斯）噪声的概率密度函数；正弦波的概率密度函数；噪声中正弦波的概率密度函数。

1. 正态（高斯）噪声

描述实际中许多随机物理现象的数据，多数都可以用如下的概率密度函数进行精确近似

$$p(x) = \frac{1}{\sqrt{2\pi} \cdot \sigma_{\mathrm{x}}} \exp\left[-\frac{(x - \mu_{\mathrm{x}})^2}{2\sigma_{\mathrm{x}}^2}\right] \tag{3-72}$$

式中，$\mu_{\mathrm{x}}$ 和 $\sigma_{\mathrm{x}}$ 分别是数据的均值和标准差。

式（3-72）称为正态或高斯概率密度函数。高斯概率密度曲线和概率分布曲线如图 3-28 所示，其特点是：

（1）单峰，峰 $x = \mu_{\mathrm{x}}$ 处，曲线以 $x$ 轴为渐近线。当 $x \to \pm\infty$ 时，$p(x) \to 0$。

（2）曲线以 $x = \mu_{\mathrm{x}}$ 为对称轴。

（3）$x = \mu_{\mathrm{x}} \pm \sigma_{\mathrm{x}}$ 为曲线的拐点。

（4）$P[\mu_{\mathrm{x}} - \sigma_{\mathrm{x}} \leqslant x(t) < \mu_{\mathrm{x}} + \sigma_{\mathrm{x}}] \approx 0.68$

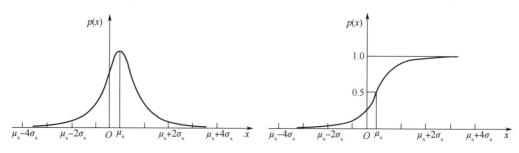

图 3-28　高斯信号的概率密度曲线和概率分布曲线

$$P[\mu_x - 2\sigma_x \leqslant x(t) < \mu_x + 2\sigma_x] \approx 0.95$$

$$P[\mu_x - 3\sigma_x \leqslant x(t) < \mu_x + 3\sigma_x] \approx 0.995$$

正态分布的重要性，来自统计学中的中心极限定理。这个定理可以叙述为：如果一个随机变量 $x(t)$ 实际上纯粹是 $N$ 个统计独立随机变量 $x_1$，$x_2$，…，$x_N$ 的线性和，则不管这些变量的概率密度函数如何，$x = x_1 + x_2 + \cdots + x_N$ 的概率密度在 $N$ 趋于无穷时将趋于正态形式。由于大多数物理现象是许多随机事件之和，因此正态公式可为随机数据的概率密度函数提供一个合理的近似。

2. 正弦信号

对于一个正弦信号，由于任何未来瞬间的精确振幅可以用 $x(t) = A\sin(2\pi ft + \varphi)$ 完全确定，因此，理论上没必要研究它的概率分布问题。但是，如果假定相角 $\varphi$ 是一个在 $\pm\pi$ 间服从均匀分布的随机变量，则可把正弦函数看作为一个随机过程。假定均值为零，则可以证明正弦随机过程的概率密度函数为

$$p(x) = \begin{cases} \dfrac{1}{\pi} \sqrt{(2\sigma_x^2 - x^2)^{-1}} & |x| < A \\ 0 & |x| \geqslant A \end{cases} \tag{3-73}$$

式中，$\sigma_x = \dfrac{A}{\sqrt{2}}$，是正弦信号的标准差。

当 $\sigma_x = 1$ 时，正弦信号的标准化概率密度函数如图 3-28 所示。由前述已知，概率密度可以看作 $x(t)$ 落在 $\Delta x$ 内的概率极限运算得到的结果，也就是 $x(t)$ 落在 $\Delta x$ 内的时间所占的比例。从图 3-29 可见，对任意给定的 $\Delta x$ 来说，每个周期上的正弦信号在峰值 $\pm A$ 处占有的时间最多，而在均值 $\mu_x = 0$ 处占有的时间最少。

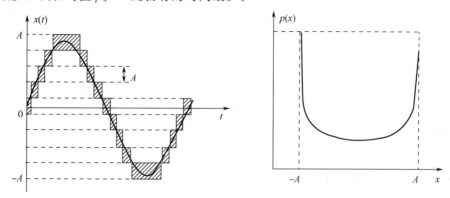

图 3-29　正弦波的概率密度函数

与高斯随机噪声相类似，正弦信号的概率密度函数也完全由均值和标准差确定。但是与高斯噪声不同的是，正弦信号的概率密度在均值处的值最小，而高斯噪声则最大。

**3. 混有高斯噪声的正弦信号**

包含有正弦信号 $s(t) = S\sin(2\pi ft + \theta)$ 的随机信号 $x(t)$ 的表达式为

$$x(t) = n(t) + s(t)$$

式中，$n(t)$ 为零均值的高斯随机噪声，其标准差为 $\sigma_{\mathrm{n}}$；$s(t)$ 的标准差为 $\sigma_{\mathrm{s}}$。

概率密度表达式为

$$p(x) = \frac{1}{\sigma_{\mathrm{n}}\pi\sqrt{2\pi}}\int_0^\pi \exp\left[-\left(\frac{x - S\cos\theta}{4\sigma_{\mathrm{n}}}\right)\right]^2 \mathrm{d}\theta \qquad (3\text{-}74)$$

图 3-30 为含有正弦波随机信号的概率密度函数图形，图中 $R = \left(\dfrac{\sigma_{\mathrm{s}}}{\sigma_{\mathrm{n}}}\right)^2$。对于不同的 $R$ 值，$p(x)$ 有不同的图形。对于纯高斯噪声，$R=0$；对于正弦波，$R=\infty$；对于含有正弦波的高斯噪声，$0<R<+\infty$。图 3-30 为鉴别随机信号中是否存在正弦信号，以及从幅值统计意义上看各占多大比重，提供了图形上的依据。

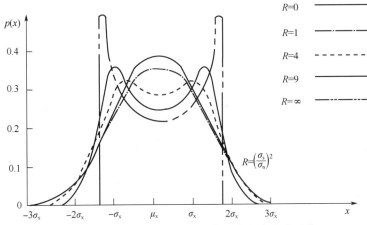

图 3-30  混有高斯噪声的正弦信号的概率密度函数

典型信号的概率密度函数及其分布函数见图 3-31 所示。

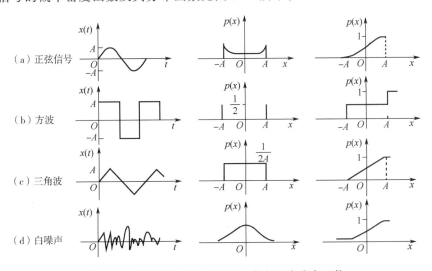

图 3-31  典型信号的概率密度函数与概率分布函数

# 习 题 三

3.1 简述信号的几种描述方法。

3.2 简述信号统计特征参数的物理意义及其在机械故障诊断中的应用。

3.3 写出周期信号两种展开式的数学表达式，并说明系数的物理意义。

3.4 周期信号和非周期信号的频谱图各有什么特点？它们的物理意义有何异同？

3.5 求正弦信号 $x(t) = x_0 \sin\omega t$ 的均值 $\mu_x$ 和均方根值 $x_{rms}$。

3.6 用傅里叶级数的三角函数展开式和复指数展开式，求题3.6图所示周期三角波的频谱，并作频谱图。

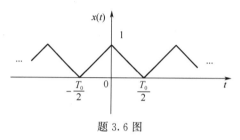

题 3.6 图

3.7 求指数衰减函数 $x(t) = e^{-at}\cos\omega_0 t$ 的频谱函数 $X(f)$（$a>0$，$t \geq 0$），并画出信号及其频谱图形。

3.8 已知某信号 $f(t)$ 的频谱如题3.8图所示，求函数 $x(t) = f(t)\cos\omega_0 t$（$\omega_0 > \omega_m$，$\omega_m$ 为 $f(t)$ 中最高频率分量的角频率），试画出 $x(t)$ 的频谱图。当 $\omega_0 < \omega_m$ 时，函数 $x(t)$ 的频谱图会出现什么情况？

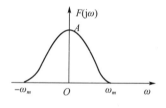

题 3.8 图

3.9 求被截断的余弦函数（见题3.9图）的频谱，并作频谱图。

$$x(t) = \begin{cases} \cos\omega_0 t & (|t| < T) \\ 0 & (|t| \geq T) \end{cases}$$

题 3.9 图

3.10 简要描述典型信号概率密度函数及其分布函数的特点。

第3章课件

习题三答案

信号分析实验

信号时域频域分析

信号分析实验视频讲解

# 第4章 测试系统的特性

一般测试系统由传感器、中间变换装置和显示记录装置三部分组成。测试过程中传感器将反映被测对象特性的物理量（如压力、加速度、温度等）检出并转换为电信号，然后传输给中间变换装置；中间变换装置对电信号用硬件电路进行处理或经 A/D 变成数字量，再将结果以电信号或数字信号的方式传输给显示记录装置；最后由显示记录装置将测量结果显示出来，提供给观察者或其他自动控制装置。测试系统如图 4-1 所示。

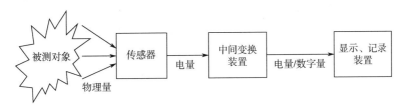

图 4-1　测试系统简图

根据测试任务复杂程度的不同，测试系统中每个环节又可由多个模块组成。例如，图 4-2 的机床轴承故障监测系统中的中间变换装置就由带通滤波器、A/D 变换器和快速傅里叶变换（Fast Fourier Transform，简称 FFT）分析软件三部分组成。测试系统中传感器为振动加速度计，它将机床轴承振动信号转换为电信号；带通滤波器用于滤除传感器测量信号中的高、低频干扰信号和对信号进行放大，A/D 变换器用于对放大后的测量信号进行采样，将其转换为数字量；FFT 分析软件则对转换后的数字信号进行快速傅里叶变换，计算出信号的频谱；最后由计算机显示器对频谱进行显示。

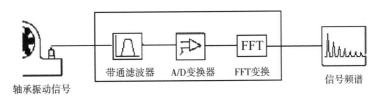

图 4-2　轴承振动信号的测试系统

要实现测试，一个测试系统必须可靠、不失真。本章将讨论测试系统及其输入、输出的关系，以及测试系统不失真的条件。

## 4.1　线性系统及其基本性质

机械测试的实质是研究被测机械的信号 $x(t)$（激励）、测试系统的特性 $h(t)$ 和测试结果 $y(t)$（响应）三者之间的关系，可用图 4-3 表示。

测试系统有三个方面的含义：

（1）如果输入 $x(t)$ 和输出 $y(t)$ 可测，则可以推断测试系统的特性 $h(t)$；

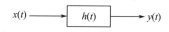

图 4-3 测试系统与输入和输出的关系

（2）如果测试系统特性 $h(t)$ 已知，输出 $y(t)$ 可测，则可以推导出相应的输入 $x(t)$；

（3）如果输入 $x(t)$ 和系统特性 $h(t)$ 已知，则可以推断或估计系统的输出 $y(t)$。

这里所说的测试系统，广义上是指从设备的某一激励输入（输入环节）到检测输出量的那个环节（输出环节）之间的整个系统，一般包括被测设备和测量装置两部分。所以只有首先确知测量装置的特性，才能从测量结果中正确评价被测设备的特性或运行状态。

理想的测试装置应具有单值的、确定的输入/输出关系，并且最好为线性关系。由于在静态测量中校正和补偿技术易于实现，这种线性关系不是必需的（但是希望的）；而在动态测量中，测试装置则应力求是线性系统，原因主要有两方面：一是目前对线性系统的数学处理和分析方法比较完善；二是动态测量中的非线性校正比较困难。但对许多实际的机械信号测试装置而言，不可能在很大的工作范围内全部保持线性，只能在一定的工作范围和误差允许范围内当作线性系统来处理。

线性系统输入 $x(t)$ 和输出 $y(t)$ 之间的关系可以用式（4-1）来描述为

$$a_n \frac{\mathrm{d}^n y(t)}{\mathrm{d}t^n} + a_{n-1} \frac{\mathrm{d}^{n-1} y(t)}{\mathrm{d}t^{n-1}} + \cdots + a_1 \frac{\mathrm{d}y(t)}{\mathrm{d}t} + a_0 y(t)$$

$$= b_m \frac{\mathrm{d}^m x(t)}{\mathrm{d}t^m} + b_{m-1} \frac{\mathrm{d}^{m-1} x(t)}{\mathrm{d}t^{m-1}} + \cdots + b_1 \frac{\mathrm{d}x(t)}{\mathrm{d}t} + b_0 x(t) \tag{4-1}$$

当 $a_n, a_{n-1}, \cdots, a_0$ 和 $b_m, b_{m-1}, \cdots, b_0$ 均为常数时，式（4-1）描述的就是线性系统，也称为时不变线性系统，它有以下主要基本性质：

（1）叠加性。

若 $x_1(t) \rightarrow y_1(t)$，$x_2(t) \rightarrow y_2(t)$，则有

$$\left[ x_1(t) \pm x_2(t) \right] \rightarrow \left[ y_1(t) \pm y_2(t) \right] \tag{4-2}$$

（2）比例性。

若 $x(t) \rightarrow y(t)$，则对任意常数 $c$ 有

$$cx(t) \rightarrow cy(t) \tag{4-3}$$

（3）微分性。

若 $x(t) \rightarrow y(t)$，则有

$$\frac{\mathrm{d}x(t)}{\mathrm{d}t} \rightarrow \frac{\mathrm{d}y(t)}{\mathrm{d}t} \tag{4-4}$$

（4）积分性。

若系统的初始状态为零，$x(t) \rightarrow y(t)$，则有

$$\int_0^t x(t)\mathrm{d}t \rightarrow \int_0^t y(t)\mathrm{d}t \tag{4-5}$$

（5）频率保持性。

若当系统输入为某一频率的正弦信号时，系统稳态输出将只有该同一频率。

设系统输入为正弦信号：$x(t) = x_0 \mathrm{e}^{\mathrm{j}\omega_0 t}$，则系统的稳态输出为

$$y(t) = y_0 \mathrm{e}^{\mathrm{j}(\omega_0 t + \varphi)} \tag{4-6}$$

上述线性系统的特征，特别是频率保持性，在测试工作中具有非常重要的作用。因为在

实际测试中，测得的信号常常会受到其他信号或噪声的干扰，这时依据频率保持特性可以认定测得信号中只有与输入信号相同的频率成分才是真正由输入引起的输出。同样，在机械故障诊断中，根据测试信号的主要频率成分，在排除干扰的基础上，依据频率保持特性推算出输入信号也应包含该频率成分，通过寻找产生该频率成分的原因，就可以诊断出故障的原因。

## 4.2　测试系统的静态特性

测试系统的静态特性是通过某种意义的静态标定过程确定的，因此对静态标定必须有一个明确的定义。静态标定是一个实验过程，这一过程是在只改变测量装置的一个输入量，而其他所有的可能输入严格保持不变的情况下，测量对应的输出量，由此得到测量装置输入与输出之间的关系。通常以测量装置所要测量的量为输入，得到的输入与输出之间的关系作为静态特性。为了研究测量装置的原理和结构细节，还要确定其他各种可能输入与输出之间的关系，从而得到所有感兴趣的输入和输出的关系。除被测量外，其他所有的输入和输出的关系可以用来估计环境条件的变化与干扰输入对测量过程的影响或估计由此产生的测量误差。这个过程如图 4-4 所示。

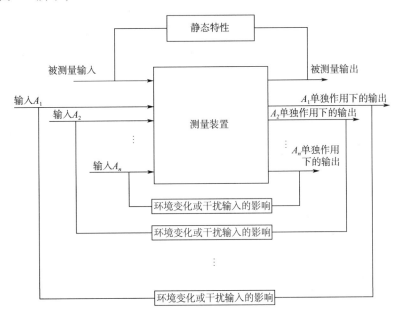

图 4-4　静态标定过程

在静态标定的过程中只改变一个被标定的量，而其他量保持不变。严格保持不变实际上是不可能的。因此，实际标定过程中除用精密仪器测量输入量（被测量）和被标定测量装置的输出量外，还要用精密仪器测量若干环境变化量或干扰变量的输入和输出，如图 4-5 所示。一个设计、制造良好的测量装置对环境变化与干扰的响应（输出）应该很小。

测量装置的静态测量误差与多种因素有关，包括测量装置本身和人为因素。本章只讨论测量装置本身的测量误差。有一些测量装置对静态或低于一定频率的输入没有响应，例如压电加速度计。这类测量装置也需要考虑诸如灵敏度等类似于静态特性的参数，此时则是以特定频率的正弦信号为输入，研究其灵敏度，这种特性称为稳态特性，本书将其归入静态特性中加以讨论。

测试系统的静态特性是在静态测量情况下描述实际测量装置与理想时不变线性系统的接近程度。静态量测量时，装置表现出的响应特性称为静态响应特性，常用来描述静态响应特性的参数主要有灵敏度、非线性度和回程误差等。

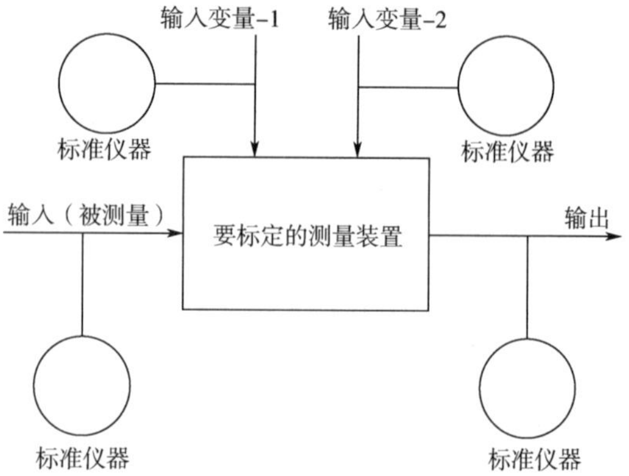

图 4-5　测量装置的静态标定

### 4.2.1　灵敏度

灵敏度表征的是测试系统对输入信号变化的一种反应能力。当测试系统的输入 $x(t)$ 在某一时刻 $t$ 有一个增量 $\Delta x$ 时，输出 $y$ 到达新的稳态时发生一个相应的变化 $\Delta y$，则称

$$S = \frac{\Delta y}{\Delta x} \tag{4-7}$$

为该测量系统的绝对灵敏度，如图 4-6（a）所示。

如果不考虑系统的过渡过程，由线性系统的性质可知，线性系统的灵敏度可以表示为

$$S = \frac{b_0}{a_0} = C \tag{4-8}$$

式中，$a_0$ 与 $b_0$ 为常数；$C$ 表示一比例常数。

可见，线性系统的静态特征曲线为一条直线。例如，某位移测量系统在位移变化 $1\mu\text{m}$ 时输出的电压变化有 $5\text{mV}$，则其灵敏度 $S = 5\text{V/mm}$，对输入、输出量纲相同的测量系统，其灵敏度无量纲，常称为放大倍数。

零点漂移是测量装置的输出零点偏离原始零点的距离，如图 4-6（b）所示，它可以是随时间缓慢变化的量。灵敏度漂移是由环境温度的变化而引起的测量和放大电路特性的变化等，最终反映为灵敏度发生变化，由此引起的灵敏度变化称灵敏度漂移。因此，总误差是零点漂移和灵敏度漂移之和。

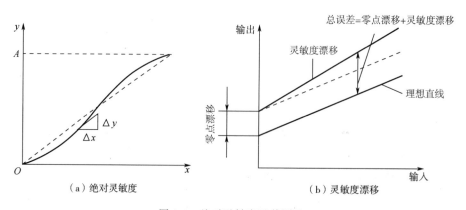

（a）绝对灵敏度　　　　　　　　　（b）灵敏度漂移

图 4-6　绝对灵敏度及其漂移

在设计或选择测试系统的灵敏度时，应该根据测量要求合理进行。一般而言，测试系统的灵敏度越高，测量的范围就越窄，稳定性也往往越差。

### 4.2.2　非线性度

非线性度是指测试系统的输入、输出之间能否像理想线性系统那样保持线性关系的一种度量。通常采用静态测量实验的办法求出测试系统的输入-输出关系曲线（即实验曲线或标定曲线），该曲线偏离其拟合直线的程度即为非线性度。可以定义非线性度 $F$ 为系统的全程测量范围内，实验曲线和拟合直线偏差 $B$ 的最大值与输出范围（量程）$A$ 之比。测试系统的非线性度是无量纲的，通常用百分数来表示，它是测试系统的一个非常重要的精度指标，如图 4-7 所示。

$$F = \frac{B_{\max}}{A} \times 100\% \tag{4-9}$$

### 4.2.3　回程误差

引起回程误差的原因一般是由于测试系统中有滞后环节或工作死区，它也是表征测试系统非线性特征的一个指标，可以反映同一输入量对应多个不同输出量的情况，通常也由静态测量求得，如图 4-8 所示。在同样的测量条件下，在全程测量范围内，当输入量由小增大或由大减小时，对于同一个输入量所得到的两个数值不同的输出量之间差值的最大值与全程输出范围的比值称为回程误差。记作

$$H = \frac{h_{\max}}{A} \times 100\% \tag{4-10}$$

回程误差可以由摩擦、间隙、材料的受力变形或磁滞等因素引起，也可能反映着仪器的不工作区（又称死区）的存在。所谓不工作区就是输入变化对输出无影响的范围。

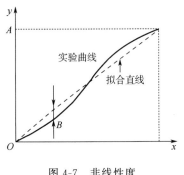

图 4-7　非线性度

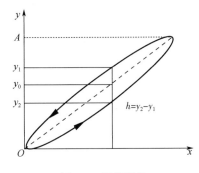

图 4-8　回程误差

## 4.3　测试系统的动态特性

测试系统的动态特性是指输入量随时间变化时，其输出随输入而变化的关系。一般地，在所考虑的测量范围内，测试系统都可以认为是线性系统，因此可以用式（4-1）这一时不变线性系统的微分方程来描述测试系统与输入-输出之间的关系，但使用时有许多不便。因

此，常通过拉普拉斯变换建立其响应的"传递函数"，通过傅里叶变换建立其相应的"频率响应函数"，以便更简便地描述测试系统的特性。

### 4.3.1 传递函数

对运行机械进行测量时，得到的测量结果不仅受设备静态特性的影响，也会受到测试系统动态特性的影响，因此，需要对测试系统的动态特性有清楚的了解。式（4-1）描述了测试系统中输入-输出间的关系。对于线性系统，若系统的初始条件为零，即在考察时刻 $t$ 以前（$t \rightarrow 0^-$），其输入、输出信号及其各阶导数均为零，则对式（4-1）作拉普拉斯变换，可得

$$(a_n s^n + a_{n-1} s^{n-1} + \cdots + a_1 s + a_0) Y(s) = (b_m s^m + b_{m-1} s^{m-1} + \cdots + b_1 s + b_0) X(s) \quad (4-11)$$

定义输出信号和输入信号的拉普拉斯变换之比为传递函数，即

$$H(s) = \frac{Y(s)}{X(s)} = \frac{b_m s^m + b_{m-1} s^{m-1} + \cdots + b_1 s + b_0}{a_n s^n + a_{n-1} s^{n-1} + \cdots + a_1 s + a_0} \quad (4-12)$$

式中，$s$ 为拉普拉斯算子，$s = \alpha + j\omega$；$a_n, a_{n-1}, \cdots, a_1, a_0$ 和 $b_n, b_{n-1}, \cdots, b_1, b_0$ 是由测试系统的物理参数决定的常系数。

由式（4-12）可知，传递函数以代数式的形式表征了系统对输入信号的传输、转换特性。它包含瞬态 $s = \alpha$ 和稳态 $s = j\omega$ 响应的全部信息。式（4-1）则是以微分方程的形式表征系统输入与输出信号的关系。在运算上，传递函数比解微分方程要简便。传递函数具有如下主要特点：

（1）$H(s)$ 描述了系统本身的固有动态特性，而与输入 $x(t)$ 及系统的初始状态无关。对具体系统而言，它的 $H(s)$ 不会因为输入 $x(t)$ 的变化而不同，却对任一具体输入 $x(t)$ 都能确定地给出相应的、不同的输出。

（2）$H(s)$ 是对物理系统特性的一种数学描述，而与系统的具体物理结构无关。$H(s)$ 是通过对实际的物理系统抽象成数学模型式（4-1）后，经过拉普拉斯变换后得出的，所以同一形式的传递函数可表征具有相同传输特性的不同物理系统。例如液柱温度计和 $RC$ 低通滤波器同是一阶系统，具有形式相似的传递函数，而其中一个是热学系统，另一个却是电学系统，两者的物理性质完全不同。

（3）对于实际的物理系统，输入 $x(t)$ 和输出 $y(t)$ 都具有各自的量纲。用传递函数描述系统传输、转换特性理应真实地反映量纲的这种变换关系。这些关系正是通过系数 $a_n, a_{n-1}, \cdots, a_1, a_0$ 和 $b_m, b_{m-1}, \cdots, b_1, b_0$ 来反映的。这些系数的量纲将因具体物理系统和输入、输出的量纲而异。

（4）$H(s)$ 的分母取决于系统的结构，而分子则表示系统同外界之间的关系，如输入点的位置、输入方式、被测量及测点布置情况等。分母中 $s$ 的幂次 $n$ 代表系统微分方程的阶数，如当 $n = 1$ 或 $n = 2$ 时，分别称为一阶系统或二阶系统。

一般测试系统都是稳定系统，其分母中 $s$ 的幂次总是高于分子中 $s$ 的幂次（$n > m$）。

### 4.3.2 频率响应函数

传递函数 $H(s)$ 是在复数域中描述和考察系统的特性，与时域中用微分方程来描述和考察系统的特性相比有许多优点。许多工程系统的微分方程式及其传递函数极难建立，而且传递函数的物理概念也很难理解。与传递函数相比较，频率响应函数有着物理概念明确、容易

通过试验来建立，也极易由它求出传递函数等优点。因此，频率响应函数就成为试验研究系统的重要工具。

在系统传递函数 $H(s)$ 已经知道的情况下，令 $H(s)$ 中 $s$ 的实部为零，即 $s = j\omega$，便可以求得频率响应函数 $H(\omega)$。对于时不变线性系统，有频率响应函数 $H(\omega)$

$$H(\omega) = \frac{b_m\,(j\omega)^m + b_{m-1}\,(j\omega)^{m-1} + \cdots + b_1\,(j\omega) + b_0}{a_n\,(j\omega)^n + a_{n-1}\,(j\omega)^{n-1} + \cdots + a_1\,(j\omega) + a_0} \tag{4-13}$$

式中，$j = \sqrt{-1}$。

若在 $t = 0$ 时刻将输入信号接入时不变线性系统，令 $s = j\omega$ 代入拉普拉斯变换中，实际上是将拉普拉斯变换变成傅里叶变换。又由于系统的初始条件为零，因此，系统的频率响应函数 $H(\omega)$ 就成为输出 $y(t)$、输入 $x(t)$ 的傅里叶变换 $Y(\omega)$、$X(\omega)$ 之比，即

$$H(\omega) = \frac{Y(\omega)}{X(\omega)} \tag{4-14}$$

通过式（4-14），在测得输出 $y(t)$ 和输入 $x(t)$ 后，由其傅里叶变换 $Y(\omega)$ 和 $X(\omega)$ 即可求得频率响应函数 $H(\omega) = \dfrac{Y(\omega)}{X(\omega)}$。频率响应函数是描述系统的简谐输入和其稳态输出的关系，在测量系统频率响应函数时，必须在系统响应达到稳态阶段时才测量。

频率响应函数是复数，因此，可以写成复指数形式

$$H(\omega) = A(\omega)e^{j\varphi(\omega)} \tag{4-15}$$

式中，$A(\omega)$ 称为系统的幅频特性；$\varphi(\omega)$ 称为系统的相频特性。可见，系统的频率响应函数 $H(\omega)$ 或其幅频特性 $A(\omega)$、相频特性 $\varphi(\omega)$ 都是简谐输入频率 $\omega$ 的函数。

用频率响应函数来描述系统的最大优点是可以通过实验来求得频率响应函数。通过依次用不同频率 $\omega_i$ 的简谐信号去激励被测系统，同时测出激励和系统稳态输出的幅值 $X_{0i}$、$Y_{0i}$ 和相位差 $\varphi_i$。这样对于某个 $\omega_i$，便有一组 $\dfrac{Y_{0i}}{X_{0i}} = A_i$ 和 $\omega_i$，全部的 $A_i - \omega_i$ 和 $\varphi_i - \omega_i$，$i = 1, 2, \cdots$，便可表达系统的频率响应函数。

为研究问题方便，有时常用曲线来描述系统的传输特性。$A(\omega) - \omega$ 曲线和 $\varphi(\omega) - \omega$ 曲线分别称为系统的幅频特性曲线和相频特性曲线。实际作图时，常对自变量取对数标尺，幅值坐标取分贝数，即作 $20\lg A(\omega) - \lg(\omega)$ 和 $\varphi(\omega) - \lg(\omega)$ 曲线，两者分别称为对数幅频曲线和对数相频曲线，总称为伯德图（Bode 图）。

如果将 $H(\omega)$ 写成实部和虚部形式，有

$$H(\omega) = P(\omega) + jQ(\omega) \tag{4-16}$$

式中，$P(\omega)$ 和 $Q(\omega)$ 都是 $\omega$ 的实函数，曲线 $P(\omega) - \omega$ 和 $Q(\omega) - \omega$ 分别称为系统的实频特性和虚频特性曲线。如果将 $H(\omega)$ 的实部和虚部分别作为纵、横坐标，则曲线 $Q(\omega) - P(\omega)$ 称为奈奎斯特图（Nyquist 图），显然有

$$A(\omega) = \sqrt{P^2(\omega) + Q^2(\omega)} \tag{4-17}$$

$$\varphi(\omega) = \arctan \frac{Q(\omega)}{P(\omega)} \tag{4-18}$$

### 4.3.3　脉冲响应函数

若测试系统输入为单位脉冲函数，即 $x(t) = \delta(t)$ 时，$X(s) = 1$。因此，有

$$H(s) = \frac{Y(s)}{X(s)} = Y(s)$$

对上式作拉普拉斯逆变换，有

$$y(t) = h(t)$$

称 $h(t)$ 为系统的脉冲响应函数。脉冲响应函数为测试系统特性的时域描述。

至此，测试系统动态特性在时域可以用 $h(t)$ 来描述，在频域可以用 $H(\omega)$ 来描述，在复数域可以用 $H(s)$ 来描述。三者的关系是一一对应的。

### 4.3.4 多个环节的串联和并联

实际的测试系统，通常都是由若干个环节组成的，测试系统的传递函数与各个环节的传递函数之间的关系取决于各环节的连接形式。若系统由几个环节串联而成，如图 4-9 所示，且后面的环节对前一环节没有影响，各环节自身的传递函数为 $H_i(s)$，则测试系统的总传递函数为

$$H(s) = \prod_{i=1}^{n} H_i(s) \tag{4-19}$$

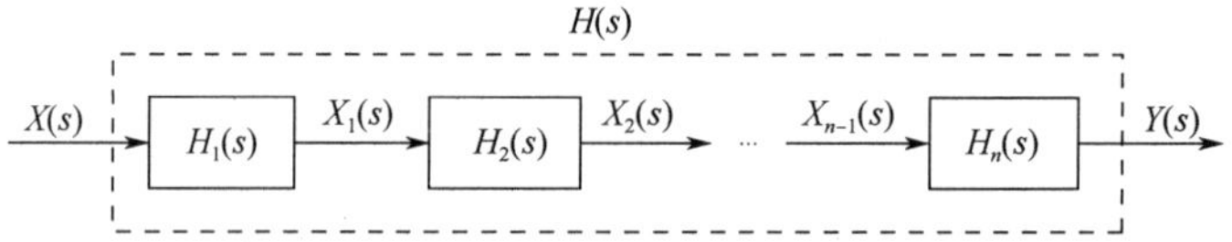

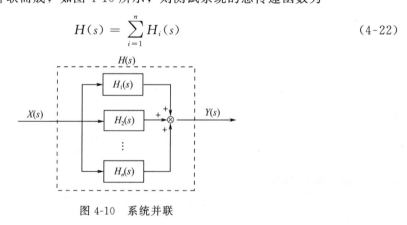

图 4-9　系统串联

相应系统的频率响应函数为

$$H(\mathrm{j}\omega) = \prod_{i=1}^{n} H_i(\mathrm{j}\omega) \tag{4-20}$$

其幅频、相频特性为

$$A(\omega) = \prod_{i=1}^{n} A_i(\omega)$$

$$\varphi(\omega) = \sum_{i=1}^{n} \varphi_i(\omega) \tag{4-21}$$

若系统由多个环节并联而成，如图 4-10 所示，则测试系统的总传递函数为

$$H(s) = \sum_{i=1}^{n} H_i(s) \tag{4-22}$$

图 4-10　系统并联

相应系统的频率响应函数为

$$H(\mathrm{j}\omega) = \sum_{i=1}^{n} H_i(\mathrm{j}\omega) \tag{4-23}$$

需要注意：当系统的传递函数分母中 $s$ 的幂次 $n$ 值大于 2 时，系统称为高阶系统。由于一般的测试系统总是稳定的，高阶系统传递函数的分母总可以分解成为 $s$ 的一次和二次实系数因式，即

$$a_n s^n + a_{n-1}s^{n-1} + \cdots + a_1 s + a_0 = a_n \prod_{i=1}^{r}(s+p_i)\prod_{i=1}^{(n-r)/2}(s^2 + 2\zeta_i\omega_{ni}s + \omega_{ni}^2) \tag{4-24}$$

式中，$p_i$、$\zeta_i$、$\omega_{ni}$ 为实常数，其中 $\zeta_i < 1$。

故式（4-12）可改写为

$$H(s) = \sum_{i=1}^{r}\frac{q_i}{s+p_i} + \sum_{i=1}^{(n-r)/2}\frac{\alpha_i s + \beta_i}{s^2 + 2\zeta_i\omega_{ni}s + \omega_{ni}^2} \tag{4-25}$$

式中，$\alpha_i$、$\beta_i$、$q_i$ 为实常数。

式（4-25）表明：任何一个高阶系统，总可以把它看成是若干个一阶、二阶系统的串、并联。所以，研究一阶和二阶系统的动态特性，具有非常普遍的意义。

## 4.4　不失真测试条件

由于受测试系统的影响，总会产生某种程度的失真。所谓测试系统的不失真，就是测试系统的响应和激励的波形相比，只有幅值大小和出现的时刻有所不同，不存在形状上的变化。若测试系统的输入输出分别为 $x(t)$ 和 $y(t)$，则不失真测试的含义可以表示为

$$y(t) = A_0 x(t - t_0) \tag{4-26}$$

式中，$A_0$ 为常量，$t_0$ 为滞后时间，两者均为常数。

此式表明这个装置输出的波形和输入波形精确地一致，只是幅值（或者说每个瞬间值）放大了 $A_0$ 倍和在时间上延迟了 $t_0$ 而已（见图 4-11）。这种情况被认为测量装置具有不失真测量的特性。

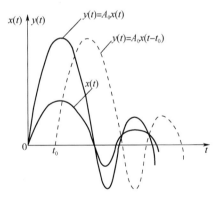

现根据式（4-26）来考察测量装置实现测量不失真的频率特性。对该式作傅里叶变换，可求得系统频率响应函数为

$$H(\omega) = A(\omega)\mathrm{e}^{-\mathrm{j}\omega t_0} \tag{4-27}$$

若要不失真就必须满足

$$\begin{cases} A(\omega) = A_0 = 常数 \\ \varphi(\omega) = -t_0\omega \end{cases} \tag{4-28}$$

图 4-11　波形不失真复现

式中，$A_0$ 和 $t_0$ 均为常量。

理想的不失真测试系统其幅频和相频特性曲线如图 4-12 所示。可见，测试系统在频域内实现不失真测试的条件是幅频特性曲线是一条平行于 $\omega$ 轴的直线，相频特性曲线是斜率为 $-t_0$ 的直线。

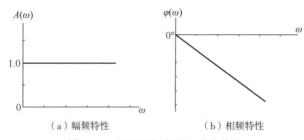

（a）幅频特性　　　　　（b）相频特性

图 4-12　理想不失真测量系统特性

实际上，许多线性测试系统的响应与激励波形并不一致，信号经过测试系统后大都产生失真。这种失真或是由于系统对各频率分量的幅度产生了不同程度的衰减或放大（$A(\omega)$ 不为常量），从而使得响应中各频率分量的幅度相对比例发生了变化；或是由于系统对各频率分量的相移与频率不成比例（$\varphi(\omega)$ 与 $\omega$ 之间为非线性关系），结果使响应中各频率分量间的相对位置发生了变化；或是由于以上两种失真的综合。由 $A(\omega)$ 不为常量引起的失真称为幅值失真，而由 $\varphi(\omega)$ 与 $\omega$ 之间非线性关系引起的失真称为相位失真。

实际测量装置不可能在非常宽广的频率范围内满足不失真条件的要求，所以通常测量装置既会产生幅度失真，也会产生相位失真。图 4-13 表示 4 个不同频率的信号通过一个具有图中 $A(\omega)$ 和 $\varphi(\omega)$ 特性的装置后的输出信号。4 个输入信号都是正弦信号（包括直流信号），在某参考时刻 $t=0$，初始相角均为零。图中形象地显示出输出信号相对输入信号有不同的幅值增益和相角滞后。对于单一频率成分的信号，因为通常线性系统具有频率保持性，只要其幅值未进入非线性区，输出信号的频率也是单一的，也就无所谓失真问题。对于含有多种频率成分的，显然既引起幅度失真，又引起相位失真，特别是频率成分跨越 $\omega_n$ 前、后的信号失真尤为严重。

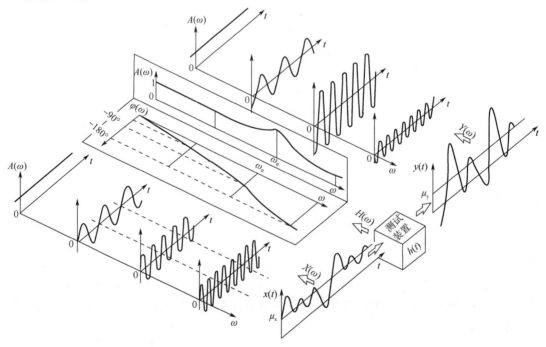

图 4-13　信号中不同频率成分通过测试装置后的输出

需要说明的是，若测量目的是为了精确获取信号波形，那么式（4-28）表示的不失真条件完全满足要求。但是获取信号用作反馈控制，则上述条件并不全面，因为时间滞后可能会破坏控制系统的稳定性，这时还需要 $\varphi(\omega) = 0$ 才是理想条件。

在实际的测试过程中，为了减小由于波形失真而带来的测试误差，除了要根据被测信号的频带，选择合适的测试系统之外，通常还要对输入信号进行一定的前置处理，以减少或消除干扰信号，尽量提高信噪比。另外，在选用和设计某一测试系统时，还要根据所需测试的信息内容来合理地选择恰当的参数。例如，在振动测试或故障诊断时，常常只需测试出振动中的频率成分及其强度，而不必研究其变化波形，在这种情况下，幅频特性或幅值失真是最重要的指标，而其相频特性或相位失真的指标无须要求过高。又如某些测量要求测得特定波形的延迟时间，这对测量装置的相频特性就有严格的要求，以减小相位失真引起的测试误差。

# 4.5 一阶和二阶系统的特性

从 4.3 节可知，一阶系统和二阶系统是分析和研究高阶系统的基础。本节将详细介绍一阶系统和二阶系统的特性及其在典型信号输入下的响应。

### 4.5.1 一阶系统特性

首先看一个具体的例子。图 4-14 是一个液柱式温度计，如以 $T_i(t)$ 表示温度计的输入信号，即被测温度，以 $T_o(t)$ 表示温度计的输出信号，即示值温度，则输入与输出间的关系为

$$\frac{T_i(t) - T_o(t)}{R} = C \frac{\mathrm{d}T_o(t)}{\mathrm{d}t} \tag{4-29}$$

$$RC \frac{\mathrm{d}T_o(t)}{\mathrm{d}t} + T_o(t) = T_i(t) \tag{4-30}$$

式中，$R$ 为传导介质的热阻；$C$ 为温度计的热容量。

式（4-30）表明，液柱式温度计系统的微分方程是一阶微分方程，可认为该温度计是一个一阶测试系统。对其作拉普拉斯变换，并令 $\tau = RC$（$\tau$ 为温度计时间常数），则有

$$\tau s T_o(s) + T_o(s) = T_i(s) \tag{4-31}$$

因此，传递函数为

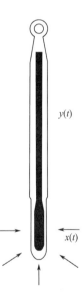

图 4-14 液柱式温度计

$$H(s) = \frac{T_o(s)}{T_i(s)} = \frac{1}{1 + \tau s} \tag{4-32}$$

相应地，温度计系统的频率响应函数为

$$H(\mathrm{j}\omega) = \frac{1}{1 + \mathrm{j}\omega\tau} \tag{4-33}$$

可见，液柱式温度计的传递特性具有一阶系统特性。

下面从一般意义上分析一阶系统的频率响应特性。一阶系统微分方程的通式为

$$a_1 \frac{\mathrm{d}y(t)}{\mathrm{d}t} + a_0 y(t) = b_0 x(t) \tag{4-34}$$

用 $a_0$ 除方程各项得

$$\frac{a_1}{a_0}\frac{\mathrm{d}y(t)}{\mathrm{d}t} + y(t) = \frac{b_0}{a_0}x(t) \tag{4-35}$$

式中，$\dfrac{a_1}{a_0}$ 具有时间量纲，称为时间常数，常用符号 $\tau$ 来表示；$\dfrac{b_0}{a_0}$ 则是系统的静态灵敏度，用 $S$ 表示。

在线性系统中，$S$ 为常数。由于 $S$ 值的大小仅表示输出与输入之间（输入为静态量时）放大的比例关系，并不影响对系统动态特性的研究，因此，为讨论问题方便起见，可以令 $S = \dfrac{b_0}{a_0} = 1$，这种处理称为灵敏度归一处理。在作了上述处理之后，一阶系统的微分方程可改写为

$$\tau\frac{\mathrm{d}y(t)}{\mathrm{d}t} + y(t) = x(t) \tag{4-36}$$

对上式作拉普拉斯变换得

$$\tau s Y(s) + Y(s) = X(s) \tag{4-37}$$

则一阶系统的传递函数为

$$H(s) = \frac{Y(s)}{X(s)} = \frac{1}{\tau s + 1} \tag{4-38}$$

其频率响应为

$$\begin{cases} H(\mathrm{j}\omega) = \dfrac{1}{\mathrm{j}\omega\tau} = \dfrac{1}{1+(\omega\tau)^2} - \mathrm{j}\,\dfrac{\omega\tau}{1+(\omega\tau)^2} \\[2mm] A(\omega) = \sqrt{[\mathrm{Re}(\omega)]^2 + [\mathrm{Im}(\omega)]^2} = \dfrac{1}{\sqrt{1+(\omega\tau)^2}} \\[2mm] \varphi(\omega) = \arctan\dfrac{\mathrm{Im}(\omega)}{\mathrm{Re}(\omega)} = -\arctan(\omega\tau) \end{cases} \tag{4-39}$$

$\varphi(\omega)$ 为负值则表示系统输出信号的相位滞后于输入信号的相位。一阶系统的伯德图、奈奎斯特图分别如图 4-15 和图 4-16 所示，而幅频和相频特性曲线如图 4-17 所示。

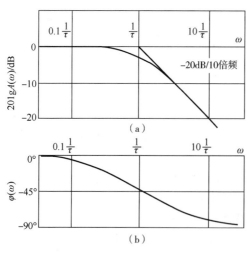

图 4-15　一阶系统的伯德图

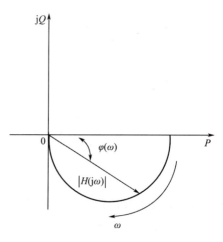

图 4-16　一阶系统的奈奎斯特图

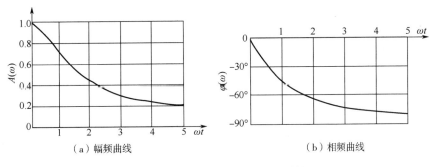

（a）幅频曲线　　　　　　　　　　　（b）相频曲线

图 4-17　一阶系统的幅值与相频特性

从一阶系统的幅频曲线来看，与动态测试不失真的条件相对照，显然它不满足 $A(\omega)$ 为水平直线的要求。对于实际的测试系统，要完全满足理论上的动态测试不失真条件几乎是不可能的，只能要求在接近不失真的测试条件的某一频段范围内，幅值误差不超过某一限度。一般在没有特别指明精度要求的情况下，系统只要是在幅值误差不超过 5％（即在系统灵敏度归一处理后，$A(\omega)$ 值不大于 1.05 或不小于 0.95）的频段范围内工作，就认为可以满足动态测试要求。一阶系统当 $\omega = \dfrac{1}{\tau}$ 时，$A(\omega)$ 值为 0.707（−3dB），相位滞后45°，通常称 $\omega = \dfrac{1}{\tau}$ 为一阶系统的转折频率。只有当 $\omega$ 远小于 $\dfrac{1}{\tau}$ 时幅频特性才接近于 1，才可以不同程度地满足动态测试要求。在幅值误差一定的情况下，$\tau$ 越小，则系统的工作频率范围越大。或者说，在被测信号的最高频率成分 $\omega$ 一定的情况下，$\tau$ 越小，则系统输出的幅值误差越小。

从一阶系统的相频曲线来看，同样也只有在 $\omega$ 远小于 $\dfrac{1}{\tau}$ 时，相频曲线接近于一条过零点的斜直线，可以不同程度地满足动态测试不失真条件，而且同样是 $\tau$ 越小，系统的工作频率范围越大。

综合上述分析，可以得出结论：反映一阶系统的动态性能的指标参数是时间常数 $\tau$，原则上是 $\tau$ 越小越好。

在常见的测量装置中，弹簧阻尼系统以及简单的 $RC$ 低通滤波器等都属于一阶系统，如图 4-18 所示。

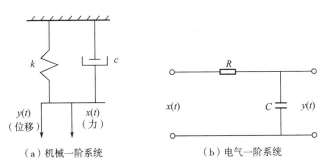

（a）机械一阶系统　　　　　　　　　（b）电气一阶系统

图 4-18　一阶系统

## 4.5.2　二阶系统特性

图 4-19 所示的动圈式显示仪振子是一个典型的二阶系统。在笔式记录仪和光线示波器

等动圈式振子中，通电线圈在永久磁场中受到电磁转矩 $k_i i(t)$ 的作用，产生指针偏转运动，偏转的转动惯量会受到扭转阻尼转矩 $C\dfrac{\mathrm{d}\theta(t)}{\mathrm{d}t^2}$ 和弹性恢复转矩 $k_\theta\theta(t)$ 的作用，根据牛顿第二定律，这个系统的输入与输出关系可以用二阶微分方程描述

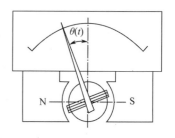

$$J\frac{\mathrm{d}^2\theta(t)}{\mathrm{d}t^2} + C\frac{\mathrm{d}\theta(t)}{\mathrm{d}t} + k_\theta\theta(t) = k_i i(t) \tag{4-40}$$

图 4-19　动圈式仪表振子的工作原理

式中，$i(t)$ 为输入动圈的电流信号；$\theta(t)$ 为振子（动圈）的角位移输出信号；$J$ 为振子转动部分的转动惯量；$C$ 为阻尼系数，包括空气阻尼、电磁阻尼、油阻尼等；$k_\theta$ 为游丝的扭转刚度；$k_i$ 为电磁转矩系数，与动圈绕组在气隙中的有效面积、匝数和磁感应强度等有关。

对式（4-40）拉普拉斯变换后，得振子系统的传递函数为

$$H(s) = \frac{\theta(s)}{I(s)} = \frac{\dfrac{K_i}{J}}{s^2 + \dfrac{C}{J}s + \dfrac{k_\theta}{J}} = S \cdot \frac{\omega_n^2}{s^2 + 2\xi\omega_n s + \omega_n^2} \tag{4-41}$$

式中，$\omega_n = \sqrt{\dfrac{k_\theta}{J}}$ 为系统的固有频率；$\xi = \dfrac{C}{2}\sqrt{k_\theta J}$ 为系统的阻尼率；$S = \dfrac{k_i}{k_\theta}$ 为系统的灵敏度。

下面分析典型的二阶系统的频率响应特性。一般二阶系统的微分方程的通式为

$$a_2\frac{\mathrm{d}^2 y(t)}{\mathrm{d}t^2} + a_1\frac{\mathrm{d}y(t)}{\mathrm{d}t} + a_0 y(t) = b_0 x(t) \tag{4-42}$$

灵敏度归一处理后，可写成

$$\frac{a_2}{a_0}\frac{\mathrm{d}^2 y(t)}{\mathrm{d}t^2} + \frac{a_1}{a_0}\frac{\mathrm{d}y(t)}{\mathrm{d}t} + y(t) = x(t) \tag{4-43}$$

令 $\omega_n = \sqrt{\dfrac{a_0}{a_1}}$（称为系统固有频率），$\xi = \dfrac{a_1}{2\sqrt{a_0 a_2}}$（称为系统的阻尼率），则

$$\frac{a_2}{a_0} = \frac{1}{\omega_n^2}$$

$$\frac{a_1}{a_0} = \frac{2\xi}{\omega_n}$$

于是，式（4-43）经灵敏度归一处理后可进一步改写为

$$\frac{1}{\omega_n^2}\frac{\mathrm{d}^2 y(t)}{\mathrm{d}t^2} + \frac{2\xi}{\omega_n}\frac{\mathrm{d}y(t)}{\mathrm{d}t} + y(t) = x(t) \tag{4-44}$$

作拉普拉斯变换得

$$\frac{1}{\omega_n^2}s^2 Y(s) + \frac{2\xi}{\omega_n}s Y(s) + Y(s) = X(s) \tag{4-45}$$

因此，二阶系统的传递函数为

$$H(s) = \frac{1}{\dfrac{1}{\omega_n^2}s^2 + \dfrac{2\xi}{\omega_n}s + 1} = \frac{\omega_n^2}{s^2 + 2\xi\omega_n s + \omega_n^2} \tag{4-46}$$

二阶系统的频率响应为

$$\begin{cases} H(j\omega) = \dfrac{1}{1 - \left(\dfrac{\omega}{\omega_n}\right)^2 + j2\xi\left(\dfrac{\omega}{\omega_n}\right)} \\[4mm] A(\omega) = \dfrac{1}{\sqrt{\left[1 - \left(\dfrac{\omega}{\omega_n}\right)^2\right]^2 + 4\xi^2\left(\dfrac{\omega}{\omega_n}\right)^2}} \\[4mm] \varphi(\omega) = -\arctan\dfrac{2\xi\left(\dfrac{\omega}{\omega_n}\right)}{1 - \left(\dfrac{\omega}{\omega_n}\right)^2} \end{cases} \quad (4\text{-}47)$$

二阶系统的幅频曲线和相频曲线如图 4-20 所示，其对应的伯德图和奈奎斯特图分别如图 4-21 和图 4-22 所示。需要注意的是，这是灵敏度归一后所作的曲线。从二阶系统的幅频和相频曲线来看，影响系统特性的主要参数是频率比 $\dfrac{\omega}{\omega_n}$ 和阻尼率 $\xi$。只有在 $\dfrac{\omega}{\omega_n} < 1$ 并靠近坐标原点的一段，$A(\omega)$ 比较接近水平直线，$\varphi(\omega)$ 也近似与 $\omega$ 呈线性关系，可以作动态不失真测试。若测试系统的固有频率 $\omega_n$ 较高，相应地 $A(\omega)$ 的水平直线段也较长一些，系统的工作频率范围便大一些。另外，当系统的阻尼率 $\xi$ 在 0.7 左右时，$A(\omega)$ 的水平直线段也会相应地长一些，$\varphi(\omega)$ 与 $\omega$ 之间也在较宽频率范围内更接近线性。当 $\xi = 0.6 \sim 0.8$ 时，可获得较合适的综合特性。分析表明，当 $\xi = 0.7$ 时，在 $\dfrac{\omega}{\omega_n} = 0 \sim 0.58$ 的范围内，$A(\omega)$ 的变化不超过 5%，同时 $\varphi(\omega)$ 也接近于过坐标原点的斜直线。可见，二阶系统的主要动态性能指标参数是系统的固有频率 $\omega_n$ 和阻尼率 $\xi$ 两个参数。

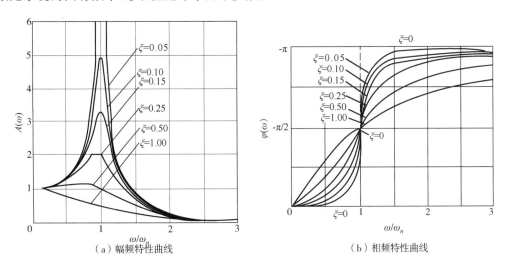

（a）幅频特性曲线　　　　　　　　　　　（b）相频特性曲线

图 4-20　二阶系统的幅频和相频特性曲线

注意，对于二阶系统，当 $\dfrac{\omega}{\omega_n} = 1$ 时，$A(\omega) = \dfrac{1}{2\xi}$，若系统的阻尼率甚小，则输出幅值将急剧增大，故 $\dfrac{\omega}{\omega_n} = 1$ 时，系统发生共振。共振时，振幅增大的情况和阻尼率 $\xi$ 成反比，且不管其阻尼率为多大，系统输出的相位总是滞后输入 $90°$。另外，当 $\dfrac{\omega}{\omega_n} > 2.5$ 以后，$\varphi(\omega)$ 接近

于 $180°$，$A(\omega)$ 也接近一条水平直线段，但输出比输入小很多。

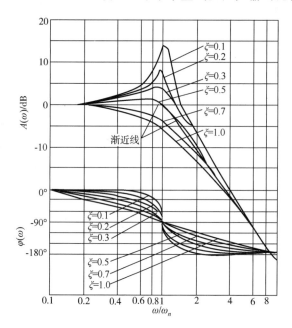

图 4-21　二阶系统的伯德图　　　　　图 4-22　二阶系统的奈奎斯特图

质量-弹簧-阻尼系统及 RLC 电路等测试装置都属于二阶系统，如图 4-23 和图 4-24 所示。

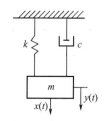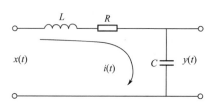

图 4-23　质量-弹簧系统　　　　　图 4-24　RLC 电路

### 4.5.3　一阶系统和二阶系统在单位阶跃输入下的响应

如图 4-25 所示的单位阶跃信号

$$x(t) = \begin{cases} 1 & (t \geqslant 0) \\ 0 & (t < 0) \end{cases}$$

其拉氏变换为

$$X(s) = \frac{1}{s}$$

一阶系统的单位阶跃响应如下，图形如图 4-26 所示。

$$y(t) = 1 - \mathrm{e}^{-t/\tau} \tag{4-48}$$

二阶系统的单位阶跃响应如下，图形如图 4-27 所示。

$$y(t) = 1 - \frac{e^{-\xi \omega_n t}}{\sqrt{1 - \xi^2}} \sin(\omega_d t + \varphi) \tag{4-49}$$

式中，$\omega_d = \omega_n \sqrt{1 - \xi^2}$；$\varphi = \arctan \dfrac{\sqrt{1 - \xi^2}}{\xi}(\xi < 1)$。

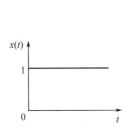

图 4-25　单位阶跃输入

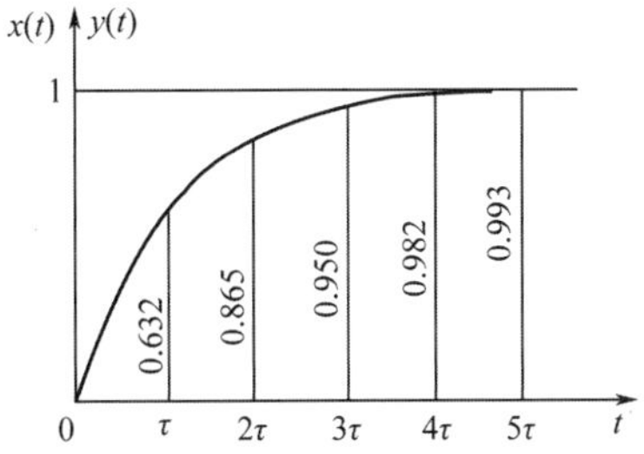

图 4-26　一阶系统的单位阶跃响应

由图 4-26 可知，一阶系统在单位阶跃激励下的稳态输出误差为零，进入稳态的时间 $t \rightarrow \infty$。但是，当 $t = 4\tau$ 时，$y(4\tau) = 0.982$，误差小于 2%；当 $t = 5\tau$ 时，$y(5\tau) = 0.993$，误差小于 1%。所以对于一阶系统来说，时间常数 $\tau$ 越小，响应越快。

由图 4-27 可知，二阶系统在单位阶跃激励下的稳态输出误差也为零。进入稳态的时间取决于系统的固有频率 $\omega_n$ 和阻尼比 $\xi$。$\omega_n$ 越高，系统响应越快。阻尼比主要影响超调量和振荡次数。当 $\xi = 0$ 时，超调量为 100%，且持续振荡；当 $\xi \geqslant 1$ 时，实质为两个一阶系统的串联，

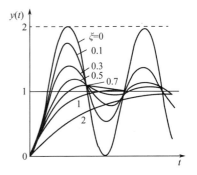

图 4-27　二阶系统的单位阶跃响应

虽无振荡，但达到稳态的时间较长；通常 $\xi = 0.6 \sim 0.8$，此时最大超调量不超过 10%，达到稳态的时间最短，为 $(5 \sim 7) / \omega_n$，稳态误差在 2% ~ 5% 的范围内。因此，二阶测试系统的阻尼比通常选择为 $\xi = 0.6 \sim 0.8$。

在工程中，对系统的突然加载或者突然卸载都可视为对系统施加一阶跃输入。由于施加这种输入既简单易行，又可以充分反映出系统的动态特性，因此常被用于系统的动态标定。

## 4.6　测量装置动态特性的测量

要使测试系统精确可靠，测试系统的定标不仅应该精确，还应当定期地进行校准，定标和校准就其实验内容来说，就是对测量装置本身特性参数的测量。

对装置的静态参数进行测量时，一般以经过校准的"标准"静态量作为输入，求出输入—输出特性曲线。根据这条曲线确定其回程误差，整理和确定其校准曲线、线性误差和灵敏度。所采用的输入量误差应当是不大于所要求测量结果误差的 1/5 ~ 1/3 或者更小些。

下面主要叙述确定测量装置动态特性的测量方法。

### 4.6.1　频率响应法

通过稳态正弦激励试验可以求得装置的动态特性。对装置施以正弦激励，即输入

$x(t) = X_0 \sin 2\pi f t$，在输出达到稳态后测量输出和输入的幅值比和相位差。这样可得该激励频率 $f$ 下装置的传输特性。测试时，对测量装置施加峰—峰值为其量程 20% 的正弦输入信号，其频率自接近零频的足够低的频率开始，以增量方式逐点增加到较高频率，直到输出量减少到初始输出幅值的一半为止，即可得到幅频和相频特性曲线 $A(f)$ 和 $\varphi(f)$。

一般来说在动态测量装置的性能技术文件中应附有该装置的幅频和相频特性曲线。

对于一阶装置，主要的动态特性参数是时间常数 $\tau$。可以通过幅频相频特性——式（4-39）直接确定 $\tau$ 值。

对于二阶装置，可以从相频特性曲线直接估计其动态特性参数：固有频率 $\omega_n$ 和阻尼比 $\xi$。在 $\omega = \omega_0$ 处，输出对输入的相角滞后为 $90°$，该点斜率直接反映了阻尼比的大小。但是一般来说相角的测量比较困难。所以，通常通过幅频曲线估计其动态特性参数。对于欠阻尼系统（$\xi < 1$），幅频特性曲线的峰值在稍偏离 $\omega_n$ 的 $\omega_r$ 处（见图 4-20），且

$$\omega_r = \omega_n \sqrt{1 - 2\xi^2} \tag{4-50}$$

或

$$\omega_n = \frac{\omega_r}{1 - 2\xi^2} \tag{4-51}$$

当 $\xi$ 很小时，峰值频率 $\omega_r \approx \omega_n$。

从式（4-47）可得，当 $\omega = \omega_n$ 时，$A(\omega_n) = \frac{1}{2\xi}$。当 $\xi$ 很小时，$A(\omega_n)$ 非常接近峰值。令 $\omega_1 = (1-\xi)\omega_n$，$\omega_2 = (1+\xi)\omega_n$，分别代入式（4-47），可得 $A(\omega_1) \approx \frac{1}{2\sqrt{2}\xi} \approx A(\omega_2)$。这样，幅频特性曲线上，在峰值的 $\frac{1}{\sqrt{2}}$ 处，做一条水平线和幅频曲线（见图 4-28）交于 $a$、$b$ 两点，它们对应的频率将是 $\omega_1$、$\omega_2$，而且阻尼比的估计值可取为

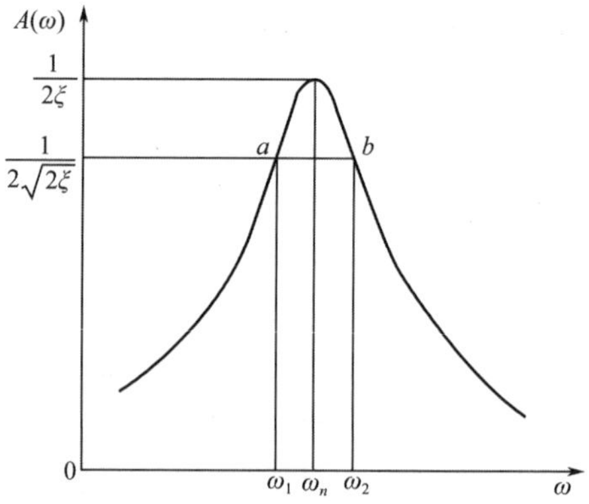

图 4-28　二阶系统阻尼比的估计

$$\xi = \frac{\omega_2 - \omega_1}{2\omega_n} \tag{4-52}$$

有时，也可由 $A(\omega_r)$ 和实验中最低频的幅频特性值 $A(0)$，利用下式来求得 $\xi$

$$\frac{A(\omega_r)}{A(0)} = \frac{1}{2\xi \sqrt{1 - \xi^2}} \tag{4-53}$$

### 4.6.2　阶跃响应法

用阶跃响应法求测量装置的动态特性是一种时域测试的易行方法。实践中无法获得理想的单位脉冲输入，从而无法获得装置的精确的脉冲响应函数；但是，实践中却能获得足够精确的单位脉冲函数的积分单位阶跃函数及阶跃响应函数。

在测试时，应根据系统可能存在的最大超调量来选择阶跃输入的幅值，超调量大时，应适当选用较小的输入幅值。

1. 由一阶装置的阶跃响应求其动态特性参数

简单来说，若测得一阶装置的阶跃响应，可取该输出值达到最终稳态值的 63% 所经过

的时间作为时间常数 $\tau$。但这样求得的 $\tau$ 值仅取决于某些个别的瞬间值，未涉及响应的全过程，测量结果的可靠性差。如改用下述方法确定时间常数，可获得较可靠的结果。式(4-48)是一阶装置的阶跃响应表达式，可改写为

$$1 - y_u(t) = e^{-t/\tau}$$

两边取对数，有

$$-\frac{t}{\tau} = \ln[1 - y_u(t)] \tag{4-54}$$

上式表明，$\ln[1 - y_u(t)]$ 和 $t$ 呈线性关系。因此可根据测得 $y_u(t)$ 值作出 $\ln[1 - y_u(t)]$ 和 $t$ 的关系曲线，并根据其斜率值确定时间常数 $\tau$。显然，这种方法运用了全部测量数据，即考虑了瞬态响应的全过程。

2. 由二阶装置的阶跃响应求其动态特性参数

式（4-49）为典型欠阻尼二阶装置的阶跃响应函数表达式。它表明其瞬态响应是以圆频率 $\omega_n \sqrt{1-\xi^2}$（称为有阻尼固有频率 $\omega_d$）作衰减振荡的。按照求极值的通用方法，可求得各振荡峰值所对应的时间，$t_p = 0, \pi/\omega_d, 2\pi/\omega_d, \cdots$。将 $t = \pi/\omega_d$ 代入式（4-49），求得最大超调量 $M$（见图 4-29）和阻尼比 $\xi$ 的关系式

$$M = e^{-\left(\frac{\xi\pi}{\sqrt{1-\xi^2}}\right)} \tag{4-55}$$

$$\xi = \sqrt{\frac{1}{\left(\frac{\pi}{\ln M}\right)^2 + 1}} \tag{4-56}$$

因此，在测得 $M$ 之后，便可按上式求取阻尼比 $\xi$；或根据上式作出 $M$-$\xi$ 图（见图 4-30）再求取阻尼比 $\xi$。

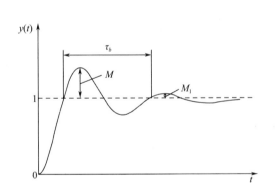

图 4-29　欠阻尼比二阶装置的阶跃响应

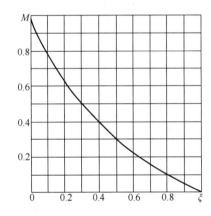

图 4-30　欠阻尼比二阶装置的 $M$-$\xi$ 图

如果测得响应为较长瞬变过程，则可利用任意两个超调量 $M_i$ 和 $M_{i+n}$ 来求取其阻尼比，其中 $n$ 是该两峰值相隔的整周期数。设 $M_i$ 和 $M_{i+n}$ 所对应的时间分别为 $t_i$ 和 $t_{i+n}$，显然有

$$t_{i+n} = t_i + \frac{2n\tau}{\omega_n \sqrt{1-\omega^2}} \tag{4-57}$$

将其代入二阶装置的阶跃响应 $y_u(t)$ 的表达式——式（4-49），经整理后可得

$$\xi = \sqrt{\frac{\delta_n^2}{\delta_n^2 + 4\pi^2 n^2}} \tag{4-58}$$

其中

$$\delta_n = \ln \frac{M_i}{M_{i+n}} \tag{4-59}$$

根据上面两式，即可按实测得到的 $M_i$ 和 $M_{i+n}$，经 $\delta_n$ 而求取 $\xi$。考虑到 $\xi < 0.3$ 时，以 1 代替 $\sqrt{1-\xi^2}$ 进行近似计算不会产生过大的误差，则式（4-58）可简化为

$$\xi \approx \frac{\ln \dfrac{M_i}{M_{i+n}}}{2\pi n} \tag{4-60}$$

## 4.7 负载效应

在实际测量工作中，测量系统和被测对象之间、测量系统内部各环节之间互相连接必然产生相互作用。接入的测量装置，构成被测对象的负载；后接环节总是成为前面环节的负载，并对前面环节的工作状况产生影响。两者总是存在着能量交换和相互影响，以致系统的传递函数不再是各组成环节传递函数的叠加（如并联时）或连乘（如串联时）。

### 4.7.1 负载效应概述

前面曾在假设相连接环节之间没有能量交换，因而在环节互联前后各环节仍保持原有的传递函数的基础上导出了环节串、并联后所形成的系统的传递函数表达式（4-19）和式（4-22）。然而这种只有信息传递而没有能量交换的连接，在实际系统中很少遇到。只有用不接触的辐射源信息探测器，如可见光和红外探测器或其他射线探测器，才可算是这类连接。

当一个装置连接到另一个装置上，并发生能量交换时，就会发生两种现象：①前装置的连接处甚至整个装置的状态和输出都将发生变化。②两个装置共同形成一个新的整体，该整体虽然保留其两组成装置的某些主要特征，但其传递函数已不能用式（4-19）和式（4-22）来表达。其装置由于后接另一装置而产生的种种现象，称为负载效应。

负载效应的后果，有的可以忽略，有的却是很严重的，不能对其掉以轻心。下面举一些例子来说明负载效应的严重后果。

集成电路芯片温度虽高但功率很小，约几十毫瓦，相当于一个小功率的热源。若用一个带探针的温度计去测其结点的工作温度，显然温度计会从芯片吸收可观的热量而成为芯片的散热元件，这样不仅不能测出正确的结点工作温度，而且整个电路的工作温度都会下降。又如，在一个单自由度振动系统的质量块 $m$ 上连接一个质量为 $m_f$ 的传感器，致使参与振动的质量成为 $m + m_f$，从而导致系统固有频率的下降。

现以简单的直流电路（见图 4-31）为例来看看负载效应的影响。不难算出电阻器 $R_2$ 电压降 $U_0 = \dfrac{R_2}{R_2 + R_1} E$。为了测量该量，可在 $R_2$ 两端并联一个内阻为 $R_m$ 的电压表。这时，由于 $R_m$ 的接入，$R_2$ 和 $R_m$ 两端的电压降 $U$ 变为 $U = \dfrac{R_L}{R_1 + R_L} E = \dfrac{R_m R_2}{R_1(R_m + R_2) + R_m R_2} E$，式中由于 $\dfrac{1}{R_L} = \dfrac{1}{R_2} = \dfrac{1}{R_m}$，则有 $R_L = \dfrac{R_2 R_m}{R_m + R_2}$。显然，由于接入测量电表，被测

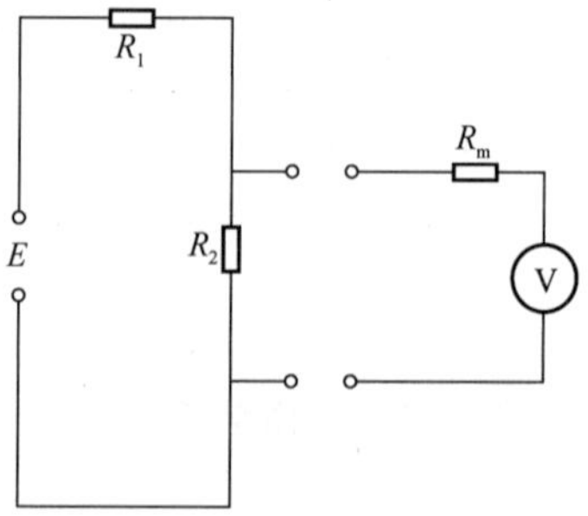

图 4-31　直流电路中的负载效应

系统（原电路）状态及被测量（$R_2$ 的电压降）都发生了变化。原来的电压降为 $U_0$，接入电表后，变为 $U$，$U \neq U_0$，两者的差值随 $R_m$ 的增大而减小。为了定量说明这种负载效应的影响程度，令 $R_1 = 100\text{k}\Omega$，$R_2 = R_m = 150\text{k}\Omega$，$E = 150\text{V}$，代入上式，可以得到 $U_0 = 90\text{V}$，而 $U = 64.3\text{V}$，误差竟然达到了 $28.6\%$。若 $R_m$ 改为 $1\text{M}\Omega$，其余不变，则 $U = 84.9\text{V}$，误差为 $5.7\%$。此例充分说明了负载效应对测量结果的影响有时还是很大的。

### 4.7.2 减轻负载效应的措施

减轻负载效应所造成的影响，需要根据具体的环节、装置来具体分析而后采取措施。对于电压输出环节，减轻负载效应的办法有：

（1）提高后续环节（负载）的输入阻抗。

（2）在原来两个相连接的环节之中，插入高输入阻抗、低输出阻抗放大器，以便一方面减小从前面环节吸取能量，另一方面在承受后一环节（负载）后又能减小电压输出的变化，从而减轻总的负载效应。

（3）使用反馈或零点测量原理，使后面环节几乎不从前面环节吸取能量。例如用电位差计测量电压等。

如果将电阻抗的概念推广为广义阻抗，就可以比较简捷地研究各种物理环节之间的负载效应。

总之，在测试工作中，应当建立系统整体的概念，充分考虑各种装置、环节连接时可能产生的影响。测量装置的接入就成为被测对象的负载，将会引起测量误差。两环节的连接，后环节将成为前环节的负载，产生相应的负载效应。在选择成品传感器时，必须仔细考虑传感器对被测对象的负载效应。在组成测试系统时，要考虑各组成环节之间连接时的负载效应，尽可能减小负载效应的影响。对于成套仪器系统来说，各组成部分之间相互影响，仪器生产的厂家应该有了充分的考虑，使用者只需考虑传感器对被测对象所产生的负载效应。

## 4.8　测量装置的抗干扰

在测试过程中，除了待测信号以外，各种不可见的、随机的信号可能出现在测试系统中。这些信号与有用信号叠加在一起，严重歪曲测量结果。轻则测量结果偏离正常值，重则淹没了有用信号，无法获得测量结果。测试系统中的无用信号就是干扰。显然，一个测试系统抗干扰能力的大小在很大程度上决定了该系统的可靠性，是测试系统的重要特性之一。因此，认识干扰信号，重视抗干扰设计是测试工作中不可忽视的问题。

### 4.8.1 测试装置的干扰源

测试系统的干扰来自多方面。机械振动或冲击会对测量装置（尤其传感器）产生严重干扰；光线对测量装置中的半导体器件会产生干扰；温度的变化会导致电路参数的变动产生干扰；电磁的干扰，等等。

干扰窜入测量装置有三条主要途径（见图4-32）。

（1）电磁场干扰：干扰以电磁波辐射的方式经空间窜入测量装置。

（2）信道干扰：信号在传输过程中，通道中各元器件产生的噪声或非线性畸变所造成的干扰。

（3）电源干扰：这是由于电源波动、市电电网干扰信号的窜入以及装置供电电源电路内阻引起各单元电路相互耦合造成的干扰。

一般来说，良好的屏蔽及正确的接地可除去大部分的电磁波干扰。而绝大部分测量装置都需要供电，所以外部电网对装置的干扰以及装置内部通过电源内阻相互耦合造成的干扰对装置的影响最大。因此，如何克服通过电源造成的干扰应重点注意。

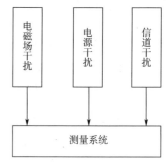

图 4-32 测量装置的主要干扰源

### 4.8.2 供电系统干扰及其抗干扰

由于供电电网面对各种用户，电网上并联着各种各样的用电器。用电器（特别是感应性用电器，如大功率电动机）在开、关机时都会给电网带来强度不一的电压跳变。这种跳变的持续时间很短，人们称之为尖峰电压。在有大功率耗电设备的电网中，经常可以检测到在供电的 50Hz 正弦波上叠加着有害的 1000V 以上的尖峰电压。它会影响测量装置的正常工作。

**1. 电网电源噪声**

把供电电压跳变的持续时间 $\Delta t > 1s$ 者，称为过压和欠压噪声。供电电网内阻过大或者网内用电器过多会造成欠压噪声。三相供电零线开路可能造成某相过压。供电电压跳变的持续时间 $1ms < \Delta t < 1s$ 者，称为浪涌和下陷噪声。它主要产生于感应性用电器（如大功率电动机）在开、关机时产生的感应电动势。

供电电压跳变的持续时间 $\Delta t < 1ms$ 者，称为尖峰噪声。这类噪声产生的原因较复杂，用电器间断的通断产生的高频分量、汽车点火器产生的高频干扰耦合到电网都可能产生尖峰噪声。

**2. 供电系统的抗干扰**

供电系统常采用下列几种抗干扰措施：

（1）交流稳压器。它可消除过压、欠压造成的影响，保证供电的稳定。

（2）隔离稳压器。由于浪涌和尖峰噪声的主要成分是高频分量，它们不通过变压器级圈之间的互感耦合，而是通过线圈间寄生电容耦合的。隔离稳压器一次、二次侧间用屏蔽层隔离，减少级间耦合电容，从而减少高频噪声的窜入。

（3）低通滤波器。它可滤去大于 50Hz 市电基波的高频干扰。对于 50Hz 市电基波，通过整流滤波后也可完全滤除。

（4）独立功能块单独供电。电路设计时，有意识地把各种功能的电路（如前置、放大、A/D 等电路）单独设置供电系统电源。这样做可以基本消除各单元因共用电源而引起相互耦合所造成的干扰。图 4-33 是合理的供电配置的实例。

### 4.8.3 信号通道的干扰及其抗干扰

**1. 信道干扰的种类**

信道干扰有下列几种：

（1）信道通道元器件噪声干扰。它是由于测量通道中各种电子元器件所产生的热噪声

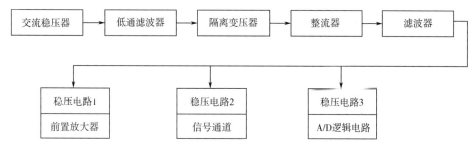

图 4-33　合理的供电系统

（如电阻器的热噪声、半导体元器件的散粒噪声等）造成的。

（2）信号通道中信号的窜扰。元器件排放位置和线路板信号走向不合理会造成这种干扰。

（3）长线传输干扰。对于高频信号来说，当传输距离与信号波长可比时，应该考虑此种干扰的影响。

2. 信道通道的抗干扰措施。

信道通道通常采用下列一些抗干扰措施：

（1）合理选用元器件和设计方案。如尽量采用低噪声材料、放大器采用低噪声设计、根据测量信号频谱合理选择滤波器等。

（2）印制电路板设计时元器件排放要合理。小信号区与大信号区要明确分开，并尽可能地远离；输出线与输出线避免靠近或平行；有可能产生电磁辐射的元器件（如大电感元器件、变压器等）尽可能地远离输入端；合理地接地和屏蔽。

（3）在有一定传输长度的信号输出中，尤其是数字信号的传输可采用光耦合隔离技术、双绞线传输。双绞线可最大可能地降低电磁干扰的影响。对于远距离的数据传送，可采用平衡输出的驱动器和平衡输入的接收器。

### 4.8.4　接地设计

测量装置中的地线是所有电路公共的零电平参考点。理论上，地线上所有位置的电平应该相同。然而，由于各个地点之间必须用具有一定电阻的导线连接，一旦有地电流流过时，就有可能使各个地点的点位产生差异。同时，地线是所有信号的公共点，所有信号电流都要经过地线。这就可能产生公共地电阻的耦合干扰。地线的多点相连也会产生环路电流。环路电流会与其他电路产生耦合。所以，认真设计地线和接地点对于系统的稳定是十分重要的。

常用的接地方式可选择下列几种

1. 单点接地

各单元电路的地点接在一点上，称为单点接地（见图 4-34）。其优点是不存在环形回路，因而不存在环路地电流。各单元电路地点电位只与本电路的地电流及接地电阻有关，相互干扰较小。

2. 串联接地

各单元电路的地点顺序连接在一条

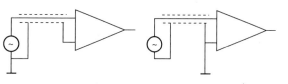

图 4-34　单点接地

公共的地线带上（见图 4-35），称为串联接地。显然，电路 1 与电路 2 之间的地线流着电路 1 的地电流，电路 2 与电路 3 之间流着电路 1 和电路 2 的地电流之和，依次类推。因此，每个电路的地电位都受到其他电路的影响，干扰通过公共地线相互耦合。但因接法简便，虽然接法不合理，还是常被采用。采用时应注意：

（1）信号电路应尽可能靠近电源，即靠近真正的地点。

（2）所有地线尽可能粗些，以降低地线电阻。

3. 多点接地

做电路板时把尽可能多的地方做成地，或者说，把地做成一片。这样就有尽可能宽的接地母线及尽可能低的接地电阻。各单元电路就近接到接地母线（见图 4-36）。接地母线的一端接到供电电源的地线上，形成工作接地。

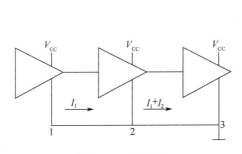

图 4-35  串联接地

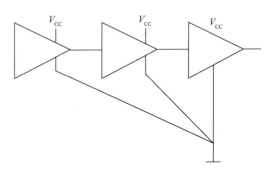

图 4-36  多点接地

4. 模拟地和数字地

现代测量系统都同时具有模拟电路和数字电路。由于数字电路在开关状态下工作，电流起伏波动大，很有可能通过地线干扰模拟电路。如有可能应采用两套整流电路分别供电给模拟电路和数字电路，它们之间采用光耦合器耦合，如图 4-37 所示。

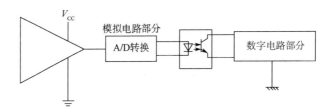

图 4-37  模拟地和数字地

# 习　题　四

4.1　说明线性系统频率保持性在测量中的作用。

4.2　在使用灵敏度为 80nc/MPa 的压电式力传感器进行压力测量时，首先将它与增益为 5mV/mc 的电荷放大器相连，电荷放大器接到灵敏度为 25mm/V 的笔试记录仪上，试求该压力测试系统的灵敏度。当记录仪的输出变化 30mm 时，压力变化为多少？

4.3　把灵敏度为 $4.04 \times 10^{-2}$ pC/Pa 的压电式力传感器与一台灵敏度调到 0.226mV/pC

的电荷放大器相接，求其总灵敏度。若要将总灵敏度调到 $10^7\,\mathrm{mV/Pa}$，电荷放大器的灵敏度应如何调整？

4.4 用一时间常数为 2s 的温度计测量炉温时，当炉温在 200～400℃，以 150s 为周期，按正弦规律变化时，温度计输出的变化范围是多少？

4.5 用一个时间常数为 0.35s 的一阶装置去测量周期分别为 1s、2s 和 5s 的正弦信号，问稳态响应幅值误差将是多少？

4.6 想用一个一阶系统做 100Hz 正弦信号的测量，如要求限制振幅误差在 5% 以内，那么时间常数应取多少？若用该系统测量 50Hz 正弦信号，问此时的振幅误差和相角差是多少？

4.7 求周期信号 $x(t) = 0.5\cos 10t + 0.2\cos(100t - 45°)$ 通过传递函数为 $H(s) = \dfrac{1}{(0.005s + 1)}$ 的装置后得到的稳态响应。

4.8 试说明二阶装置阻尼比 $\xi$ 多采用 0.6～0.8 的原因。

4.9 设某力传感器可作为二阶振荡系统处理。已知传感器的固有频率为 800Hz，阻尼比 $\xi=0.14$，问使用该传感器作频率为 400Hz 的正弦力测试时，其幅值比 $A(\omega)$ 和相角差 $\varphi(\omega)$ 各为多少？若该装置的阻尼比改为 $\xi=0.7$，问 $A(\omega)$ 和 $\varphi(\omega)$ 又将如何变化？

4.10 对一个可视为二阶系统的装置输入一单位阶跃函数后，测得其响应的第一个超调量峰值为 1.15，振荡周期为 6.28s。设已知该装置的静态增益为 3，求该装置的传递函数和该装置在无阻尼固有频率处的频率响应。

第4章课件　　习题四答案　　动态特性实验　　动态特性仿真　　动态特性实验视频讲解

# 第5章 信号的调理方法

信号的调理和转换是测试系统不可缺少的重要环节。被测物理量经传感器输出后的输出信号通常是很微弱的或者是非电压信号，如电阻、电容、电感或电荷、电流等电参量，这些微弱信号或非电压信号难以直接被显示或通过 A/D 转换器送入仪器或计算机进行数据采集，而且有些信号本身还携带一些我们不期望有的信息或噪声。因此，在采用这些信号之前，必须根据具体要求，对信号的幅值、能量、传输特性、抗干扰能力等进行调理。信号的调理和转换涉及的范围很广，本章主要讨论一些常用的环节，如电桥、滤波、调制与解调、信号的放大等，并对常用的信号显示与记录仪器做简要介绍。

## 5.1 电桥

电桥是将电阻、电感、电容等参量的变化转换为电压或电流输出的一种测量电路，由于桥式测量电路简单可靠，而且具有很高的精度和灵敏度，因此在测量装置中被广泛采用。

电桥按其电源性质的不同可以分为直流电桥和交流电桥。直流电桥只能用于测量电阻的变化，而交流电桥可以用于测量电阻、电感和电容的变化。

### 5.1.1 直流电桥

采用直流电源的电桥称为直流电桥，图 5-1 是直流电桥的基本结构。以电阻 $R_1$、$R_2$、$R_3$、$R_4$ 组成电桥的四个桥臂，在电桥的对角点 $a$、$c$ 端接入直流电源 $U_e$ 作为电桥的激励电源，从另一对角点 $b$、$d$ 两端输出电压 $U_o$。使用时，电桥四个桥臂中的一个或多个是阻值随被测量变化的电阻传感器元件，如电阻应变片、电阻式温度计、热敏电阻等。

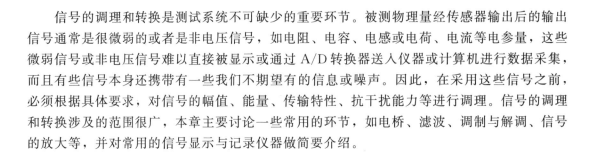

图 5-1 直流电桥

在图 5-1 中，电桥的输出电压 $U_o$ 可通过下式确定

$$U_o = U_{ab} - U_{ad} = I_1 R_1 - I_2 R_4$$
$$= \left( \frac{R_1}{R_1 + R_2} - \frac{R_4}{R_3 + R_4} \right) U_e$$
$$= \frac{R_1 R_3 - R_2 R_4}{(R_1 + R_2)(R_3 + R_4)} U_e \tag{5-1}$$

由式（5-1）可知，若要使电桥输出为零，应满足

$$R_1 R_3 = R_2 R_4 \tag{5-2}$$

式（5-2）为直流电桥的平衡条件。由上述分析可知，若电桥的 4 个电阻中任何一个或数个阻值发生变化时，将打破式（5-2）的平衡条件，使电桥的输出电压 $U_o$ 发生变化，测量电桥正是利用了这一特点。

在测试中常用的电桥连接形式有半桥单臂、半桥双臂与全桥连接方式，如图 5-2 所示。

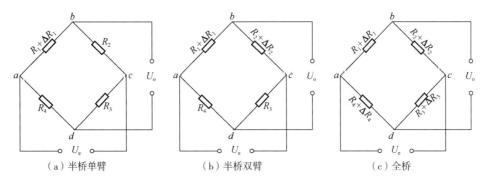

（a）半桥单臂　　　　　　　（b）半桥双臂　　　　　　　（c）全桥

图 5-2　直流电桥的连接方式

图 5-2（a）是半桥单臂连接形式。工作中只有一个桥臂电阻值随被测量的变化而变化，设该电阻为 $R_1$，产生的电阻变化量为 $\Delta R_1$，则根据式（5-1）可得输出电压

$$U_o = \left( \frac{R_1 + \Delta R_1}{R_1 + \Delta R_1 + R_2} - \frac{R_4}{R_3 + R_4} \right) U_e \tag{5-3}$$

为了简化桥路，设计时往往取相邻两桥臂电阻相等，即 $R_1 = R_2 = R_0$、$R_3 = R_4 = R'_0$。又若 $R_0 = R'_0$，则上式变为

$$U_o = \frac{\Delta R_0}{4R_0 + 2\Delta R_0} U_e \tag{5-4}$$

一般 $\Delta R \ll R_0$，所以上式可简化为

$$U_o \approx \frac{\Delta R_0}{4R_0} U_e \tag{5-5}$$

可见，电桥的输出电压 $U_o$ 与激励电压 $U_e$ 成正比，并且在 $U_e$ 一定的条件下，与工作桥臂的阻值变化量 $\Delta R_0/R_0$ 呈单调线性关系。

图 5-2（b）为半桥双臂连接形式。工作中有两个桥臂（一般为相邻桥臂）的电阻值随被测量的变化而变化，即 $R_1 \rightarrow R_1 \pm \Delta R_1$，$R_2 \rightarrow R_2 \mp \Delta R_2$。根据式（5-1）可知，当 $R_1 = R_2 = R_3 = R_4 = R_0$ 和 $\Delta R_1 = \Delta R_2 = \Delta R_0$ 时，电桥输出为

$$U_o = \frac{\Delta R_0}{2R_0} U_e \tag{5-6}$$

图 5-2（c）为全桥连接形式。工作中 4 个桥臂的电阻值都随被测量的变化而变化，即 $R_1 \rightarrow R_1 \pm \Delta R_1$，$R_2 \rightarrow R_2 \mp \Delta R_2$，$R_3 \rightarrow R_3 \pm \Delta R_3$，$R_4 \rightarrow R_4 \mp \Delta R_4$。根据式（5-1）可知，$R_1 = R_2 = R_3 = R_4 = R_0$，$\Delta R_1 = -\Delta R_2 = \Delta R_3 = -\Delta R_4 = \Delta R$，电桥输出为

$$U_o = \frac{\Delta R_0}{R_0} U_e \tag{5-7}$$

从式（5-5）、式（5-6）、式（5-7）可以看出，电桥的输出电压 $U_o$ 与激励电压 $U_e$ 成正比，只是比例系数不同。现定义电桥的灵敏度为

$$S = \frac{U_o}{\Delta R/R} \tag{5-8}$$

根据式（5-8）可知，单臂电桥的灵敏度为 $\dfrac{U_e}{4}$，半桥的灵敏度为 $\dfrac{U_e}{2}$，全桥的灵敏度为 $U_e$。显然，电桥接法不同，灵敏度也不同，全桥接法可以获得最大的灵敏度。

事实上，对于图 5-2（c）所示的电桥，当 $R_1 = R_2 = R_3 = R_4 = R$，且 $\Delta R_1 \ll R_1$，

$\Delta R_2 \ll R_2, \Delta R_3 \ll R_3, \Delta R_4 \ll R_4$ 时，由式（5-1）可得

$$U_o = \left( \frac{R_1 + \Delta R_1}{R_1 + \Delta R_1 + R_2 + \Delta R_2} - \frac{R_4 + \Delta R_4}{R_3 + \Delta R_3 + R_4 + \Delta R_4} \right) U_e \approx \frac{1}{2} \left( \frac{\Delta R_1}{R} - \frac{\Delta R_4}{R} \right) \quad (5\text{-}9)$$

或

$$U_o = \left( \frac{R_3 + \Delta R_3}{R_3 + \Delta R_3 + R_4 + \Delta R_4} - \frac{R_2 + \Delta R_2}{R_1 + \Delta R_1 + R_2 + \Delta R_2} \right) U_e \approx \frac{1}{2} \left( \frac{\Delta R_3}{R} - \frac{\Delta R_2}{R} \right)$$

$$(5\text{-}10)$$

综合式（5-9）和式（5-10），可以导出如下公式

$$U_o = \frac{1}{4} \left( \frac{\Delta R_1}{R} - \frac{\Delta R_2}{R} + \frac{\Delta R_3}{R} - \frac{\Delta R_4}{R} \right) U_e \quad (5\text{-}11)$$

由式（5-11）可以看出：

（1）若相邻两桥臂（如图 5-2（c）中的 $R_1$ 和 $R_2$）电阻同向变化（即两电阻同时增大或同时减小），所产生的输出电压的变化将相互抵消；

（2）若相邻两桥臂电阻反向变化（即两电阻一个增大一个减小），所产生的输出电压的变化将相互叠加。

上述性质即为电桥的和差特性，很好地掌握该特性对构成实际的电桥测量电路具有重要意义。例如用悬臂梁做敏感元件测力时（见图 5-3），常在梁的上下表面各贴一个应变片，并将两个应变片接入电桥相邻的两个桥臂。当悬臂梁受载时，上应变片产生正向 $\Delta R$，下应变片产生负向 $\Delta R$，由电桥的和差特性可知，这时产生的电压输出相互叠加，电桥获得最大输出。又如用柱形梁做敏感元件测力时（见图 5-4），常沿着圆周间隔90°纵向贴 4 个应变片 $R_1$、$R_2$、$R_3$、$R_4$ 作为工作片，与纵向应变片相间，再横向贴 4 个应变片 $R_5$、$R_6$、$R_7$、$R_8$ 作为温度补偿。当柱形梁受载时，4 个纵向应变片 $R_1 \sim R_4$ 产生同向 $\Delta R$，这时应将 $R_1 \sim R_4$ 先两两串接，然后接入电桥的两个相对桥臂，这样它们产生的电压输出将相互叠加；反之，若将 $R_1 \sim R_4$ 分别接入电桥的相邻桥臂，它们产生的电压输出会相互抵消，这时无论施加的力 $F$ 有多么大，输出电压均为零。电桥的温度补偿也正好是利用了上述和差特性。

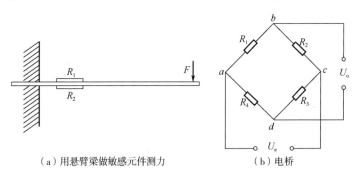

（a）用悬臂梁做敏感元件测力　　　　　（b）电桥

图 5-3　悬臂梁测力的电桥接法

使用电桥电路时，还需要调节零位平衡，即当工作臂电阻变化为零时，使电桥的输出为零。图 5-5 给出了常用的差动串联平衡与差动并联平衡方法。在需要进行较大范围的电阻调节时，例如工作臂为热敏电阻时，应采用串联调零形式；若进行微小的电阻调节（如工作臂为电阻应变片时），应采用并联调节形式。

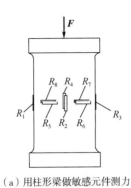
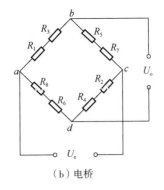

（a）用柱形梁做敏感元件测力　　　　　（b）电桥

图 5-4　柱形梁测力

### 5.1.2　交流电桥

交流电桥（见图 5-6）的电路结构与直流电桥完全一样，所不同的是交流电桥采用交流电源激励，电桥的 4 个臂可为电感、电容或电阻，如图 5-6 中的 $Z_1 \sim Z_4$ 表示 4 个桥臂的交流阻抗。如果交流电桥的阻抗、电流及电压都用复数表示，则关于直流电桥的平衡关系式在交流电桥中也可使用，即电桥达到平衡时必须满足

$$\dot{Z}_1 \dot{Z}_3 = \dot{Z}_2 \dot{Z}_4 \tag{5-12}$$

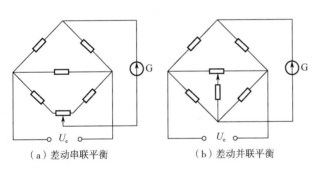
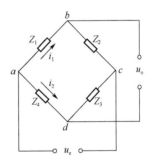

（a）差动串联平衡　　　　　　（b）差动并联平衡

图 5-5　零位平衡调节　　　　　　　　　　图 5-6　交流电桥

把各阻抗用指数形式表示为

$$\dot{Z}_1 = Z_{01} \mathrm{e}^{\mathrm{j}\varphi_1}, \quad \dot{Z}_2 = Z_{02} \mathrm{e}^{\mathrm{j}\varphi_2}, \quad \dot{Z}_3 = Z_{03} \mathrm{e}^{\mathrm{j}\varphi_3}, \quad \dot{Z}_4 = Z_{04} \mathrm{e}^{\mathrm{j}\varphi_4}$$

代入式（5-12）得

$$Z_{01} Z_{03} \mathrm{e}^{\mathrm{j}(\varphi_1+\varphi_3)} = Z_{02} Z_{04} \mathrm{e}^{\mathrm{j}(\varphi_2+\varphi_4)} \tag{5-13}$$

若此式成立，必须同时满足下列两等式

$$\begin{cases} Z_{01} Z_{03} = Z_{02} Z_{04} \\ \varphi_1 + \varphi_3 = \varphi_2 + \varphi_4 \end{cases} \tag{5-14}$$

式中：$Z_{01}$、$Z_{02}$、$Z_{03}$、$Z_{04}$ 指各阻抗的模；$\varphi_1$、$\varphi_2$、$\varphi_3$、$\varphi_4$ 指阻抗角，是各桥臂电流与电压之间的相位差。纯电阻时电流与电压同相位，$\varphi=0$；电感性阻抗，$\varphi>0$；电容性阻抗，$\varphi<0$。

式（5-14）表明，交流电桥平衡必须满足两个条件，即相对两臂阻抗之模的乘积应相等，并且它们的阻抗角之和也必须相等。

为满足上述平衡条件，交流电桥各臂可以有不同的组合。常用的电容、电感电桥其相邻两臂可接入电阻（例如 $Z_{02}=R_2$，$Z_{03}=R_3$，$\varphi_2=\varphi_3=0$），而另外两个桥臂接入相同性质的阻抗，例如都是电容或者都是电感，以满足 $\varphi_1=\varphi_4$。

图 5-7 是一种常用的电容电桥，两相邻桥臂为纯电阻 $R_2$、$R_3$，另外相邻两臂为电容 $C_1$、$C_4$，此时 $R_1$、$R_4$ 可视为电容介质损耗的等效电阻。根据式（5-10）的平衡条件，有

$$\left(R_1+\frac{1}{j\omega C_1}\right)R_3=\left(R_4+\frac{1}{j\omega C_4}\right)R_2 \tag{5-15}$$

即

$$R_1R_3+\frac{R_3}{j\omega C_1}=R_4R_2+\frac{R_2}{j\omega C_4}$$

令上式的实部和虚部分别相等，得到下面的平衡条件

$$\begin{cases} R_1R_3=R_2R_4 \\ \dfrac{R_3}{C_1}=\dfrac{R_2}{C_4} \end{cases} \tag{5-16}$$

由此可知，要使电桥达到平衡，必须同时调节电阻和电容两个参数，即调节电阻达到电阻平衡，调节电容达到电容平衡。

图 5-8 是一种常用的电感电桥，两相邻桥臂分别为电感 $L_1$、$L_4$ 与电阻 $R_2$、$R_3$，根据式（5-14），电桥平衡条件应为

$$\begin{cases} R_1R_3=R_2R_4 \\ L_1R_3=L_4R_2 \end{cases} \tag{5-17}$$

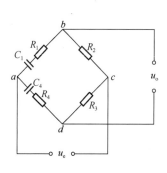
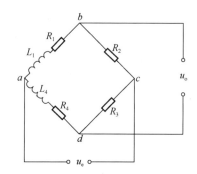

图 5-7　电容电桥　　　　图 5-8　电感电桥

对于纯电阻交流电桥，即使各桥臂均为电阻，但由于导线间存在分布电容，相当于在各桥臂上并联了一个电容（见图 5-9）。为此，除了有电阻平衡外，还必须有电容平衡。图 5-10 示出一种用于动态应变仪中的具有电阻、电容平衡调节环节的交流电阻电桥，其中电阻 $R_1$、$R_2$ 和电位器 $R_3$ 组成电阻平衡调节部分，通过开关 S 实现电阻平衡粗调与微调的切换，电容 C 是一个差动可变电容器，当旋转电容平衡旋钮时，电容器左右两部分的电容一边增加，另一边减少，使并联到相邻两臂的电容值改变，以实现电容平衡。

在一般情况下，交流电桥的供桥电源必须具有良好的电压波形与频率稳定度。如电源电压波形畸变（即包含高次谐波），对基波而言，电桥达到平衡，而对高次谐波，电桥不一定能平衡，因而将有高次谐波的电压输出。

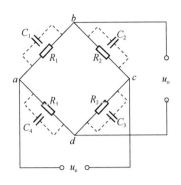

图 5-9 电阻交流电桥的分布电容

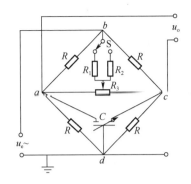

图 5-10 具有电阻电容平衡的交流电阻电桥

一般采用 5～10kHz 音频交流电源作为交流电桥电源。这样，电桥输出将为调制波，外界工频干扰不易从线路中引入，并且后接交流放大电路简单而无零漂。

采用交流电桥时，必须注意到影响测量误差的一些因素，例如，电桥中元件之间的互感影响、无感电阻的残余阻抗、邻近交流电路对电桥的感应作用、泄漏电阻以及元件之间、元件与地之间的分布电容等。

## 5.2 信号的滤波

在对测得的信号进行分析和处理时，经常会遇到有用信号叠加上无用噪声的问题，这些噪声有些是与信号同时产生的，有些是在信号传输时混入的。噪声有时会大于有用信号，从而淹没有用信号，所以从原始信号中消除或减弱干扰噪声就成为信号处理中的一个重要问题。

根据有用信号的不同特性，消除或减弱干扰噪声，提取有用信号的过程称为滤波，而把实现滤波功能的系统称为滤波器。经典滤波器是一种具有选频特性的电路，当噪声和有用信号处于不同的频带时，噪声通过滤波器将被极大地衰减或消除，而有用信号得以保留。但是当噪声和有用信号频率处于同一频带范围时，经典滤波器就无法实现上述功能。实际的需要刺激了另一类滤波器的发展，即从统计的概念出发，对所提取的信号从时域里进行估计，在统计指标最优的意义下，用估计值最优去逼近有用信号，噪声也在统计最优的意义下得以减弱或消除。这两类滤波器在许多领域都有广泛的应用，本节仅讨论前者。

根据滤波器幅频特性的通带和阻带的范围，可以将其划分为低通、高通、带通、带阻等类型。根据最佳逼近特性分类可以分为巴特沃斯滤波器、切比雪夫滤波器、贝塞尔滤波器等类型。根据滤波器处理信号的性质，又可以分为模拟滤波器和数字滤波器。模拟滤波器用于处理模拟信号（连续时间信号），数字滤波器用于处理离散时间信号。

### 5.2.1 理想模拟滤波器

理想模拟滤波器是一个理想化的模型，在物理上是不可实现的，但是对它的讨论可以有助于进一步了解实际滤波器的传输特性。这是因为一方面从理想滤波器得出的概念对实际滤波器都有普遍意义，另一方面，也可以利用一些方法来改善实际滤波器的特性，从而达到逼近理想滤波器的目的。理想模拟滤波器的幅频特性曲线如图 5-11 所示。

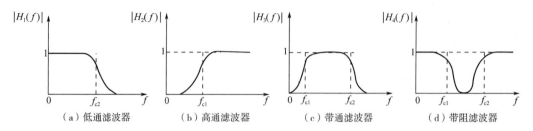

（a）低通滤波器　　（b）高通滤波器　　（c）带通滤波器　　（d）带阻滤波器

图 5-11　模拟滤波器的幅频特性

图 5-11 中，理想低通滤波器能使低于某一频率 $f_{c2}$ 的信号的各频率分量以同样的放大倍数通过，使高于 $f_{c2}$ 的频率成分减小为零。把 $f_{c2}$ 称为滤波器的截止频率，$f < f_{c2}$ 的频率范围称为低通滤波器的通带，$f > f_{c2}$ 的频率范围称为低通滤波器的阻带。高通滤波器和低通滤波器正好相反，它的通带为 $f > f_{c1}$ 的频率范围，阻带为 $f < f_{c1}$ 的频率范围。带通滤波器的通带为下截止频率 $f_{c1}$ 和上截止频率 $f_{c2}$ 之间，带阻滤波器的阻带为 $f_{c1}$ 和 $f_{c2}$ 之间。

理想低通滤波器是一种最常见的理想滤波器，具有矩形幅频特性和线性相位特性。由于理想高通、带通和带阻均可以由理想低通串、并联得到，所以下面通过理想低通滤波器的单位冲击响应来研究其时域特性。理想低通滤波器的频率响应函数具有以下形式

$$H(f) = \begin{cases} A_0 e^{-j2\pi f t_0} & |f| \leqslant f_c \\ 0 & |f| > f_c \end{cases} \tag{5-18}$$

其图形如图 5-12 所示。

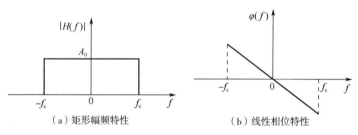

（a）矩形幅频特性　　　　　　　　　（b）线性相位特性

图 5-12　模拟滤波器特性

求其频率响应函数 $H(f) = A_0 e^{-j2\pi f t_0}$ 的傅里叶逆变换，可以得到理想低通滤波器的单位冲击响应为

$$h(t) = 2A_0 f_c \frac{\sin 2\pi f_c(t - t_0)}{2\pi f_c(t - t_0)} = 2A_0 f_c \mathrm{sinc} 2\pi f_c(t - t_0) \tag{5-19}$$

式（5-19）表明，理想低通滤波器的单位冲击响应，是一个延时了 $t_0$ 的抽样函数 $\mathrm{sinc} 2\pi f_c(t - t_0)$，其波形如图 5-13 所示。由于冲击响应在激励出现之前（$t < 0$）就已经出现，因此理想低通滤波器是一个非因果系统，它在物理上是不可实现的。

当理想低通的截止频率 $f_c$ 越小，它的输出 $h(t)$ 与输入冲击信号 $\delta(t)$ 相比，失真越大。而当理想低通的截止频率 $f_c$ 增大时，冲击响应 $h(t)$ 在 $t = t_0$ 处两边

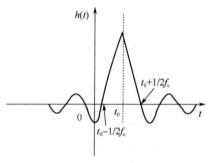

图 5-13　理想低通滤波器的冲击响应

的第一零点 $t_0 \pm 1/2f_c$ 逐渐靠近于 $t_0$ 点，并且当 $f_c \rightarrow \infty$ 时，$h(t) \rightarrow \delta(t)$。从频谱上看，输入信号 $\delta(t)$ 其频谱的频带宽度为无限的，而理想低通滤波器的带宽是有限的，所以必然产生失真。

### 5.2.2　实际模拟滤波器及其基本参数

由前面的论述可知，理想的滤波器是物理上不可实现的系统，工程上用的滤波器都不是理想滤波器。但是按照一定规则构成的实际滤波器，如巴特沃斯滤波器、切比雪夫滤波器和椭圆滤波器等，其幅频特性可以逼近于理想滤波器的幅频特性。图 5-14 分别给出了这三类低通滤波器的幅频特性。它们的幅频特性分别具有通带变化平坦、通带等起伏变化及阻带和通带均等起伏变化的特性。

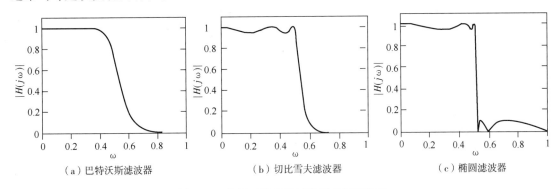

（a）巴特沃斯滤波器　　　　（b）切比雪夫滤波器　　　　（c）椭圆滤波器

图 5-14　常用三种低通滤波器的幅频特性

对于理想滤波器，只需规定截止频率就可以说明它的性能，也就是说只需根据截止频率就可以选择理想滤波器，因为在截止频率内其幅频特性为一个常数，而在截止频率之外则为零。对于实际的模拟滤波器，其特性曲线没有明显的转折点，通带幅值也不是常数，如图 5-15 所示。所以就需要更多的特性参数来描述和选择实际滤波器，这些参数除截止频率外主要还有波纹幅度、带宽、品质因数和倍频程选择性等。

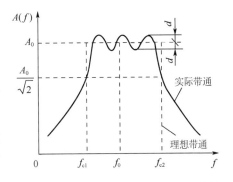

图 5-15　实际带通模拟滤波器的基本参数

#### 1. 波纹幅度 $d$

在一定的频率范围内，实际滤波器的幅频特性可能会出现波纹状变化，其波动幅度 $d$ 与幅频特性平均值 $A_0$ 的比值越小越好，一般情况下应远小于 $-3\mathrm{dB}$，也就是说，要有 $20\lg(d/A_0) \ll -3\,\mathrm{dB}$，即 $d \ll \dfrac{A_0}{\sqrt{2}}$。

#### 2. 截止频率

幅频特性值等于 $\dfrac{A_0}{\sqrt{2}}$ 所对应的频率称为滤波器的截止频率，如图 5-15 所示的 $f_{c1}$ 和 $f_{c2}$。若以信号幅值的平方表示信号功率，则该点正好是半功率点。

**3. 带宽 B**

上下截止频率之间的频率范围称为滤波器带宽，或 −3dB 带宽，单位为 Hz。带宽决定着滤波器分离信号中相邻频率成分的能力，即频率分辨率。

**4. 品质因数 Q**

对于带通滤波器，通常把中心频率 $f_c$ 和带宽 B 之比称为滤波器的品质因数，即 $Q = \dfrac{f_c}{B}$。其中中心频率定义为上下截止频率积的平方根，即 $f_c = \sqrt{f_{c1} \cdot f_{c2}}$。品质因数大小影响低通滤波器在截止频率处幅频特性的形状。

**5. 倍频程选择性**

在两截止频率的外侧，实际滤波器有一个过渡带，这个过渡带的幅频特性曲线倾斜程度反映了幅频特性衰减的快慢，它决定着滤波器对带宽外频率成分衰减的能力，通常用倍频程选择性表征。倍频程选择性就是上截止频率 $f_{c2}$ 和 $2f_{c2}$ 之间，或者是下截止频率 $f_{c1}$ 和 $f_{c1}/2$ 之间幅频特性的衰减值，即频率变化一个倍频程时的衰减量，以 dB 表示。衰减越快，滤波器选择性越好。而对于远离截止频率的衰减性可以用 10 倍频程衰减数来表示。

滤波器选择性的另一种表示方法，是用滤波器幅频特性 −60dB 带宽与 −3dB 带宽的比值 λ 来表示，即

$$\lambda = \frac{B_{-60\text{dB}}}{B_{-3\text{dB}}} \tag{5-20}$$

理想滤波器的 $\lambda = 1$，通常所用滤波器的 $\lambda = 1 \sim 5$。而对有些滤波器，因受元器件的影响，阻带衰减倍数达不到 −60dB，则以标明的衰减倍数（如 −40dB 或 −30dB）带宽与 −3dB 带宽的比值来表示其选择性。

**6. RC 调谐式滤波器**

在测试系统中，常用 RC 滤波器。RC 滤波器电路简单，抗干扰能力强，有较好的低频性能。

（1）RC 低通滤波器。RC 低通滤波器的典型电路如图 5-16 所示。设滤波器的输入电压为 $u_i$，输出电压为 $u_o$，其微分方程为

$$RC \frac{du_o}{d_t} + u_o = u_i \tag{5-21}$$

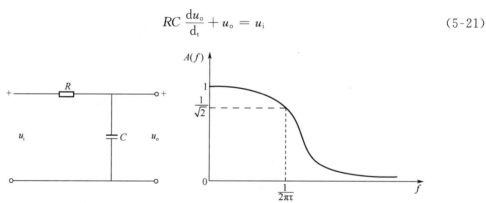

图 5-16　RC 低通滤波器及其幅频特性曲线

令 $\tau = RC$，为时间函数。经拉氏变换得传递函数

$$H(s) = \frac{1}{\tau s + 1} \tag{5-22}$$

这是一个典型的一阶系统。其截止频率为

$$f_{c2} = \frac{1}{2\pi RC} \tag{5-23}$$

当 $f \ll \frac{1}{2\pi RC}$ 时，其幅频特性 $A(f) = 1$，信号不受衰减地通过。

当 $f = \frac{1}{2\pi RC}$ 时，$A(f) = \frac{1}{\sqrt{2}}$，即幅值比稳定幅值降了 $-3\mathrm{dB}$。$RC$ 值决定着上截止频率。
改变值就可以改变滤波器的截止频率。

当 $f \gg \frac{1}{2\pi RC}$ 时，输出 $u_o$ 与输入 $u_i$ 的积分成正比，即

$$u_o = \frac{1}{RC} \int u_i \mathrm{d}t \tag{5-24}$$

其对高频成分的衰减率为 $-20\mathrm{dB}/10$ 倍频程。如果加大滤波器的衰减率，可以通过提高低通
滤波器的阶数来实现。但数个一阶低通滤波器串联后，后一级的滤波电阻、电容对前一级电
容起并联作用，产生负载作用。

（2）$RC$ 高通滤波器。$RC$ 高通滤波器的典型电路如图 5-17 所示。设滤波器的输入电压为
$u_i$，输出电压为 $u_o$，其微分方程为

$$RC \frac{\mathrm{d}u_o}{\mathrm{d}t} + u_y = RC \frac{\mathrm{d}u_i}{\mathrm{d}t} \tag{5-25}$$

同理，令 $\tau = RC$，其传递函数

$$H(s) = \frac{\tau s}{\tau s + 1} \tag{5-26}$$

其幅频特性见图 5-17。

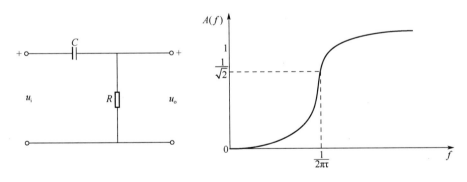

图 5-17 RC 高通滤波器及其频幅特性曲线

当 $f \ll \frac{1}{2\pi RC}$ 时，输出 $u_o$ 与输入 $u_i$ 的微分成正比，起着微分器的作用。

当 $f = \frac{1}{2\pi RC}$ 时，$A(f) = \frac{1}{\sqrt{2}}$，即幅值比稳定幅值下降了 $-3\mathrm{dB}$，也即为截止频率。$RC$ 值
决定着截止频率。改变 $RC$ 值就可以改变滤波器的截止频率。

当 $f \gg \frac{1}{2\pi RC}$ 时，其幅频特性 $A(f) = 1$，信号不受衰减地通过。

（3）带通滤波器。带通滤波器可以看成是低通和高通滤波器串联而成。串联所得的带通滤波器以原高通的截止频率为下截止频率，原低通的截止频率为截止频率。但要注意当多级滤波器串联时，因为后一级成为前一级的"负载"，而前一级又是后一级的信号源内阻，因此，两级间常采用运算放大器进行隔离。实际的带通滤波器常常是有源的。

### 5.2.3 恒带宽比和恒带宽滤波器

在实际测试中，为了能够获得需要的信息或某些特殊频率成分，可以将信号通过放大倍数相同而中心频率各不相同的多个带通滤波器，各个滤波器的输出主要反映信号中在该通带频率范围内的最值。这时有两种做法：一种是使用一组各自中心频率固定但又按一定规律相隔的滤波器组，如图 5-18 所示，图中数字 16、31.5、63、…、16000 为各滤波器的中心频率；另一种是使带通滤波器的中心频率可调，通过改变滤波器的参数使其中心频率跟随所需要测量的信号频段。

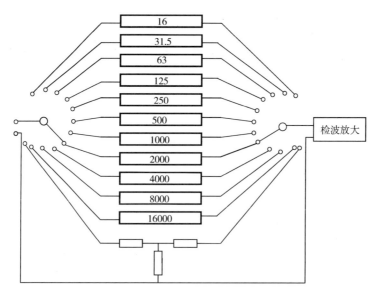

图 5-18　倍频程频谱分析装置

如图 5-18 所示的频谱分析装置所用的滤波器组，其通带是相互连接的，以覆盖整个感兴趣的频率范围，保证不丢失信号中的频率成分。通常前一个滤波器的 −3dB 上截止频率（高端）就是下一个滤波器的 −3dB 下截止频率（低端）。滤波器组应具有相同的放大倍数。

**1. 恒带宽比滤波器**

在讨论实际滤波器参数时曾讲到，品质因素 $Q$ 为中心频率 $f_n$ 和带宽 $B$ 之比，即 $Q = \dfrac{f_n}{B}$。若采用相同 $Q$ 值的调谐滤波器做成邻接式滤波器（见图 5-18），则该滤波器组是由一些恒带宽比的滤波器构成的。因此，中心频率 $f_n$ 越大，其带宽 $B$ 越大，频率分辨率越低。

假若一个带通滤波器的低端截止频率为 $f_{c1}$，高端截止频率为 $f_{c2}$，$f_{c2}$ 和 $f_{c1}$ 有下列关系式

$$f_{c2} = 2^n f_{c1} \tag{5-27}$$

式中，$n$ 称为倍频程数。若 $n = 1$，则称为倍频程滤波器；若 $n = \dfrac{1}{3}$，则称为 $\dfrac{1}{3}$ 倍频程滤波器。

而滤波器的中心频率为

$$f_n = \sqrt{f_{c1} \cdot f_{c2}} \tag{5-28}$$

由式（5-31）和（5-32）可得

$$f_{c2} = 2^{\frac{n}{2}} f_n, \quad f_{c1} = 2^{-\frac{n}{2}} f_n$$

因此，

$$f_{c2} - f_{c1} = B = \frac{f_n}{Q}, \quad \frac{1}{Q} = \frac{B}{f_n} = 2^{\frac{n}{2}} - 2^{-\frac{n}{2}} \tag{5.29}$$

对于不同的倍频程，其滤波器的品质因素分别为

倍频程 $n$　　　　1　　　1/3　　1/5　　1/10

品质因素 $Q$　　1.41　4.32　7.21　14.42

对于邻接的一组滤波器，利用式（5-27）和（5-28）可以推得：后一个滤波器的中心频率 $f_{n2}$ 与前一个滤波器的中心频率 $f_{n1}$ 之间有

$$f_{n2} = 2^n f_{n1} \tag{5-30}$$

因此，根据式（5-29）和式（5-30），只要选定 $n$ 值就可以设计覆盖给定频率范围的邻接式滤波器组。对于 $n = 1$ 倍频程滤波器，有

中心频率/Hz　　16　　　31.5　　63　　　125　　　250　　……

宽　　带/Hz　　11.31　22.27　44.55　88.39　176.78　……

对于1/3倍频程滤波器组，有

中心频率/Hz　　12.5　16　　20　　25　　31.5　40　　50　　63　　……

带　　宽/Hz　　2.9　3.7　4.6　5.8　7.3　9.3　11.6　14.6　……

### 2. 恒带宽滤波器

从上述例子可以看出，恒带宽比（$Q$ 为常数）的滤波器，其通频带在低频段内甚窄，而在高频段内则较宽。因此，滤波器组的频率分辨率在低频段内较好，在高频段内甚差。

为了使滤波器组的分辨率在所有频段都具有同样良好的频率分辨率，可以采用恒带宽的滤波器。图 5-19 为恒带宽比滤波器和恒带宽滤波器的特性对照图，为了便于说明问题，图中滤波器的特性都画成是理想滤波器的特性。

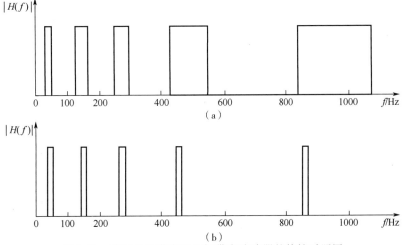

图 5-19　理想的恒带宽比和恒带宽滤波器的特性对照图

为了提高滤波器的分辨率，其带宽应窄一些。但这样为覆盖整个频率范围所需要的滤波器数量就很大。因此，恒带宽滤波器不应做成中心频率是固定的。在实际应用中，一般利用一个恒带宽的定中心频率的滤波器加上可变参考频率的差频变换，来适应各种不同中心频率的恒带宽滤波器的需要。参考信号的扫描速度应能够满足建立时间的要求，尤其是滤波器带宽很窄的情况，参考频率变化不能过快。常用的恒带宽滤波器有相关滤波和变频跟踪滤波两种。

## 5.3 信号调制与解调

调制是远距离测试信号在传输过程中常用的一种调理方法，主要是为了解决微弱缓变信号的放大以及信号的远距离传输问题。例如，被测物理量（如温度、位移、力等参数）经过传感器变换以后，多为低频缓变的微弱信号，对这样一类信号，直接送入直流放大器放大会遇到困难，这是因为采用级间直接耦合式的直流放大器放大将会受到零点漂移的影响。当漂移信号大小接近或超过被测信号时，经过逐级放大后，被测信号会被零点漂移淹没。为了很好地解决缓变信号的放大问题，信号处理技术中采用了一种对信号进行调制的方法，即先将微弱的缓变信号加载到高频交流信号中，然后利用交流放大器进行放大，最后再从放大器的输出信号中取出放大了的缓变信号，该过程如图 5-20 所示。这种信号传输中的变换过程称为调制与解调。在信号分析中，信号的截断、窗函数加权等，也是一种振幅调制；在声音信号测量中，由于回声效应所引起的声音信号叠加、乘积、卷积，其中声音信号的乘积就属于调幅现象。

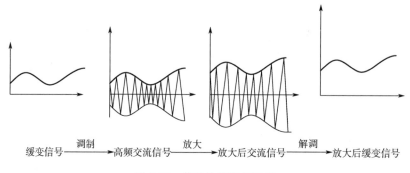

缓变信号 —调制→ 高频交流信号 —放大→ 放大后交流信号 —解调→ 放大后缓变信号

图 5-20　信号的调制与解调

信号调制的类型，一般可分为幅度调制、频率调制和相位调制三种，简称为调幅（AM）、调频（FM）和调相（PM）。

### 5.3.1　幅度调制

1. 调制与解调原理

调幅是将一个高频正弦信号（或称为载波）与测试信号相乘，使载波信号幅值随测试信号的变化而变化。现以频率为 $f_0$ 的余弦信号 $y(t)$ 作为载波进行讨论。

由傅里叶变换的性质知，在时域中的两个信号相乘，则对应于在频域中的这两个信号进行卷积，即

$$x(t)y(t) \Leftrightarrow X(f) * Y(f) \tag{5-31}$$

余弦函数的频谱是一对脉冲谱线，即

$$y(t) = \cos(2\pi f_0 t) \Leftrightarrow \frac{1}{2}\delta(f - f_0) + \frac{1}{2}\delta(f + f_0) \tag{5-32}$$

一个函数与单位脉冲函数卷积的结果，就是将其图形由坐标原点平移至该脉冲函数处。所以，若以高频余弦信号作载波，把信号 $x(t)$ 和载波信号 $y(t)$ 相乘，其结果就相当于把原信号频谱图形由原点平移至载波频率处，其幅值减半，如图 5-21 所示。所以调幅过程就相当于频率"搬移"过程。

$$x_m(t) = x(t)\cos(2\pi f_0 t)$$

$$X_m(f) = \frac{1}{2}X(f) * \delta(f + f_0) + \frac{1}{2}X(f) * \delta(f - f_0) \tag{5-33}$$

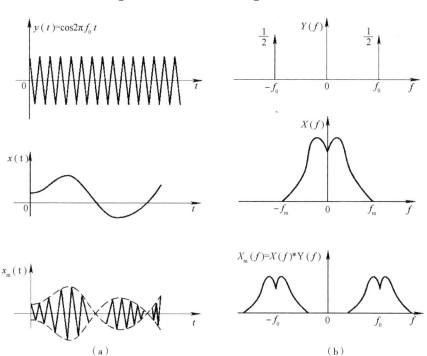

图 5-21　信号调幅过程的图解

若把调幅波 $x_m(t)$ 再次与载波 $y(t)$ 信号相乘，则频域图形将再一次进行"搬移"，即 $x_m(t)$ 与 $y(t)$ 乘积的傅里叶变换为

$$F[x_m(t)y(t)] = \frac{1}{2}X(f) + \frac{1}{4}X(f) * \delta(f + 2f_0) + \frac{1}{4}X(f) * \delta(f - 2f_0) \tag{5-34}$$

这一结果如图 5-22 所示。若用一个低通滤波器滤除中心频率为 $2f_0$ 的高频成分，那么将可以复现原信号的频谱（只是其幅值减少了一半，这可以用放大处理来补偿），这一过程称为同步解调。"同步"指解调时所乘的信号与调制时的载波信号具有相同的频率和相位。

上述的调制方法是将调制信号 $x(t)$ 直接与载波信号 $y(t)$ 相乘。这种调幅波具有极性变化，即在信号过零线时，其幅值发生由正到负（或由负到正）的突然变化，此时调幅波的相位（相对于载波）也相应地发生 $180°$ 的相位变化。此种调制方法称为抑制调幅。抑制调幅波须采用同步解调或相敏检波解调的方法，方能反映出原信号的幅值和极性。

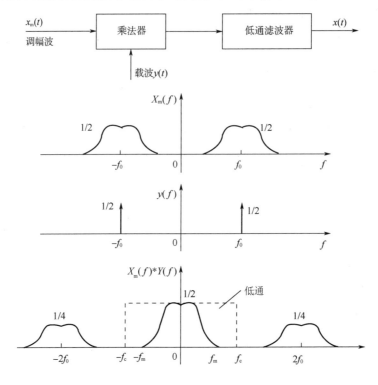

图 5-22　信号解调过程的图解

若把调制信号 $y(t)$ 进行偏置，叠加一个直流分量 $A$，使偏置后的信号都具有正电压，此时调幅波表达式为

$$x_m(t) = [A + x(t)]\cos 2\pi f_0 t \tag{5-35}$$

这种调制方法称为非抑制调幅，或偏置调幅。其调幅波的包络线具有原信号形状，如图 5-23（a）所示。对于非抑制调幅波，一般采用整流、滤波（或称包络法检波）以后就可以恢复原信号。

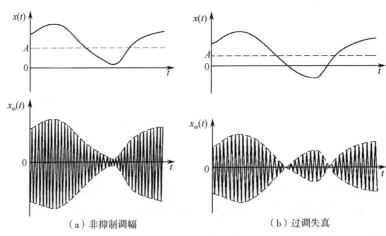

（a）非抑制调幅　　　　　　　　　　　（b）过调失真

图 5-23　非抑制调幅

#### 2. 调幅波的波形失真

信号经过调制以后，有下列情况可能出现波形失真现象。

（1）过调失真。对于非抑制调幅，要求其直流偏置必须足够大，否则 $x(t)$ 的相位将发生 $180°$ 相变，如图 5-23（b）所示，称为过调。此时，如果采用包络法检波，则检出的信号就会产生失真，而不能恢复原信号。

（2）重叠失真。调幅波是由一对每边为 $f_m$ 的双边带信号组成的。当载波频率 $f_0$ 较低时，正频端的下边带将与负频端的下边带相重叠，如图 5-24 所示。这类似于采样频率较低时所发生的频率混叠效应。因此，要求载波频率 $f_0$ 必须大于调制信号 $x(t)$ 中的最高频率 $f_g$，即 $f_0 > f_g$。实际应用中，往往选择载波频率至少数倍甚至数十倍于信号中的最高频率。

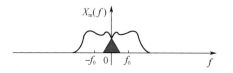

图 5-24　频率混叠效应

（3）调幅波通过系统时的失真。调幅波通过系统时，还将受到系统频率特性的影响产生失真。

#### 3. 相敏检波解调

相敏检波的特点是可以鉴别调制信号的极性，所以采用相敏检波时，对调制信号不必再加直流偏置。相敏检波利用交变信号在过零位时正、负极性发生突变，使调幅波的相位（与载波比较）也相应地产生 $180°$ 的相位跳变，这样便既能反映出原调制信号的幅值，又能反映其极性。

常见的二极管相敏检波器结构及其输入-输出关系如图 5-25 所示。它由四个特性相同的二极管 $D_1 \sim D_4$ 沿同一方向串联成一个桥式回路，桥臂上有附加电阻，用于桥路平衡。四个端点分别接在变压器 A 和 B 的次级线圈上，变压器 A 的输入信号为调幅波 $x_m(t)$，B 的输入信号为载波 $y(t)$，$u_f$ 为输出。

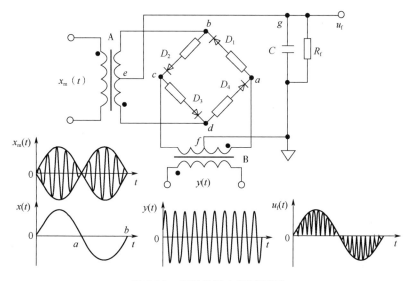

图 5-25　相敏检波电路原理图

设计相敏检波器时要求 B 的二次边输出远大于 A 的二次边输出。

当调制信号 $x(t) > 0$ 时（$0 \sim a$ 时间内），$x_m(t)$ 与 $y(t)$ 同相。若 $x_m(t) > 0$，$y(t) > 0$，则二极管 $D_1$、$D_2$ 导通，在负载上形成两个电流回路：$f - a - D_1 - b - e - g - f$ 及 $f - g - e - b - D_2 - c - f$，其中回路 1 在负载电容 $C$ 及电阻 $R_f$ 上产生的输出为

$$u_{f1}(t) = \frac{y(t)}{2} + \frac{x_m(t)}{2}$$

回路 2 在负载电容 $C$ 及电阻 $R_f$ 上产生的输出为

$$u_{f2}(t) = -\frac{y(t)}{2} + \frac{x_m(t)}{2}$$

总输出为

$$u_f(t) = u_{f1}(t) + u_{f2}(t) = x_m(t)$$

若 $x_m(t) < 0$，$y(t) < 0$，则二极管 $D_3$、$D_4$ 导通，在负载上形成两个电流回路：$f - c - D_3 - d - e - g - f$ 及 $f - g - e - d - D_4 - a - f$，其中回路 1 在负载电容 $C$ 及电阻 $R_f$ 上产生的输出为

$$u_{f1}(t) = \frac{y(t)}{2} + \frac{x_m(t)}{2}$$

回路 2 在负载电容 $C$ 及电阻上 $R_f$ 产生的输出为

$$u_{f2}(t) = -\frac{y(t)}{2} + \frac{x_m(t)}{2}$$

总输出为

$$u_f(t) = u_{f1}(t) + u_{f2}(t) = x_m(t)$$

由上述分析可知，$x(t) > 0$ 时，无论调制波是否为正，相敏检波器的输出波形均为正，即保持与调制信号极性相同。同时可知，这种电路相当于在 $0 \sim a$ 段对 $x_m(t)$ 全波整流，故解调后的频率比原调制波高一倍。

当调制信号 $x(t) < 0$ 时（$a \sim b$ 时间段内），$x_m(t)$ 与 $y(t)$ 反相，同样可以分析得出：$x(t) < 0$ 时，不管调制波极性如何，相敏检波器的输出波形均为负，保持与 $x(t)$ 一致。同时，电路在 $a \sim b$ 时间段相当于对 $x_m(t)$ 全波整流后反相，调解后的频率为原调制波的两倍。

综上所述，调幅波经相敏检波后，得到一随原调制信号的幅值与相位变化而变化的高频波，再经过适当频带的低通滤波，即可获得与调制信号一致的信号。

相敏滤波器输出波形的包络线就是所需要的信号，因此，必须把它和载波分离。由于被测信号的最高频率 $f_m \leqslant \left( \frac{1}{10} \sim \frac{1}{5} \right) f_0$（载波频率），所以应在相敏检波器的输出端再接一个低通滤波器，并使其截止频率 $f_c$ 介于 $f_m$ 和 $f_0$ 之间，这样，相敏滤波器的输出信号在通过滤波器后，载波成分将急剧衰减，把需要的低频成分留下来。

4. 幅度调制在测试仪器中的应用

图 5-26 表示动态电阻应变仪方框图。图中贴于试件上的电阻应变片在外力 $x(t)$ 的作用下产生相应的电阻变化，并接于电桥。振荡器产生高频正弦信号 $y(t)$，作为电桥的工作电压。根据电桥的工作原理可知，它相当于一个乘法器，其输出是信号 $x(t)$ 与载波信号 $y(t)$ 的乘积，所以电桥的输出即为调幅信号 $x_m(t)$。经过交流放大以后，为了得到信号原来的波形，需要相敏检波，即同步解调。此时由振荡器供给相敏检波器的电压信号 $y(t)$ 与电桥工作电压同频、同相位。经过相敏检波和低通滤波以后，可以得到与原来极性相同，但经过放

大处理的测量信号 $\hat{x}(t)$。该信号可以推动仪表或接入后续仪器。

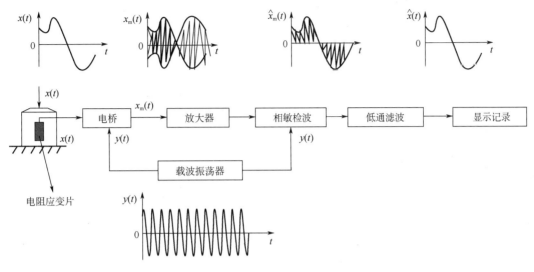

图 5-26 动态电阻应变仪框图

### 5.3.2 频率调制

#### 1. 调频波及其频谱

调频是利用信号 $x(t)$ 的幅值调制载波频率，或者说，调频波是一种随信号 $x(t)$ 的电压幅值而变化的疏密度不同的等幅波，如图 5-27 所示。

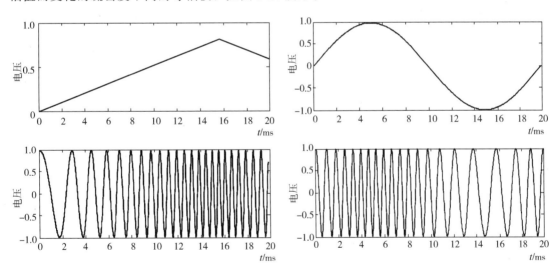

图 5-27 调频波与调制信号幅值的关系

频率调制较之幅值调制的一个重要的优点是改善了信噪比。分析表明，在调幅情况下，若干扰噪声与载波同频，则有效的调幅波相对干扰波的功率比必须在 35dB 以上。但在调频的情况下，在满足上述调幅的情况下的相同性能指标时，有效的调频波对干扰的功率比只要 6dB 即可。调频波之所以改善了信号传输过程中的信噪比，是因为调频信号所携带的信息包含在频率的变化之中，并非振幅之中，而干扰波的干扰作用主要表现在振幅之中。

调频方法也存在着严重的缺点：调频波通常要求很宽的频带，甚至为调幅所要求带宽的20 倍。调频系统较调幅系统复杂，因为频率调制是一种非线性调制，它不能运用叠加原理。因此，分析调频波要比分析调幅波困难，实际上，对调频波的分析是近似的。

频率调制是使载波频率对应于调制信号 $x(t)$ 的幅值变化。由于信号 $x(t)$ 的幅值是一个随时间变化的函数，因此，调频波的频率就应是一个"随时间变化的频率"。这似乎不好理解，因为"频率"一词系指每秒周期数的度量。然而在力学上亦有相同的概念，速度是指物体在每秒内的位移，但速度可以随速度连续地变化，并定义为位移 $x$ 对时间 $t$ 的微分。故而对于频率，与速度一样，可定义为相位对时间的导数，即

$$\omega = \frac{\mathrm{d}\varphi}{\mathrm{d}t} \tag{5-36}$$

确切地说，$\omega$ 应为角速度，称为角频率（弧度/秒，rad/s），或简称为频率，式中的相位角应是表达式

$$u(t) = A\cos(\varphi) \tag{5-37}$$

式中的 $\varphi$ 通常在单一频率时为

$$\varphi = \omega t + \theta \tag{5-38}$$

式中，$\theta$ 为初相位，为一常数。因此它的导数 $\mathrm{d}\varphi/\mathrm{d}t = \omega$，此即所谓角频率。频率调制就是利用瞬时频率 $\mathrm{d}\varphi/\mathrm{d}t$ 来表示信号的调制，即

$$\frac{\mathrm{d}\varphi}{\mathrm{d}t} = \omega_0[1 + x(t)] \tag{5-39}$$

式中，$\omega_0$ 是载波中心频率；$x(t)$ 是调制信号；$\omega_0 x(t)$ 是载波被信号所调制的部分。此式表明瞬时频率是载波中心频率 $\omega_0$ 与随信号 $x(t)$ 幅值而变化的频率 $\omega_0 x(t)$ 之和。以上式进行积分可得

$$\varphi = \omega_0 t + \omega_0 \int x(t)\mathrm{d}t \tag{5-40}$$

如果设定调制信号是单一余弦波，即

$$x(t) = A\cos(\omega t) \tag{5-41}$$

则调频率波表达式为

$$
\begin{aligned}
g(t) = G\sin\varphi &= G\sin\left[\omega_0 t + \omega_0 \int x(t)\mathrm{d}t\right] \\
&= G\sin\left[\omega_0 t + \omega_0 \int A\cos\omega t\, \mathrm{d}t\right] \\
&= G\sin\left[\omega_0 t + \frac{A\omega_0}{\omega}\sin\omega t\right] \\
&= G\sin\left[\omega_0 t + m_\mathrm{f}\sin\omega t\right]
\end{aligned}
\tag{5-42}
$$

式中，$m_\mathrm{f} = A\omega_0/\omega$ 称为调频指数；$A\omega_0$ 是实际变化的频率幅度，称为最大频率偏移，或表示为 $\Delta\omega = A\omega_0$。为了研究调频率波的频谱，将式（5-42）展开，此时，利用贝赛尔函数式

$$\cos(m_\mathrm{f}\sin\omega t) = J_0(m_\mathrm{f}) + 2\sum_{n=1}^{\infty} J_{2n}(m_\mathrm{f})\cos n\omega t \tag{5-43}$$

$$\sin(m_\mathrm{f}\sin\omega t) = 2\sum_{n=1}^{\infty} J_{2n+1}(m_\mathrm{f})\sin\left[(2n+1)\omega t\right] \tag{5-44}$$

由简单的计算可得

$$
\begin{aligned}
g(t) = G\big[ & J_0(m_f)\sin\omega_0 t + J_1(m_f)\sin(\omega_0+\omega)t \\
& - J_1(m_f)\sin(\omega_0-\omega)t + J_2(m_f)\sin(\omega_0+2\omega)t \\
& + J_2(m_f)\sin(\omega_0-2\omega)t + \cdots + J_n(m_f)\sin(\omega_0+n\omega)t \\
& + (-1)^n J_n(m_f)\sin(\omega_0-n\omega)t \big]
\end{aligned}
\tag{5-45}
$$

式中，$J_n(m_f)$ 是 $m_f$ 的 $n$ 阶贝赛尔函数；$m_f$ 是自变量，而下角 $n$ 是整数。因为 $m_f=A\omega_0/\omega$，它不仅依赖于最大频率偏移 $\Delta\omega=A\omega_0$，而且决定于调制信号频率 $\omega$ 本身。

根据上式求得调频波的频谱，如图 5-28 所示，并由此可得出如下结论：

（1）用单一频率 $\omega$ 表示时，调频波可用载频 $\omega_0$ 与许多对称地位于载频两侧的边频之和（$\omega_0\pm n\omega$）的形式来表示，邻近的边频彼此之间相差 $\omega$。

（2）每一个频率分量的幅值等于 $GJ_n(m_f)$，当 $n$ 为偶数时，高低对称边频有相同的符号；当 $n$ 为奇数时，它们的符号相反。

（3）在理论上，边频数目无穷多。不过，由于从 $n=m_f+1$ 开始，随 $n$ 的增加，边频幅值很快衰减，实际上可以认为，有效边频数为 $2(m_f+1)$。

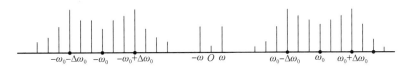

图 5-28  调频波的频谱

2. 频率调制在工程测试中的应用——直流调频与鉴频

在应用电容、电涡流或电感传感器测量位移、力等参数时，常常把电容 $C$ 和电感 $L$ 作为自激振荡器的谐振电路的一个调谐参数，此时振荡器的谐振频率为

$$
\omega=\frac{1}{\sqrt{LC}}
\tag{5-46}
$$

例如，在电容传感器中以电容 $C$ 作为调谐参数时，则对上式微分

$$
\frac{\partial\omega}{\partial C}=-\frac{1}{2}(LC)^{-\frac{3}{2}}L=\left(-\frac{1}{2}\right)\frac{\omega}{C}
\tag{5-47}
$$

令 $C=C_0$ 时，$\omega=\omega_0$，故频率增量

$$
\Delta\omega=\left(-\frac{1}{2}\right)\frac{\omega_0}{C_0}\Delta C
$$

所以，当参数 $C$ 以发生变化时，谐振回路的瞬时频率

$$
\omega=\omega_0\pm\Delta\omega=\omega_0\left(1\mp\frac{\Delta C}{2C_0}\right)
\tag{5-48}
$$

式（5-48）表明，回路的振荡频率与调频参数呈线性关系，即在一定范围内，它与被测参数的变化存在线性关系。它是一个频率调制式，$\omega_0$ 相当于中心频率，而 $\dfrac{\omega_0\Delta C}{2C_0}$ 相当于调制部分。这种把被测参数的变化转换为振荡频率的变化的电路，称为直接调频率式测量电路。

调频波的解调，或称鉴频，就是把频率变化转变为电压幅值变化的过程，在一些测试仪器中，常常采用变压器耦合谐振回路方法，如图 5-29 所示。图中，$L_1$、$L_2$ 是变压器耦合的原、副线圈，它们和 $C_1$、$C_2$ 组成并联谐振回路。将等幅调频波 $e_f$ 输入，在回路的谐振频率

处 $f_n$，线圈 $L_1$、$L_2$ 中的耦合电流最大，副边输出电压 $e_a$ 也最大。$e_f$ 频率离开 $f_n$，$e_a$、$e_f$ 也随之下降。$e_a$ 的频率虽和 $e_f$ 保持一致，但幅值 $e_a$ 却随频率而变化，如图中 5-29（b）所示。通常利用 $e_a - f$ 特性曲线的亚谐振区近似直线的一段实现频率-电压变化。测量参数（如位移）为零时，调频回路的振荡频率 $f_0$ 对应的特性曲线上升部分近似直线段的中点。

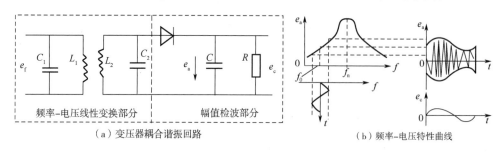

（a）变压器耦合谐振回路　　　　　　　（b）频率-电压特性曲线

图 5-29　用谐振振幅进行鉴频

随着测量参数的变化，幅值 $e_a$ 随调频波频率而近似线性变化，调频波 $e_f$ 的频率却和测量参数保持近似线性关系。因此，把 $e_a$ 进行幅值检波就能获得测量参数变化的信息，且保持近似线性关系。

# 5.4　信号的放大

通常情况下，传感器的输出信号都很弱，必须用放大器放大后才便于后续处理。为了保证测量精度的要求，放大电路应具有如下性能：

（1）足够的放大倍数；

（2）高输入阻抗，低输出阻抗；

（3）高共模抑制能力；

（4）低温漂、低噪声、低失调电压和电流。

线性运算放大器具备上述特点，因而传感器输出信号的放大电路都由运算放大器组成，本节介绍几种常用的运算放大电路。

## 5.4.1　基本放大电路

图 5-30 示出了反相放大器、同相放大器和差分放大器三种基本放大器。反相放大器的输入阻抗低，容易对传感器形成负载效应；同相放大器的输入阻抗高，但易引入共模干扰；而差分放大器不能提供足够的输入阻抗和共模抑制比。因此由单个运算放大器构成的放大电路在传感器信号放大中很少直接采用。

一种常用来提高阻抗的办法是在基本放大电路之前串接一级射极跟随器（见图 5-31）。串接射极跟随器后，电路的输入阻抗可以提高到 $10^9$ 以上，所以射极跟随器也常称为阻抗变换器。

## 5.4.2　仪器放大器

图 5-32 示出一种在小信号放大中广泛使用的仪器放大器电路，它由 3 个运算放大器组

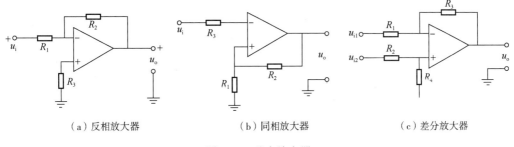

（a）反相放大器　　　　　　（b）同相放大器　　　　　　（c）差分放大器

图 5-30　基本放大器

成，其中 $A_1$、$A_2$ 接成射极跟随器形式，组成输入阻抗极高的差动输入级，在两个射随器之间的附加电阻 $R_G$ 具有提高共模抑制比的作用，$A_3$ 为双端输入、单端输出的输出级，以适应接地负载的需要，放大器的增益由电阻 $R_G$ 设定，典型仪器放大器的增益设置范围从 1 到 1000。

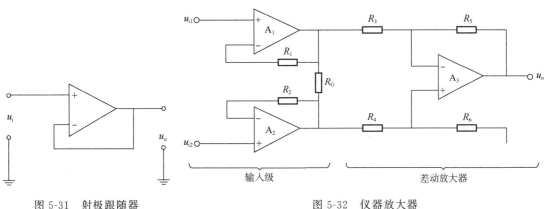

图 5-31　射极跟随器　　　　　　　　　图 5-32　仪器放大器

该电路输出电压与差动输入电压之间的关系可用下式表示

$$u_o = \left(1 + \frac{R_1 + R_2}{R_G}\right)\frac{R_5}{R_3}(u_{i2} - u_{i1})\tag{5-49}$$

若选取 $R_1 = R_2 = R_3 = R_4 = R_5 = R_6 = 10\text{k}\Omega$，$R_G = 100\Omega$，即可构成一个 $G=201$ 倍的高输入阻抗、高共模抑制比的放大器。

### 5.4.3　可编程增益放大器

在多回路检测系统中，由于各回路传感器信号的变化范围不尽相同，必须提供多种量程的放大器，才能使放大后的信号幅值变化范围一致（例如 $0\sim5\text{V}$）。如果放大器的增益可以由计算机输出的数字信号控制，则可以通过改变计算机程序来改变放大器的增益，从而简化系统的硬件设计和调试工作量。这种可以通过计算机编程来改变增益的放大器称为可编程增益放大器。

可编程增益放大器的基本原理可用图 5-33 所示的简单电路来说明，它是一种可编程增益的反相放大器。$R_1 \sim R_4$ 组成电阻网络，$S_1 \sim S_4$ 是电子开关，当外加控制信号 $y_1$、$y_2$、$y_3$、$y_4$ 为低电平时，对应的电子开关闭合。电子开关通过一个 2—4 译码器控制，当来自计算机

I/O口的 $x_1$、$x_2$ 为 00、01、10、11 时，$S_1$、$S_2$、$S_3$、$S_4$ 分别闭合，电阻网络的 $R_1$、$R_2$、$R_3$、$R_4$ 分别接入到反相放大器的输入回路，得到四种不同的增益值。也可不用译码器，直接由计算机的 I/O 接口来控制 $y_1$、$y_2$、$y_3$、$y_4$，得到 $2^4$ 个不同的增益值。

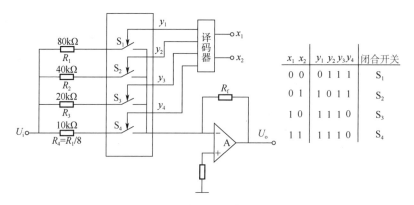

图 5-33　可编程增益放大器原理

从上面的分析可知，可编程增益放大器的基本思路是：用一组电子开关和一个电阻网络相配合来改变放大器的外接电阻值，以此达到改变放大器增益的目的。用户可用运算放大器、模拟开关、电阻网络和译码器组成形式不同、性能各异的可编程增益放大器。如果使用片内带有电阻网络的单片集成放大器，则可省去外加的电阻网络，直接与合适的模拟开关、译码器配合构成实用的可编程增益放大器。将运算放大器、电阻网络、模拟开关以及译码器等电路集成到一块芯片上，则构成集成可编程增益放大器，如美国国家半导体公司生产的 LH0084 就是其中的一种。

## 5.5　测试信号的显示与记录

测试信号的显示和记录是测试系统不可缺少的组成部分。信号显示与记录的目的在于：

（1）测试人员通过显示仪器观察各路信号的大小或实时波形，及时掌握测试系统的动态信息，必要时对测试系统的参数做相应调整，如输出的信号过小或过大，可及时调节系统增益；

（2）信号中含噪声干扰时可通过滤波器降噪；

（3）记录信号的重现；

（4）对信号进行后续的分析和处理。

传统的显示和信号记录装置包括万用表、阴极射线管示波器、XY 记录仪、模拟磁带记录仪等。近年来，随着计算机技术的飞速发展，记录与显示仪器从根本上发生了变化，数字式设备已经成为显示与记录装置的主流，数字式设备的广泛应用给信号的显示和记录方式赋予了新的内容。

### 5.5.1　信号的显示

示波器是测试中最常用的显示仪器，有模拟示波器、数字示波器和数字存储示波器三种类型。

### 1. 模拟示波器

模拟示波器以传统的阴极射线管示波器为代表，图 5-34 是一个典型通用的阴极射线管示波器的框图。该示波器的核心部分为阴极射线管，从阴极发射的电子束经水平和垂直两套偏转极板的作用，精确聚焦到荧光屏上。通常在水平偏转极板上施加锯齿波扫描信号，以控制电子束自左向右的运动，被测信号施加在垂直偏转极板上，控制电子束在垂直方向上的运动，从而在荧光屏上显示出信号的轨迹。调整锯齿波的频率可改变示波器的时基，以适应各种频率信号的测量。所以，这种示波器最常见的工作方式是显示输入信号的时间历程，即显示 $x(t)$ 曲线。这种示波器具有频带宽、动态响应好等优点，最高可达到 800MHz 带宽，可记录到 1ns 左右的快速瞬变偶发波形，适合于显示瞬态、高频及低频的各种信号，目前仍在许多场合使用。

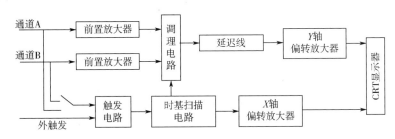

图 5-34　阴极射线管示波器原理框图

### 2. 数字示波器

数字示波器是随着数字电子与计算机技术的发展而发展起来的一种新型示波器，其基本原理框图如图 5-35 所示。它用一个核心器件 A/D 转换器将被测模拟信号进行模数转换并存储，在以数字信号方式显示。与模拟示波器相比，数字示波器具有许多突出的优点：

（1）具有灵活的波形触发功能，可以进行负延迟（预触发），便于观测触发前的信号状况；

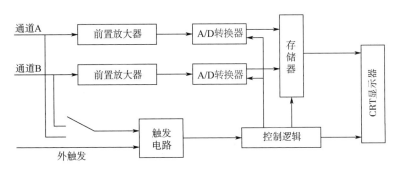

图 5-35　数字示波器原理框图

（2）具有存储与回放功能，便于观察单次过程和缓慢变化的信号，也便于进行后续数据处理；

（3）具有高分辨率的显示系统，便于对各类性质的信号进行观察，可看到更多的信号细节；

（4）便于程控，可实现自动测量；

（5）可进行数据通信；

（6）目前，数字示波器的带宽已达到 1GHz 以上，为防止波形失真，采样率可达到带宽的 5～10 倍。

例如美国 HP 公司的 HP54600A 型数字示波器，双通道、100MHz 带宽。每通道拥有 2MB 的深度内存，以作长时间的信号采集，然后可平移和放大采集到的信号，以查看细节。同时具有高分辨率显示系统，并有快速的波形显示和刷新功能。

**3. 数字存储示波器**

数字存储示波器（原理框图见图 5-36）有与数字示波器一样的数据采集前端，即经 A/D 转换器将被测模拟信号进行模数转换并存储，与数字示波器不同的是其显示方式采用模拟方式：将以存储的数字信号通过 D/A 转换器恢复为模拟信号，再将信号波形重现在阴极射线管或液晶显示屏上。

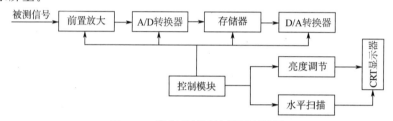

图 5-36 数字存储示波器原理框图

## 5.5.2 信号的记录

传统的信号记录仪器包括光线示波器、XY 记录仪、模拟磁带记录仪等。光线示波器和 XY 记录仪将被测信号记录在纸质介质上，频率响应差，分辨率低，记录长度受物理载体限制，需要通过手工方式进行后续处理，使用时有诸多不便之处，已逐渐退出历史舞台。模拟磁带记录仪可以将多路信号以模拟量的形式同步存储到磁带上，但输出只能是模拟量形式，与后续信号处理仪器的接口能力差，而且输入-输出之间的电平转换麻烦，所以目前已很少使用。

近年来，信号的记录方式越来越趋向于两种途径：一种是用数据采集仪器进行信号的记录，一种是以计算机内插 A/D 卡的形式进行信号记录。

**1. 用数据采集仪器进行信号记录**

用数据采集仪器进行信号记录有诸多优点：

（1）数据采集仪器均有良好的信号输入前端，包括前置放大器、抗混滤波器等；

（2）配置有高性能（具有高分辨率和采样速率）的 A/D 转换板卡；

（3）有大容量存储器；

（4）配置有专用的数字信号分析与处理软件。

如奥地利 DEWETRON 公司生产的 DEWE-2010 多通道数据采集分析仪，包括两个内部模块插槽，可以内置 16 路信号调理模块（如电桥输入模块、ICP 传感器输入模块、频率-电压转换模块、热电偶（热电阻）输入模块、计数模块等）；另有 16 通道电压同步输入；外部还可连接 DEWE-RACK 盒，用于扩展模拟输入通道（最多可扩展到 256 通道）。DEWE-2010 的采样频率范围在 0～100kHz，存储容量在 80GB 以上，在采样速率为 5kHz 时 16 通道同时采集可连续记录数十个小时的数据。系统提供有数据采集、记录、分析、输出及打印的专用软件 DEWsoft，同时能运行所有的 Windows 软件（Excel、LabVIEW 等）。

**2. 用计算机内插 A/D 卡进行数据采集与记录**

计算机内插 A/D 卡进行数据采集与记录是一种经济易行的方式，它充分利用通道计算机的硬件资源（总线、机箱、电源、存储器及系统软件），借助插入计算机或工控机内的A/D卡与数据采集软件相结合，完成记录任务。在这种方式下，信号的采集速度与A/D卡转换速率和计算机写外存的速度有关，信号记录长度与计算机外存储器容量有关。

3. 仪器前端直接实现数据采集与记录

近年来出现一些新型仪器如美国dP公司的多通道分析仪，这些仪器的前端含有DSP模块，可用来实现采集控制，可将通过适调和A/D转换的信号直接送入前端仪器中的海量存储器（如100GB硬盘）来实现存储。这些存储的信号可通过某些接口母线由计算机调出，实现后续的信号处理与显示。

# 习 题 五

5.1 以阻值 $R = 120\Omega$，灵敏度 $S = 2$ 的电阻丝应变片与阻值为 $120\Omega$ 的固定电阻组成电桥，供桥电压为 3V，并假定负载为无穷大，当应变片的应变为 $2\mu\varepsilon$ 和 $2000\mu\varepsilon$ 时，分别求出单臂、双臂电桥的输出电压，并比较这两种情况下的灵敏度。

5.2 有人在使用电阻应变片时，发现灵敏度不够，于是试图在工作电桥上增加电阻应变片数以提高灵敏度。试问，在下列情况下，是否可提高灵敏度？为什么？

（1）半桥双臂各串联一片。

（2）半桥双臂各并联一片。

5.3 用电阻应变片接成全桥，测量某一构件的应变，已知其变化规律为

$$\varepsilon(t) = A\cos 10t + B\cos 100t$$

如果电桥激励电压是 $u_0 = E\sin 10000t$。试求此电桥输出信号的频谱。

5.4 已知调幅波 $x_a(t) = (100 + 30\cos 2\pi f_1 t + 20\cos 6\pi f_1 t)(\cos 2\pi f_c t)$，其中 $f_c = 10\text{kHz}$，$f_1 = 500\text{Hz}$。试求：

（1）所包含的各分量的频率及幅值；

（2）绘出调制信号与调幅波的频谱。

5.5 题 5.5 图为利用乘法器组成的调幅解调系统的方框图。设载波信号是频率为 $f_0$ 的正弦波，试求：

（1）各环节输出信号的时域波形；

（2）各环节输出信号的频谱图。

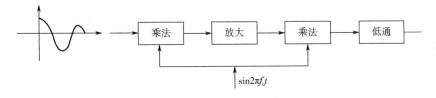

题 5.5 图

5.6 交流应变电桥的输出电压是一个调幅波。设供桥电压为 $E_0 = \sin 2\pi f_0 t$，电阻变化量为 $\Delta R(t) = R_0 \cos 2\pi f t$，其中 $f_0 \gg f$。试求电桥输出电压 $e_y(t)$ 的频谱。

5.7 一个信号具有从 100Hz 到 500Hz 范围的频率成分，若对此信号进行调幅，试求：

（1）调幅波的带宽是多少？

（2）若载波频率为 10kHz，在调幅波中会出现哪些频率成分？

5.8　（单选题）将两个中心频率相同的滤波器串联，可以达到（　　　）。

A. 扩大分析频带

B. 滤波器选择性变好，但相移增加

C. 幅频、相频特性都得到改善

5.9　什么是滤波器的分辨力？与哪些因素有关？

5.10　（判断题）设一带通滤波器的下截止频率为 $f_{c1}$，上截止频率为 $f_{c2}$，中心频率为 $f_c$，试指出下列技术中的正确与错误。

（1）频程滤波器 $f_{c2} = \sqrt{2} f_{c1}$。（　　　）

（2）$f_c = \sqrt{f_{c1}f_{c2}}$。（　　　）

（3）滤波器的截止频率就是此通频带的幅值－3dB 处的频率。（　　　）

（4）下限频率相同时，倍频程滤波器的中心频率是 $\frac{1}{3}$ 倍频程滤波器的中心频率的 $\sqrt[3]{2}$ 倍。（　　　）

5.11　有一个 $\frac{1}{3}$ 倍频程滤波器，其中心频率 $f_n = 500\mathrm{Hz}$，建立时间 $T_e = 0.8\mathrm{s}$。试求该滤波器：

（1）带宽 $B$；

（2）上、下截止频率 $f_{c1}$、$f_{c2}$；

（3）若中心频率改为 $f_n' = 200\mathrm{Hz}$，求带宽、上下截止频率和建立时间。

5.12　一滤波器具有传递函数 $H(s) = \dfrac{K(s^2 - as + b^2)}{s^2 + as + b^2}$，试求其幅频、相频特性。并说明滤波器的类型。

5.13　题 5.13 图所示的磁电指示机构和内阻的信号源相连，其转角 $\theta$ 和信号源电压 $U_i$ 的关系可用二阶微分方程来描述，即

$$\frac{I}{r}\frac{\mathrm{d}^2\theta}{\mathrm{d}t^2} + \frac{nAB}{r(R_i + R_L)}\frac{\mathrm{d}\theta}{\mathrm{d}t} + \theta = \frac{nAB}{r(R_i + R_L)}U_i$$

设其中动圈部件的转动惯量 $I$ 为 $2.5 \times 10^{-5}\mathrm{kg \cdot m^2}$，弹簧刚度为 $10^{-3}\mathrm{N \cdot m \cdot rad^{-1}}$，线圈匝数 $n$ 为 $100$，线圈横截面积 $A$ 为 $10^{-4}\mathrm{m^2}$，线圈内阻 $R_L$ 为 $75\Omega$，磁通密度 $B$ 为 $150\mathrm{Wb \cdot m^{-1}}$ 和信号内阻 $R_i$ 为 $125\ \Omega$。

（1）试求该系统的静态灵敏度。

（2）为了得到 0.7 的阻尼比，必须把多大的电阻附加在电路中？改进后系统的灵敏度为多少？

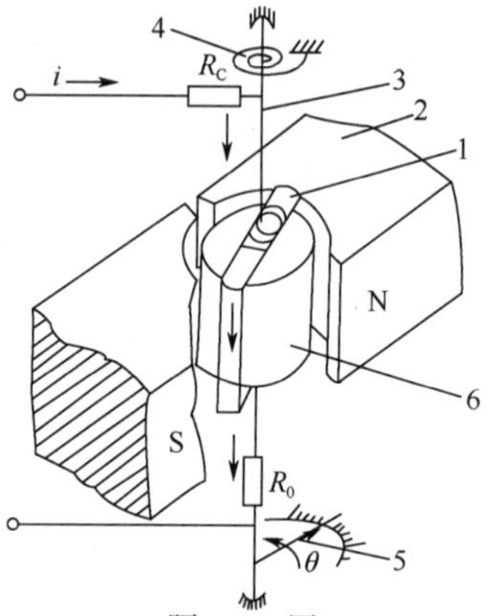

题 5.13 图

1—线圈；2—永久磁铁；3—转轴和支承；
4—弹簧（游丝）；5—指针；6—铁芯

5.14　设有一低通滤波器，其带宽为 $300\mathrm{Hz}$。问如何与磁带记录仪配合，使其分别当作带宽为 $150\mathrm{Hz}$ 和 $600\mathrm{Hz}$ 的低通滤波器使用？

第 5 章课件　　　习题五答案　　　信号调理实验　　　信号的调理仿真　　　信号调理实验视频讲解

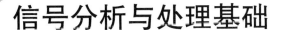

# 第6章 信号分析与处理基础

测试工作的目的是获取反映被测对象的状态和特征的信息。但是在实际的测试中，测得的信号中往往混有各种无用的信号（统称为噪声），使许多有用信息都被"淹没"了。噪声的来源十分复杂，可能是被测机械零部件产生的，也可能是系统有其他的输入源。只有分离信、噪，并经过必要的处理和分析，才能比较准确地提取测量信号中所含的有用信息。因此，信号分析和处理的目的是：①剔除信号中的噪声和干扰，即提高信噪比；②从信号中提取有用的特征信号；③修正测试系统的某些误差，如传感器的线性误差、温度影响等。

随着计算机软件、硬件技术的发展，数字信号处理已经可以在通用计算机上实现，为机械在线监测、实时动态分析提供了良好的技术手段。

本章将介绍信号的相关分析、功率谱分析、数字信号处理基础及现代信号分析方法等相关知识。

## 6.1 信号的相关分析

所谓相关，就是指变量之间的线性关系。对于确定性信号来讲，两个变量之间可以用函数关系来描述，两者一一对应并为确定的数值关系。两个随机变量之间就不具有这样确定的关系，但是，如果这两个变量之间具有某种内在的物理联系，那么通过大量统计就可以发现它们之间还是存在着某种虽不精确但却有相应的、表征其特性的近似关系。例如在齿轮箱中，滚动轴承滚道上的疲劳应力和轴向载荷之间不能用确定性函数来描述，但是通过大量的统计可以发现，当轴向载荷较大时，疲劳应力也相应比较大，这两个变量之间存在一定的线性关系。

对于一个随机信号，为了评价其在不同时间的幅值变化在不同时刻的相关程度，可以采用自相关函数来描述。而对于两个随机信号，也可以定义相应的互相关函数来表征它们幅值之间的相互依赖关系。

### 6.1.1 相关函数

令两个信号之间产生时差 $\tau$，这时就可以研究两个信号在时移中的相关性。相关函数定义为

$$R_{xy}(\tau) = \int_{-\infty}^{+\infty} x(t)y(t+\tau)\mathrm{d}t \tag{6-1}$$

或

$$R_{yx}(\tau) = \int_{-\infty}^{+\infty} y(t)x(t+\tau)\mathrm{d}t$$

显然，相关函数是两信号之间时差 $\tau$ 的函数。通常将 $R_{xy}(\tau)$ 或 $R_{yx}(\tau)$ 称为互相关函数。如果 $x(t) = y(t)$，则 $R_{xx}(\tau)$ 或 $R_x(\tau)$ 称为自相关函数，上式变为

$$R_{\mathrm{x}}(\tau) = \int_{-\infty}^{+\infty} x(t)x(t+\tau)\mathrm{d}t \qquad (6\text{-}2)$$

若 $x(t)$ 与 $y(t)$ 为功率信号，则其相关函数的定义为

$$R_{\mathrm{xy}}(\tau) = \lim_{T \to \infty} \frac{1}{T} \int_{-\frac{T}{2}}^{\frac{T}{2}} x(t)y(t+\tau)\mathrm{d}t \qquad (6\text{-}3)$$

$$R_{\mathrm{x}}(\tau) = \lim_{T \to \infty} \frac{1}{T} \int_{-\frac{T}{2}}^{\frac{T}{2}} x(t)x(t+\tau)\mathrm{d}t \qquad (6\text{-}4)$$

由以上分析可知，能量信号与功率信号的相关函数的量纲不同，前者为能量，后者为功率。

### 6.1.2 自相关函数的性质及其应用

1. 自相关函数的性质

根据式（6-2）定义的自相关函数，平稳随机信号的自相关函数与 $t$ 无关。自相关函数 $R(\tau)$ 主要有以下性质：

（1）自相关函数 $R(\tau)$ 在 $\tau = 0$ 时取得最大值，并等于该随机信号的均方值，$R_{\mathrm{x}}(0) = \lim_{T \to \infty} \frac{1}{T} \int_{0}^{T} x(t)x(t)\mathrm{d}t = \psi_{\mathrm{x}}^2$；

（2）$R(\tau)$ 为一个偶函数，即有 $R(\tau) = R(-\tau)$，因此，在实际中只需要得到 $\tau \geqslant 0$ 时的 $R(\tau)$ 值，而不需要研究 $\tau < 0$ 时的 $R(\tau)$ 值；

（3）当 $\tau \neq 0$ 时，$R(\tau)$ 的值总是小于 $R_{\mathrm{x}}(0)$，其取值范围为 $\mu_{\mathrm{x}}^2 - \sigma_{\mathrm{x}}^2 \leqslant R_{\mathrm{x}}(\tau) \leqslant \mu_{\mathrm{x}}^2 + \sigma_{\mathrm{x}}^2$；

（4）对于均值为零的平稳信号，若 $\tau \to +\infty$ 时，$x(t)$ 和 $x(t+\tau)$ 不相关，则 $R(\tau) \to 0$。

上述 4 个性质可用图 6-1 来表示。

（5）平稳信号中若含有周期成分，则它的自相关函数中亦含有周期成分，

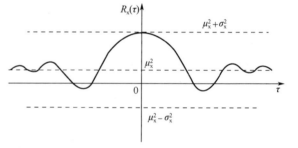

图 6-1　自相关函数的性质

且其周期与原信号的周期相同。可以证明简谐信号 $x(t) = x_0 \sin(\omega_0 t + \varphi)$ 的自相关函数是余弦函数，即

$$R(\tau) = \frac{x_0^2}{2}\cos(\omega_0 \tau) \qquad (6\text{-}5)$$

它是不衰减的周期信号，其周期与原简谐信号的周期相同，但却丢失了原信号的相位信息。

图 6-2 列举了几种常见信号的自相关函数图形，图 6-2（b）为正弦信号的自相关函数图形；对于图 6-2（e）所示的窄带随机噪声信号，其自相关函数衰减得慢（见图 6-2（f）），而对于图 6-2（g）所示的宽带随机噪声信号，其自相关函数衰减得很快（见图 6-2（h））；图 6-2（a）和 6-2（c）所示的信号中均含有周期性分量。从图 6-2（b）、图 6-2（d）也可以看出，它们相应的自相关函数曲线均不会衰减到零。也就是说，自相关函数是从干扰噪声信号中找出周期信号或瞬时信号的重要手段，即延长变量 $\tau$ 的取值，信号中的周期分量将会暴露出来。

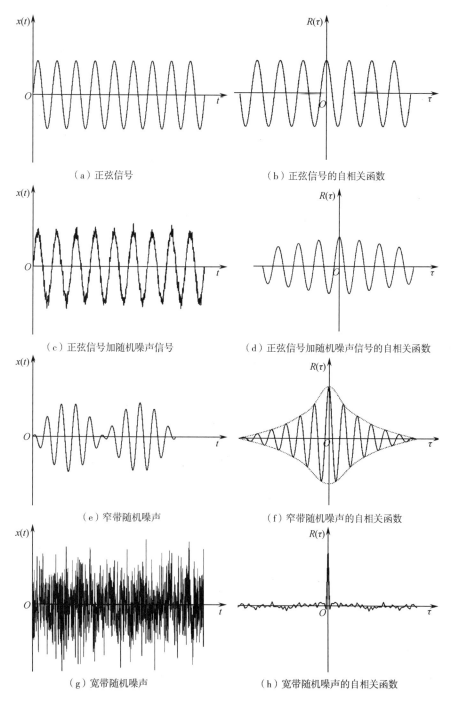

（a）正弦信号

（b）正弦信号的自相关函数

（c）正弦信号加随机噪声信号

（d）正弦信号加随机噪声信号的自相关函数

（e）窄带随机噪声

（f）窄带随机噪声的自相关函数

（g）宽带随机噪声

（h）宽带随机噪声的自相关函数

图 6-2　几种典型的信号及其自相关函数

**2. 自相关函数的应用**

当用声音信号诊断机器的运行状态时，正常运行的机器声音是由大量的、无序的、大小接近相等的随机冲击噪声组成的，因此具有较宽而均匀的频谱。当机器运行状态不正常时，在随机噪声中将出现有规则的、周期性的脉冲信号，其大小要比随机冲击噪声大得多。例如，当机构中轴承磨损而间隙增大时，轴与轴承盖之间就会有撞击现象。同样，如果滚动轴承的滚道出现剥蚀、齿轮的某一个啮合面严重磨损等情况出现时，在随机噪声中均会出现周期信号。因此，用声音诊断机器故障时首先就要在噪声中发现隐藏的周期分量；特别是在故障发生的初期，周期信号并不明显，直接观察难以发现时，此时就可以采用自相关分析方法，依靠 $R(\tau)$ 的幅值和波动的频率查出机器缺陷的所在之处。

如图 6-3 所示是机床变速箱噪声信号的自相关函数。图 6-3（a）是正常状态下噪声的自相关函数，随着 $\tau$ 的增大，$R(\tau)$ 迅速趋近于横坐标，说明变速箱的噪声是随机噪声；相反，在图 6-3（b）中，变速箱噪声的自相关函数 $R(\tau)$ 中含有周期分量，当 $\tau$ 增大时，$R(\tau)$ 并不向横坐标趋近，这标志着变速箱工作状态处于异常。将变速箱中每一根轴的转速与 $R(\tau)$ 的波动频率进行比较，就可以确定出这一缺陷的位置。

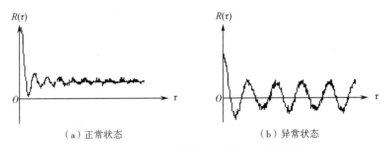

（a）正常状态　　　　　　　　　　（b）异常状态

图 6-3　机床变速箱噪声信号的自相关函数

### 6.1.3　互相关函数及其应用

**1. 互相关函数的性质**

对于两个信号，可以采用互相关函数来表征它们幅值之间的相互依赖关系。设两个随机信号为 $x(t)$ 和 $y(t)$，则互相关函数 $R_{xy}(\tau)$ 可以定义为

$$R_{xy}(\tau) = \lim_{T \to \infty} \frac{1}{T} \int_{-\frac{T}{2}}^{\frac{T}{2}} x(t)y(t+\tau)\mathrm{d}t \tag{6-6}$$

平稳随机信号的互相关函数 $R_{xy}(\tau)$ 是实函数，既可以为正也可以为负，它与自相关函数不同，不是偶函数，且在 $\tau = 0$ 时不一定是最大值。$R_{xy}(\tau)$ 主要有以下性质：

（1）反对称性，即有 $R_{xy}(-\tau) = R_{yx}(\tau)$；

（2）$[R_{xy}(\tau)]^2 \leqslant R_x(0)R_y(0)$；

（3）对于随机信号 $x(t)$ 和 $y(t)$，若它们之间没有同频的周期成分，那么当时移 $\tau$ 很大时就彼此无关。

如图 6-4 所示的互相关函数在 $\tau_0$ 时出现最大值，它表示 $x(t)$ 和 $y(t)$ 在 $\tau = \tau_0$ 时存在某种联系，而在其他时间间隔则没有这种联系。或者可以说，它反映了 $x(t)$ 和 $y(t)$ 之间主传输通道的滞后时间。如果两个信号中具有频率相同的周期分量，即使 $\tau \to +\infty$，也会出现该频率的周期成分。

（4）两个零均值且具有相同频率

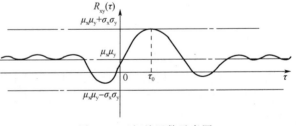

图 6-4　互相关函数示意图

的周期信号，其互相关函数中保留了这两个信号的圆频率 $\omega$、相应的幅值 $x_0$ 和 $y_0$ 以及相位差 $\varphi$ 的信息。

若两个周期信号表示为 $x(t) = x_0 \sin(\omega t + \theta)$，$y(t) = y_0 \sin(\omega t + \theta - \varphi)$，其中 $\theta$ 为 $x(t)$ 相对于 $t = 0$ 时刻的相位角，$\varphi$ 为 $x(t)$ 和 $y(t)$ 的相位差，则可以得到两个信号的互相关函数为

$$R_{xy}(\tau) = \frac{1}{2} x_0 y_0 \cos(\omega t - \varphi) \tag{6-7}$$

**2. 互相关函数的应用**

互相关函数的特性使它在机械工程应用中有重要的价值。下面通过几个例子说明其应用效果。

**例 6-1** 用互相关分析法在线测量热轧钢带运动速度。

如图 6-5 所示，在沿钢板运动的方向上相距 $d$ 处的下方，安装两个凸透镜和两个光电池。当热轧钢带以速度 $v$ 移动时，热轧钢带表面反射光经透镜分别聚焦在相距 $d$ 的两个光电

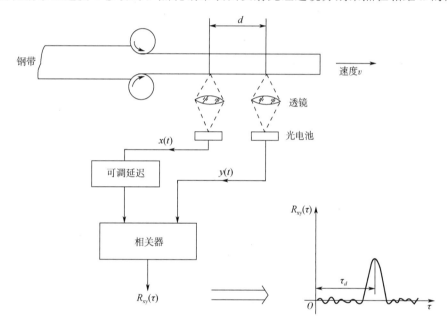

图 6-5 钢带运动速度的非接触测量

池上。反射光强弱的波动通过光电池转换成电信号，再把这两个电信号进行互相关分析，通过可调延时器测得互相关函数出现最大值所对应的时间 $\tau_m$。由于钢带上任一截面 $P$ 经过 $A$ 点和 $B$ 点时产生的信号 $x(t)$ 和 $y(t)$ 是完全相关的，可以在 $x(t)$ 与 $y(t)$ 的互相关曲线上产生最大值，则热轧钢带的运动速度为

$$v = \frac{d}{\tau_m}$$

**例 6-2** 利用互相关函数进行汽车司机座位振动位置的监测。

检查小汽车司机座位的振动是由发动机引起的还是由后桥引起的，可在发动机、司机座位、后桥上布置加速度传感器，如图 6-6 所示。然后将输出信号放大并进行相关分析。可以看到，发动机与司机座位的相关性较差，而后桥与司机座位的相关性较强，因此，可以认为司机座位的振动主要由汽车后桥的振动引起的。

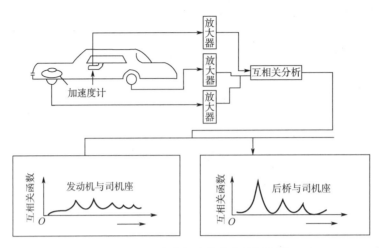

图 6-6　司机座位振动传递途径的识别

## 6.2　功率谱分析及其应用

时域中的相关分析为在噪声背景下提取有用信息提供了途径。功率谱分析为频域提供相关技术的信息，它是研究平稳随机过程的重要方法。

### 6.2.1　自功率谱密度函数

1. 定义及其物理意义

假定 $x(t)$ 是零均值的随机过程，即 $\mu_x = 0$（如果原随机过程是非零均值的，可以进行适当处理使其均值为零），又假定 $x(t)$ 中没有周期分量，那么当 $\tau \to +\infty$ 时，$R_x(\tau) \to 0$。这样，自相关函数 $R_x(\tau)$ 可满足傅里叶变换的条件 $\int_{-\infty}^{+\infty} |R_x(\tau)| \, \mathrm{d}\tau < \infty$。则可以得到 $R_x(\tau)$ 的傅里叶变换为

$$S_x(f) = \int_{-\infty}^{+\infty} R_x(\tau) \mathrm{e}^{-\mathrm{j}2\pi f t} \, \mathrm{d}\tau \tag{6-8}$$

逆变换

$$R_x(\tau) = \int_{-\infty}^{+\infty} S_x(f) \mathrm{e}^{\mathrm{j}2\pi f t} \, \mathrm{d}f \tag{6-9}$$

定义 $S_x(f)$ 为 $x(t)$ 的自功率谱密度函数，简称自谱或自功率谱。由于 $S_x(f)$ 和 $R_x(\tau)$ 之间是傅里叶变换对的关系，两者是唯一对应的，$S_x(f)$ 包含着 $R_x(\tau)$ 的全部信息。因为 $R_x(\tau)$ 是实偶数，$S_x(f)$ 亦为实偶数。由此常用在 $f = (0 \sim \infty)$ 范围内 $G_x(f) = 2S_x(f)$ 来表示信号的全部功率谱，并把 $G_x(f)$ 称为 $x(t)$ 信号的单边功率谱（见图 6-7）。

若 $\tau = 0$，根据自相关函数 $R_x(\tau)$ 和自功率谱密度函数 $S_x(f)$ 的定义，可得到

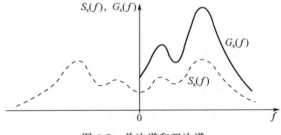

图 6-7　单边谱和双边谱

$$R_x(0) = \lim_{T \to \infty} \frac{1}{T} \int_0^T x^2(t) \mathrm{d}t = \int_{-\infty}^{+\infty} S_x(f) \mathrm{d}f \tag{6-10}$$

由此可见，$S_x(f)$ 曲线下和频率轴所包围的面积就是信号的平均功率，$S_x(f)$ 就是信号的功率密度沿频率轴的分布，故称 $S_x(f)$ 为自功率谱密度函数。

2. 巴塞伐尔定理

在时域中计算的信号总能量，等于在频域中计算的信号总能量，这就是巴塞伐尔定理，即

$$\int_{-\infty}^{+\infty} x^2(t) \mathrm{d}t = \int_{-\infty}^{+\infty} |X(f)|^2 \mathrm{d}f \tag{6-11}$$

式（6-10）又叫做能量等式。这个定理可以用傅里叶变换的卷积公式导出。

设

$$\begin{aligned} x(t) &\rightleftharpoons X(f) \\ h(t) &\rightleftharpoons H(f) \end{aligned} \tag{6-12}$$

按照频域卷积定理有

$$x(t)h(t) \rightleftharpoons X(f) * H(f) \tag{6-13}$$

即

$$\int_{-\infty}^{+\infty} x(t)h(t) \mathrm{e}^{-\mathrm{j}2\pi qt} \mathrm{d}t = \int_{-\infty}^{+\infty} X(f) H(q-f) \mathrm{d}f \tag{6-14}$$

令 $q = 0$，得

$$\int_{-\infty}^{+\infty} x(t)h(t) \mathrm{d}t = \int_{-\infty}^{+\infty} X(f) H(-f) \mathrm{d}f \tag{6-15}$$

又令 $h(t) = x(t)$ 得

$$\int_{-\infty}^{+\infty} x^2(t) \mathrm{d}t = \int_{-\infty}^{+\infty} X(f) X(-f) \mathrm{d}f \tag{6-16}$$

$x(t)$ 是实函数，则 $X(-f) = X^*(f)$，所以

$$\int_{-\infty}^{+\infty} x^2(t) \mathrm{d}t = \int_{-\infty}^{+\infty} X(f) X^*(f) \mathrm{d}f = \int_{-\infty}^{+\infty} |X(f)|^2 \mathrm{d}f \tag{6-17}$$

$|X(f)|^2$ 称为能谱，它是沿频率轴的能量分布密度。在整个时间轴上信号平均功率为

$$P_{av} = \lim_{T \to \infty} \frac{1}{T} \int_0^T x^2(t) \mathrm{d}t = \int_{-\infty}^{+\infty} \lim_{T \to \infty} \frac{1}{T} |X(f)|^2 \mathrm{d}f \tag{6-18}$$

因此，根据式（6-10），自功率谱密度函数和幅值谱的关系为

$$S_x(f) = \lim_{T \to \infty} \frac{1}{T} |X(f)|^2 \tag{6-19}$$

利用这一种关系，就可以通过直接对时域信号进行傅里叶变换来计算功率谱。

3. 应用

自功率谱密度 $S_x(f)$ 为自相关函数 $R_x(\tau)$ 的傅里叶变换，故 $S_x(f)$ 包含着 $R_x(\tau)$ 中的全部信息。

自功率谱密度 $S_x(f)$ 反映信号的频域结构，这一点和幅值谱 $|X(f)|$ 一致，但是自功率谱密度所反映的是信号幅值的平方，因此其频域结构特征更为明显，如图 6-8 所示。

对于一个线性系统（见图 6-9），若其输入为 $x(t)$，输出为 $y(t)$，系统的频率响应函数为

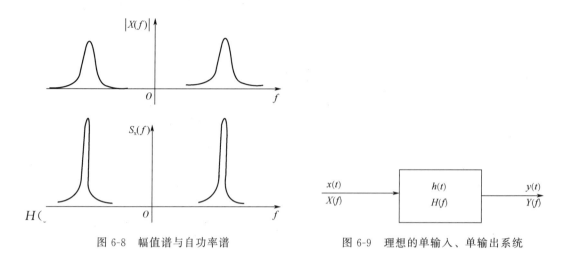

图 6-8 幅值谱与自功率谱 　　　　图 6-9 理想的单输入、单输出系统

$$Y(f) = H(f)X(f) \tag{6-20}$$

不难证明，输入、输出的自功率谱密度与系统频率响应函数的关系如下：

$$S_y(f) = |H(f)|^2 S_x(f) \tag{6-21}$$

通过对输入、输出自谱的分析，就能得出系统的幅频特性。但是在这样的计算中丢失了相位信息，因此不能得出系统的相频特性。

自相关分析可以有效地检测出信号中有无周期成分。自功率谱密度也能用来检测信号中的周期成分。周期信号的频谱是脉冲函数，在某特定频率上的能量是无限的。但是在实际处理时，用矩形窗函数对信号进行截断，这相当于在频域用矩形窗函数的频谱 sinc 函数和周期信号的频谱 $\delta$ 函数进行卷积，因此截断后的周期函数的频谱已经不再是脉冲函数，原来为无限大的谱线高度变成有限长，谱线宽度由无限小变成有一定宽度。所以周期成分在实测的功率谱密度图形中以陡峭有限峰值的形态出现。

### 6.2.2　互谱密度函数

1. 定义

如果互相关函数 $R_{xy}(\tau)$ 满足傅里叶变换的条件 $\int_{-\infty}^{+\infty} |R_{xy}(\tau)| \mathrm{d}\tau < 0$，则定义

$$S_{xy}(f) = \int_{-\infty}^{+\infty} R_{xy}(\tau) \mathrm{e}^{-\mathrm{j}2\pi ft} \mathrm{d}\tau \tag{6-22}$$

$S_{xy}(f)$ 称为信号 $x(t)$ 和 $y(t)$ 的互谱密度函数，简称互谱。根据傅里叶逆换，有

$$R_{xy}(\tau) = \int_{-\infty}^{+\infty} S_{xy}(f) \mathrm{e}^{\mathrm{j}2\pi ft} \mathrm{d}f \tag{6-23}$$

互相关函数 $R_{xy}(\tau)$ 并非偶函数，因此 $S_{xy}(\tau)$ 具有虚、实两部分。同样，$S_{xy}(f)$ 保留了 $R_{xy}(\tau)$ 中的全部信息。

2. 应用

对图 6-9 所示的线性系统，可证明有

$$S_{xy}(f) = H(f)S_x(f) \tag{6-24}$$

故从输入的自谱和输入、输出的互谱就可以直接得到系统的频率响应函数。式（6-24）

与式（6-21）不同，所得到的 $H(f)$ 不仅含有幅频特性，而且含有相频特性。这是因为互相关函数中包含有相位信息。

如果一个测试系统受到外界干扰，如图 6-10 所示，$n_1(t)$ 为输入噪声，$n_2(t)$ 为加于系统中间环节的噪声，$n_3(t)$ 为加在输出端的噪声。显然该系统的输出 $y(t)$ 将为

$$y(t) = x'(t) + n'_1(t) + n'_2(t) + n'_3(t) \tag{6-25}$$

式中，$x'(t)$、$n'_1(t)$、$n'_2(t)$ 分别为系统对 $x(t)$、$n_1(t)$、$n_2(t)$ 的响应。

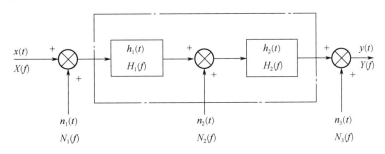

图 6-10　受外界干扰的系统

输入 $x(t)$ 与输出 $y(t)$ 的互相关函数为

$$R_{xy}(\tau) = R'_{xx}(\tau) + R'_{xn1}(\tau) + R'_{xn2}(\tau) + R'_{xn3}(\tau) \tag{6-26}$$

由于输入 $x(t)$ 和噪声 $n_1(t)$、$n_2(t)$、$n_3(t)$ 是独立无关的，故互相关函数 $R'_{xn1}(\tau)$、$R'_{xn2}(\tau)$ 和 $R'_{xn3}(\tau)$ 均为零。所以

$$R_{xy}(\tau) = R'_{xx}(\tau) \tag{6-27}$$

故

$$S_{xy}(\tau) = S'_{xx}(f) = H(f) S_x(f) \tag{6-28}$$

式中，$H(f) = H_1(f) H_2(f)$ 为所研究系统的频率响应函数。

由此可见，利用互谱进行分析将可排除噪声的影响。这是这种分析方法的突出优点。然而应当注意到，利用式（6-28）求线性系统 $H(f)$ 时，尽管其中的互谱 $S_{xy}(f)$ 可以不受噪声的影响，但是输入信号的自谱 $S_x(f)$ 仍然无法排除输入端测量噪声的影响，从而形成测量的误差。

为了测试系统的动特性，有时人们故意给正在运行的系统以特定的已知扰动——输入 $z(t)$。从式（6-28）可以看出，只要 $z(t)$ 和其他各输入量无关，在测量 $S_{xy}(f)$ 和 $S_z(f)$ 后就可以计算得到 $H(f)$。这种在被测系统正常运行的同时对它进行测试，称为"在线测试"。

评价系统的输入信号和输出信号之间的因果性，即输出信号的功率谱中有多少是输入量所引起的响应，在许多场合中是十分重要的。通常用相干函数 $\gamma^2_{xy}(f)$ 来描述这种因果性，其定义为

$$\gamma^2_{xy}(f) = \frac{|S_{xy}(f)|^2}{S_x(f) S_y(f)} \quad (0 \leqslant \gamma^2_{xy}(f) \leqslant 1) \tag{6-29}$$

实际上，利用式（6-29）计算相干函数时，只能使用 $S_y(f)$、$S_x(f)$ 和 $S_{xy}(f)$ 的估计值，所得相干函数只是一种估计值；并且唯有采用经多段平滑处理后的 $\hat{S}_y(f)$、$\hat{S}_x(f)$ 和 $\hat{S}_{xy}(f)$ 来计算，所得到的 $\hat{\gamma}^2_{xy}(f)$ 才是较好的估计值。

如果相干函数为零，表示输出信号与输入信号不相干。当相干函数为 1 时，表示输出信号与输入信号完全相干，系统不受干扰而且系统是线性的。相干函数在 0～1 之间，则表明有如下 3 种可能：①测试中有外界噪声干扰；②输出 $y(t)$ 是输入 $x(t)$ 和其他输入的综合输

出；③联系 $x(t)$ 和 $y(t)$ 的系统是非线性的。

**例 6-3** 图 6-11 是船用柴油机润滑油泵压油管振动和压力脉冲间的相干分析。

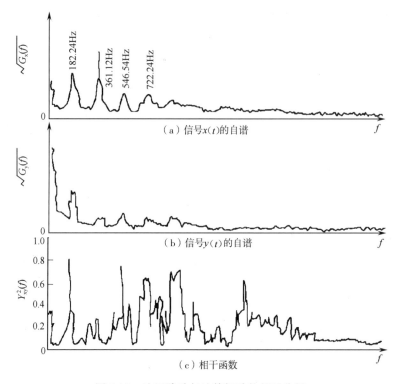

图 6-11　油压脉动与油管振动的相干分析

润滑油泵转速为 $n = 781$ r/min，油泵齿轮的齿数为 $z = 14$。测得油压脉动信号 $x(t)$ 和压油管振动信号 $y(t)$。压油管压力脉动的基频为 $f_0 = nz/60 = 182.24$ Hz。

在图 6-11（c）上，当 $f = f_0 = 182.24$ Hz 时，则 $\gamma_{xy}^2(f) \approx 0.9$；$f_0 = 2f_0 \approx 361.12$ Hz 时，$\gamma_{xy}^2(f) \approx 0.37$；$f = 3f_0 \approx 546.54$ Hz 时，$\gamma_{xy}^2(f) \approx 0.8$；$f = 4f_0 \approx 722.24$ Hz 时，$\gamma_{xy}^2(f) \approx 0.75 \cdots\cdots$。齿轮引起的各次谐频对应的相干函数值都比较大，而其他频率对应的相干函数值都很小。由此可见，油管的振动主要是由油压脉动引起的。从 $x(t)$ 和 $y(t)$ 的自谱图也明显可见油压脉动的影响（见图 6-11（a）、（b））。

## 6.3　数字信号处理基础

### 6.3.1　数字信号处理的基本步骤

数字信号处理的基本步骤如图 6-12 所示。

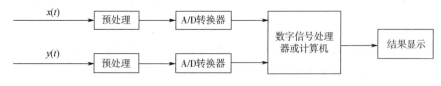

图 6-12　数字信号处理系统的简图

信号的预处理是把信号变成适于数字处理的形式，以减轻数字处理的困难。

预处理包括：

（1）电压幅值调理，以便适宜采样，总是希望电压峰—峰值足够大，以便充分利用A/D转换器的精确度。如12位的A/D转换器，其参考电压为±5V。由于 $2^{12}=4096$，故其末位数字的当量电压为 2.5mV。若信号电平较低，转换后二进制数的高位都为 0，仅在低位有值，其转换后的信噪比将很差。若信号电平绝对值超过 5V，则转换中又将发生溢出，这是不允许的。所以进入 A/D 转换器转换的信号的电平应适当调整。

（2）必要的滤波，以提高信噪比，并滤去信号中的高频噪声。

（3）隔离信号中的直流分量（如果所测信号中不应有直流分量）。

（4）如原信号经过调制，则应先行解调。

预处理环节应根据测试对象、信号特点和数字处理设备的能力妥善安排。

模—数（A/D）转换是模拟信号经采样、量化并转换为二进制的过程。

数字信号处理器或计算机对离散的时间序列进行运算处理。计算机只能处理有限长度的数据，所以首先要把长时间的序列截断，对截取的数字序列有时还要人为地进行加权（乘以窗函数）以成为新的有限长的序列。对数据中的奇异点（由于强干扰或信号丢失引起的数据突变）应予以剔除。对温漂、时漂等系统性干扰所引起的趋势项（周期大于记录长度的频率成分）也应予以分离。如有必要，还可以设计专门的程序来进行数字滤波，然后把数据按给定的程序进行计算，完成各种分析。

运算结果可以直接显示或打印，若后接 D/A，还可以得到模拟信号。如有需要可将数字信号处理结果送入后接计算机或通过专门程序再做后续处理。

### 6.3.2　信号数字化出现的问题

数字信号处理首先把一个连续变化的模拟信号转化为数字信号，然后由计算机处理，从中提取有关信息，信号数字化过程包含一系列步骤，每一步骤都可以引起信号和其蕴含信息的失真。现以计算一个模拟信号的频谱为例来说明有关的问题。

设模拟信号想 $x(t)$ 的傅里叶变换为 $X(f)$（见图 6-13）。为了利用数字计算机来计算，必须使 $x(t)$ 变换成有限长的离散时间序列。为此，必须对 $x(t)$ 进行采样和截断。

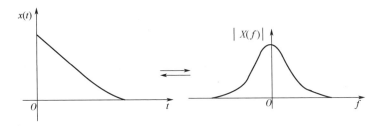

图 6-13　原模拟信号及其幅频谱

采样就是用一个等时距的周期脉冲序列 $s(t)$（即 $\mathrm{comb}\,(t,T_s)$），也称采样函数（见图 6-14）去乘以 $x(t)$。时距 $T_s$ 称为采样间隔，$1/T_s=f_s$ 称为采样频率。由式（3-65）可知，$s(t)$ 的傅里叶变换 $S(f)$ 也是周期脉冲序列，其频率间距为 $f_s=1/T_s$。根据傅里叶变换的性质，采样后信号频谱应是 $X(f)$ 和 $S(f)$ 的卷积：$X(f)*S(f)$，相当于将 $X(f)$ 乘以 $1/T_s$，然后将其平移，使其中心落在 $S(f)$ 脉冲序列的频率点上，如图 6-15 所示。若 $X(f)$ 的频带大于 $1/2T_s$，平移后的图形会发生交叠，如图中的虚线所示。采样后信号的频谱是这些平移后图形的叠加，如图中实线所示。

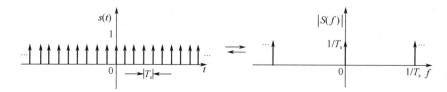

图 6-14　采样函数及其幅频谱

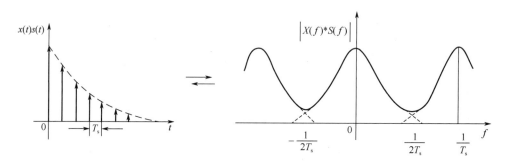

图 6-15　采样后信号及其幅频谱

由于计算机只能进行有限长序列的运算，所以必须从采样后信号的时间序列截取有限长的一段来计算，其余部分视为零而不予以考虑。这等于把采样后信号（时间序列）乘上一个矩形窗函数，窗宽为 $T$。所截取的时间序列数据点数 $N = T/T_s$。$N$ 称为序列长度。窗函数 $w(t)$ 的傅里叶变换 $W(f)$ 如图 6-16 所示。时域相乘对应着频域卷积，因此进入计算机的信号为 $x(t)s(t)w(t)$，是长度为 $N$ 的离散信号（见图 6-17）。它的频谱函数是 $[X(f) * S(f) * W(f)]$，是一个频域连续函数。在卷积中，$W(f)$ 的旁瓣引起新频谱的皱波。

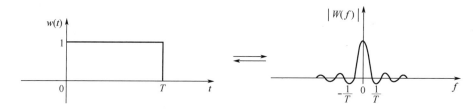

图 6-16　时窗函数及其幅频谱

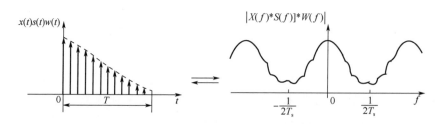

图 6-17　有限长离散信号及其幅频谱

计算机按照一定的算法，比如离散傅里叶变换（DFT），将 $N$ 点长的离散时间序列 $x(t)s(t)w(t)$ 变换成 $N$ 点的离散频率序列，并输出来。

注意到，$x(t)s(t)w(t)$ 的频谱函数经 DFT 计算后的输出是离散的频率序列。可见 DFT 不仅算出 $x(t)s(t)w(t)$ 的"频谱"，同时对其频谱 $[X(f)*S(f)*W(f)]$ 实施了频域的采样处理，使其离散化。这相当于在频域中乘以图 6-18 所示的采样函数 $D(f)$。现在，DFT 是在频域的一个周期 $f_s = \dfrac{1}{T_s}$ 中输出 $N$ 个数据点，故输出的频率序列的频率间距 $\Delta f = f_s/N = 1/(T_sN) = 1/T$。频域采样函数是 $D(f) = \displaystyle\sum_{n=-\infty}^{+\infty} \delta\left(f - n\dfrac{1}{T}\right)$，计算机的实际输出是 $X(f)_p$（见图 6-19）。

$$X(f)_p = [X(f)*S(f)*W(f)]D(f) \tag{6-30}$$

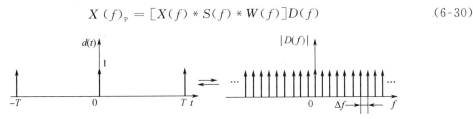

图 6-18 有限长离散信号及其幅频谱

与 $X(f)_p$ 相对应的时域函数 $x(t)_p$ 既不是 $x(t)$，也不是 $x(t)s(t)$，而是 $[x(t)s(t)w(t)]*d(t)$，$d(t)$ 是 $D(f)$ 的时域函数。应当注意到频域采样形成的频域函数离散化，相应地把其时域函数周期化了，因此 $x(t)_p$ 是一个周期函数，如图 6-19 所示。

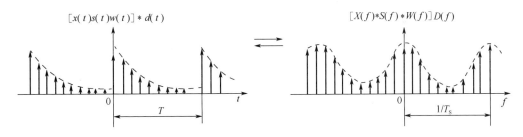

图 6-19 DFT 后的频谱及其时域函数 $x(t)_p$

从以上过程可以看到，原来希望获得模拟信号 $x(t)$ 的频域函数 $X(f)$，由于输入计算机的数据是序列长为 $N$ 的离散采样后信号 $x(t)s(t)w(t)$，所以计算机输出的是 $X(f)_p$。$X(f)_p$ 不是 $X(f)$，而是用 $X(f)_p$ 来近似代替 $X(f)$。处理过程中的每一个步骤：采样、截断、DFT 计算都会引起失真或误差，必须注意。好在工程上不仅关心有无误差，而更重要的是了解误差的具体数值，以及是否能以经济、有效的手段提取足够精确的信息。只要概念清楚，处理得当，就可以利用计算机有效地处理测试信号，完成在模拟信号处理技术中难以完成的工作。

下面讨论信号数字化出现的主要问题。

1. 时域采样、混叠和采样定理

采样是把连续时间信号变成离散时间序列的过程。这一过程相当于在连续时间信号上"摘取"许多离散时刻上的信号瞬时值。在数学处理上，可看作以等时距的单位脉冲序列

（称其为采样信号）去乘以连续时间信号，各采样点上的瞬时值就变成脉冲序列的强度。以后这些强度值将被量化而成为相应的数值。

长度为 $T$ 的连续时间信号 $x(t)$，从点 $t = 0$ 开始采样，采样得到的离散时间序列为 $x(n)$，则

$$x(n) = x(nT_s)$$
$$= x(n/f_s) \quad n = 0,1,2,\cdots,N-1 \tag{6-31}$$

式中，$x(nT_s) = x(t)|_{t=nT_s}$；$T_s$ 为采样间隔；$N$ 为序列长度，$N = T/T_s$；$f_s$ 为采样频率，$f_s = 1/T_s$。

采样间隔的选择是一个重要的问题。若采样间隔太小（采样频率高），则对定长的时间记录来说其数字序列就很长，计算工作量迅速增大；如果数字序列长度一定，则只能处理很短的时间历程，可能产生较大的误差。若采样间隔过大（采样频率低），则可能丢掉有用的信息。在图 6-20（a）中，如果按图中所示的 $T_s$ 采样，将得点 1、2、3 等的采样值，无法分清曲线 $A$、曲线 $B$ 和曲线 $C$ 的差别，并把曲线 $B$、曲线 $C$ 误认为曲线 $A$。在图 6-20（b）中是用过大的采样间隔 $T_s$ 对两个不同频率的正弦波采样的结果，得到一组相同的采样值，无法辨识两者的差别，将其中的高频信号误认为某种相应的低频信号，出现了所谓的混叠现象。

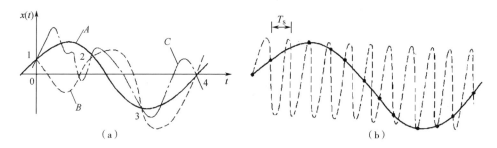

图 6-20　混叠现象

下面具体解释混叠现象及其避免的方法。

间距为 $T_s$ 的采样脉冲序列的傅里叶变换也是脉冲序列，其间距为 $1/T_s$，即

$$s(t) = \sum_{n=-\infty}^{\infty} \delta(t - nT_s) \rightleftharpoons S(f) = \frac{1}{T_s} \sum_{r=-\infty}^{\infty} \delta\left(f - \frac{r}{T_s}\right) \tag{6-32}$$

由频域卷积定理可知：两个时域函数的乘积的傅里叶变换等于两者傅里叶变换的卷积，即

$$x(t)s(t) \rightleftharpoons X(f) * S(f) \tag{6-33}$$

考虑到 $\delta$ 函数与其他函数卷积的特性［见式（3-56）］，上式可写为

$$X(f) * S(f) = X(f) * \frac{1}{T_s} \sum_{r=-\infty}^{\infty} \delta\left(f - \frac{r}{f_s}\right)$$
$$= \frac{1}{T_s} \sum_{r=-\infty}^{\infty} X\left(f - \frac{r}{T_s}\right) \tag{6-34}$$

此式为 $x(t)$ 经过间隔为 $T_s$ 的采样之后所形成的采样信号的频谱。一般来说，此频谱和原连续信号的频谱 $X(f)$ 并不一定相同，但有联系。它是将原频谱 $X(f)$ 依次平移 $1/T_s$ 至各采样脉冲对应的频域序列点上，然后全部叠加而成（见图 6-20）。由此可见，信号经时域采样之后为离散信号，新信号的频域函数就相应地变为周期函数，周期为 $1/T_s = f_s$。

如果采样的间隔 $T_s$ 太大，即采样频率 $f_s$ 太低，平均距离 $1/T_s$ 过小，那么移至各采样

脉冲所在的频谱 $X(f)$ 就会有一部分相互交叠，新合成的 $X(f) * S(f)$ 图形与原 $X(f)$ 不一致，这种现象称为混叠。发生混叠以后，改变了原来频谱的部分幅值（见图 6-15 中虚线部分），这样就不可能从离散的采样信号 $x(t)s(t)$ 中准确地恢复出原来的时域信号 $x(t)$。

原频谱 $X(f)$ 是 $f$ 的偶函数，并以 $f = 0$ 为对称轴；现在新频谱 $X(f) * S(f)$ 又是以 $f_s$ 为周期函数。因此，如果有混叠现象出现，从图 6-20 中可见，混叠必定出现在 $f = f_s/2$ 左右两侧的频率处。有时将 $f_s/2$ 称为折叠频率。可以证明，任何一个大于折叠频率的高频部分 $f_1$ 都将和一个低于折叠频率的低频成分 $f_2$ 相混淆，将高频 $f_1$ 误认为低频 $f_2$。相当于以折叠频率 $f_s/2$ 为轴，将 $f_1$ 成分折叠到低频成分 $f_2$ 上，它们之间的关系为

$$(f_1 + f_2)/2 = f_s/2 \tag{6-35}$$

这也就是称 $f_s/2$ 为折叠频率的由来。

如果要求不产生频率混叠（见图 6-21），首先应先使被采样的模拟信号 $x(t)$ 成为有限带宽的信号。为此，对不满足此要求的信号，在采样之前，使其先通过模拟低通滤波器滤去高频成分，使其成为带限信号，为满足下面的要求创造条件。这种处理称为抗混叠滤波预处理。其次，应使采样频率 $f_s$ 大于带限信号的最高频率 $f_h$ 的 2 倍，即

$$f_s = \frac{1}{T_s} > 2f_h \tag{6-36}$$

在满足这两个条件下，采样后的频谱 $X(f) * S(f)$ 就不会发生混叠（见图 6-21）。若把该频谱通过一个中心频率为零（$f = 0$）、带宽为 $\pm(f_s/2)$ 的理想低通滤波器，就可以把完整的原信号频谱取出，也就有可能从离散序列中准确地恢复原模拟信号 $x(t)$。

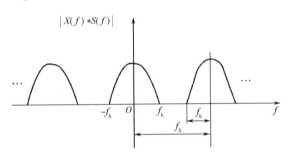

图 6-21 不产生混叠的条件

为了避免混叠以使采样处理后仍有可能准确地恢复其原信号，采样频率 $f_s$ 必须大于最高频率 $f_h$ 的 2 倍，即 $f_s > 2f_h$，这就是采样定理。在实际工作中，考虑到实际滤波器不可能有理想的截止特性，在其截止频率 $f_c$ 之后总有一定的过渡带，故采样频率常选为 $(3 \sim 4)f_c$。此外，从理论上说，任何低通滤波器都不可能把高频噪声完全衰减干净，因此不可能彻底消除混叠。

2. 量化和量化误差

采样所得的离散信号的电压幅值，若用二进制数码组来表示，就使离散信号变成数字信号，这一过程称为量化。量化是从一组有限个离散电平中取一个来近似代表采样点的信号实际幅值电平。这些离散电平称为量化电平，每个量化电平对应一个二进制数码。

A/D 转换器的位数是一定的。一个 $b$ 位（又称数据字长）的二进制数，共有 $L = 2^b$ 个数码。如果 A/D 转换器允许的动态工作范围为 $D$（例如 $\pm 5\text{V}$ 或 $0 \sim 10\text{V}$），则两个相邻量化电平之间的差 $\Delta x$ 为

$$\Delta x = D/2^{b-1} \tag{6-37}$$

其中采用 $2^{b-1}$ 而不用 $2^b$，是因为实际上字长的第一位用作符号位。

当离散信号采样值 $x(n)$ 的电平落在两个相邻量化电平之间时，就要舍入到相近的一个

量化电平上，该量化电平与实际电平之间的差值称为量化误差 $\varepsilon(n)$。量化误差的最大值为 $\pm(\Delta x/2)$，可认为量化误差在 $(-\Delta x/2, \Delta x/2)$ 区间各点出现的概率是相等的，其概率密度为 $1/\Delta x$，均值为零，其均方值 $\sigma_\varepsilon^2$ 为 $\Delta x^2/12$，误差的标准差 $\sigma_\varepsilon$ 为 $0.29\Delta x$。实际上，和信号获取、处理的其他误差相比，量化误差通常是不大的。

量化误差 $\varepsilon(n)$ 将形成叠加在信号采样值 $x(n)$ 上的随机噪声。假定字长 $b=8$，峰值电平等于 $2^{8-1}\Delta x = 128\Delta x$。这样，峰值电平与 $\sigma_\varepsilon$ 之比为 $(128\Delta x/0.29\Delta x) \approx 450$，即约近于 26dB。

A/D 转换器位数选择应视信号的具体情况和量化的精度要求而定。但要考虑位数增多后，成本是否显著增加及转换速率下降的影响。

为了讨论方便，今后假设各采样点的量化电平就是信号的实际电平，即假设 A/D 转换器的位数为无限多，则量化误差等于零。

3. 截断、泄漏和窗函数

由于实际只能对有限长的信号进行处理，所以必须截断过长的信号时间历程。截断就是将信号乘以时域的有限宽矩形窗函数。"窗"的意思是指透过窗口能够"看见""外景"（信号的一部分）。对时窗以外的信号，将视其为零。

从采样后信号 $x(t)s(t)$ 截取一段，就相当于在时域中用矩形窗函数 $w(t)$ 乘以采样后信号。经这些处理后，其时域、频域的相应关系（见图 6-17）为

$$x(t)s(t)w(t) \rightleftharpoons X(f) * S(f) * W(f) \qquad (6\text{-}38)$$

一般信号记录，常以某时刻作为起点截取一段信号，这实际上就是采用单边时窗，相当于将第 3 章例 3-4 的矩形窗函数右移 $T/2$。这时矩形窗函数为

$$w(t) = \begin{cases} 1, & 0 \leqslant t \leqslant T \\ 0, & t\text{ 为其他值} \end{cases} \qquad (6\text{-}39)$$

在时域右移 $T/2$，在频域作为相应的相移（见表 3-2），但幅频谱的绝对值是不变的。

由于 $W(f)$ 是一个无限带宽的 sinc 函数（见第 3 章例 3-4），所以即使 $x(t)$ 是带限信号，在截断后也必然成为无限带宽的信号，这种信号的能量在频率轴分布扩展的现象称为泄漏。同时，由于截断后信号带宽变宽，因此无论采样频率多高，信号总是不可避免地出现混叠，故信号截断必然导致一些误差。

为了减小或抑制泄漏，提出了各种不同形式的窗函数来对时域信号进行加权处理，以改善时域截断处的不连续状况。所选择的窗函数应力求频谱的主瓣宽度窄些、旁瓣幅度小些。窄的主瓣可以提高频率分辨能力；小的旁瓣可以减小泄漏。这样，窗函数的优劣大致可从最大旁瓣峰值与主瓣峰值之比、最大旁瓣 10 倍频程衰减率和主瓣宽度三个方面来评价。

4. 频域采样、时域周期延拓和栅栏效应

经过时域采样和截断后，其频谱在频域是连续的。如果要用数字描述频谱，这就意味着首先必须使频率离散化，实行频域采样。频域采样与时域采样相似，在频域中用脉冲序列 $D(f)$ 乘以信号的频谱函数（见图 6-19）。这一过程在时域相当于将信号与一周期脉冲序列 $d(t)$ 做卷积，其结果是将时域信号平移至各脉冲坐标位置重新构图，从而相当于在时域中将窗内的信号波形在窗外进行周期延拓。所以，频率离散化，无疑是将时域信号"改造"成周期信号。总之，经过时域采样、截断、频域采样之后的信号 $[x(t)s(t)w(t)] * d(t)$ 是一个周期信号，和原信号 $x(t)$ 是不一样的。

对一函数实行采样，实质上就是"摘取"采样点上对应的函数值。其效果有如透过栅栏

的缝隙观看外景一样，只能看到落在缝隙前的少数景象，其余景象都被栅栏挡住，视为零。这种现象称为栅栏效应。不管时域采样还是频域采样，都有相应的栅栏效应。只不过时域采样如满足采样定理要求，对栅栏效应不会有什么影响。而对频域采样的栅栏效应则影响颇大，"挡住"或丢失的频域成分有可能是重要的或具有特征的成分，以至于整个处理都失去意义。

### 5. 频率分辨率、整周期截断

频率采样间隔 $\Delta f$ 也是频率分辨率的指标。此间隔越小，频率分辨率越高，被"挡住"的频率成分越少。前面曾经指出，在利用 DFT 将有限时间序列变换成相应的频谱序列的情况下，$\Delta f$ 和分析的时间信号长度 $T$ 的关系是

$$\Delta f = f_s/N = 1/T \tag{6-40}$$

这种关系是 DFT 算法固有的特征。这种关系往往加剧频率分辨率和计算工作量的矛盾。

根据采样定理，若信号的最高频率为 $f_h$，最低采样频率 $f_s$ 应大于 $2f_h$。根据式（6-40），在 $f_s$ 选定后，要提高频率分辨率就必须增加数据点数 $N$，从而急剧地增加了计算工作量。解决此矛盾有两条途径：其一是在 DFT 的基础上，采用"频率细化技术（ZOOM）"，其基本思路是在处理过程中只提高感兴趣的局部频段中的频率分辨率，以此来减少计算工作量；其二是改用其他把时域序列变换成频谱序列。

在分析简谐信号的场合下，需要了解某特定频率 $f_0$ 的谱值，希望 DFT 谱线落在 $f_0$ 处的条件是：$f_0/\Delta f =$ 整数。考虑到 $\Delta f$ 是分析时长 $T$ 的倒数，简谐信号的周期 $T_0$ 是其频率 $f_0$ 的倒数，因此只有截取的信号长度 $T$ 正好等于信号周期的整数倍时，才可能使分析谱线落在简谐信号的频率上，从而获得准确的频谱。显然，这个结论适用于所有周期信号。

因此，对周期信号实行整周期截断是获得准确频谱的先决条件。从概念上来说，DFT 的效果相当于将时窗内信号向外周期延拓。若事先按整周期截断信号，则延拓后的信号将和原信号完全重合，无任何畸变。反之，延拓后将在 $t = kT$ 交接处出现间断点，波形和频谱都发生畸变。其中 $k$ 为某个整数。

## 6.4 现代信号分析方法简介

本书简单介绍一些现代信号分析和处理方法，详细内容请参考有关书籍。

### 6.4.1 功率谱估计的现代方法

#### 1. 非参数方法

（1）多窗口方法（MTM）。多窗口方法是使用多个正交窗口以获取相互独立的谱估计，然后把它们合成为最终的谱估计。这种估计方法比经典非参数谱估计方法具有更大的自由度和较高的精度。

（2）子空间方法，又称为高分辨率方法。这种方法在相关矩阵特征分析或特征分解的基础上，产生信号的频率分量估计。如多重信号分类法（MUSIC）或特征向量法（EV）。此方法检测埋藏在噪声中的正弦信号（特别是信噪比低时）是有效的。

#### 2. 参数方法

参数方法是选择一个接近实际样本的随机过程的模型，在此模型的基础上，从观测数据

中估计出模型的参数，进而得到一个较好的谱估计值。此方法与经典功率谱估计方法相比，特别是对短信号，可以获得更高的频率分辨率。参数方法主要包括 AR 模型、MA 模型、AR-MA 模型和最小方差功率谱估计等。通过模型分析的方法来做谱估计，预先要解决的是模型的参数估计问题。

### 6.4.2 时频分析

通过时域分析可以了解信号随时间变化的特征，频域分析体现的是信号随频率变化的特征，二者都不能同时描述信号的时间和频率特征，这时就要用到时频分析。

对于工程中存在的非平稳信号，在不同时刻，信号具有不同的谱特征，时频分析的目的是建立一个时间—频率二维函数，要求这个函数不仅能够同时用时间和频率描述信号的能量分布密度，还能够体现信号的其他一些特征量。

1. 短时傅里叶变换（STFT）

短时傅里叶变换的基本思想是把非平稳的长信号划分成若干段小的时间间隔，信号在每一个小的时间间隔内可以近似为平稳信号，用傅里叶变换分析这些信号，就可以得到在那个时间间隔的相对精确的频率描述。

2. 小波变换

小波变换是 20 世纪 80 年代中后期发展起来的一门新兴的应用数学分支，近年来已被引入到工程应用领域并得到广泛应用。小波变换具有多分辨率特性，通过适当地选择尺度因子和平移因子，可得到一个伸缩窗，只要适当地选择基本小波，就可使小波变换在时域和频域都具有表征信号局部特征的能力，在低频部分具有较高的频率分辨率和较低的时间分辨率，在高频部分具有较高的时间分辨率和较低的频率分辨率，很适合探测正常信号中夹带的瞬态反常现象并展示其成分。

3. Wigner-Ville 分布

短时傅里叶变换和小波变换本质上都是线性时频表示，它不能描述信号的瞬时功率谱密度，虽然 Wigner-Ville 分布也是被直接定义为时间与频率的二维函数，但它是一种双线性变换。Wigner-Ville 分布是最基本的时频分布，由它可以得到许多其他形式的时频分布。

### 6.4.3 统计信号处理

在大多数情况下，信号往往混有随机噪声。由于信号和噪声的随机特性，需要采用统计的方法来分析处理，这就使得数学上的概率统计理论方法在信号处理中得以应用，并演化出统计信号处理这一领域。

统计信号处理涉及如何利用概率模型来描述观测信号和噪声的问题，这种信号和噪声的概率模型往往需要信息的函数，而信息则由一组参数组成，这组参数是通过某个优化准则从观测数据中得来的。显然，用这种方法从数据中得到的所需信息的精确程度，取决于所采用的概率模型和优化原理。在统计信号处理中，常用的信号处理模型包括高斯随机过程模型、马尔可夫随机过程模型和 $\alpha$ 稳定分布随机信号模型等。而常用的优化准则包括最小二乘（LS）准则、最小均方（LMS）准则、最大似然（ML）准则和最大后验概率（MAP）准则等。在上述概率模型和优化准则的基础上，出现了许多统计信号处理算法，包括维纳滤波器、卡尔曼滤波器、最大熵谱估计算法和最小均方自适应滤波器等。

# 习 题 六

6.1 求 $h(t)$ 的自相关函数。

$$h(t) = \begin{cases} \mathrm{e}^{-at} & (t \geqslant 0, a > 0) \\ 0 & (t < 0) \end{cases}$$

6.2 求方波和正弦波（见题6.2图）的互相关函数。

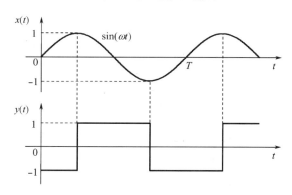

题6.2图

6.3 应用巴塞伐尔定理求 $\displaystyle\int_{-\infty}^{+\infty} \mathrm{sinc}^2(t)\mathrm{d}t$ 的积分值。

6.4 数字信号处理的一般步骤是什么？有哪些问题需要注意？

6.5 频率混叠是怎样产生的，有什么解决办法？

第6章课件

习题六答案

信号的分析仿真

应力应变实验视频讲解

# 第7章 计算机测试系统与虚拟仪器

## 7.1 计算机测试系统简介

### 7.1.1 概述

计算机测试系统是传感器技术、数据采集技术、信号处理技术和计算机技术在测试领域技术融合的产物，它既能实现对信号的检测，又能对测得的信号进行计算、分析、处理和判断，目前已经成为测试系统和测试仪器设计的主体模式。

计算机测试系统一般由四部分组成：微机或微处理器、测量仪器、接口和总线、软件，其宏观结构如图 7-1 所示。微机或微处理器是整个测试系统的核心，以微处理器为核心的测试仪器主要负责采集数据，同时控制整个测试系统的正常运转，并且对测量数据进行如计算、变换、误差分析等的处理，最后将测量结果存储或打印、显示输出。测量仪器一方面能接受程序的控制，另一方面程控仪器能够通过微机发出的指令改变内部电路的工作状态，如测量功能、工作频率、输出电平量程等的选择和调节都是在微机所发指令的控制下完成的。测量系统的各仪器之间通过适当的接口用各种总线相连。显然，接口是使测试系统各仪器和设备之间进行有效通信的重要环节，以实现自动测试。接口主要是提供机械兼容、逻辑电平方面的匹配并能通过数据线交换电信号信息。软件是为实现特定的测量功能而开发的计算机程序。

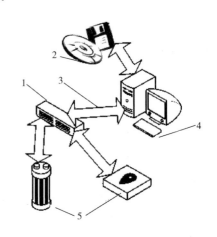

图 7-1 计算机测试系统组成
1—接口电路；2—软件；3—数据总线；
4—计算机；5—传感器

计算机测试系统的信号转换过程如图 7-2 所示。与传统的测试系统比较，计算机测试系统是通过将传感器输出的模拟信号转换为数字信号，利用计算机系统丰富的软、硬件资源达到测试自动化和智能化的目的。

计算机辅助测试系统，按照其发展历程可分为：

（1）PC 插卡式数据采集分析系统；

（2）标准总线的数据采集系统（GBIP 标准总线系统、VXI 标准总线系统、PXI 标准总线系统）；

（3）现场总线及智能传感器。

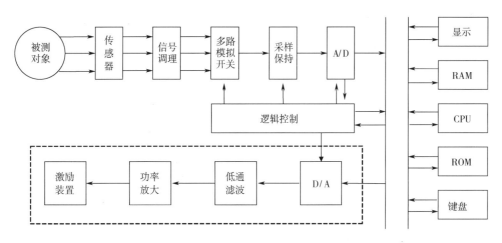

图 7-2　计算机测试系统的信号转换过程

## 7.1.2　PC 插卡式与标准总线测试系统

### 1. PC 插卡式测试系统

PC 插卡式测试系统主要是在计算机的拓展槽（通常是 PCI、ISA 等总线槽，也可设计成便携式计算机专用的 PCMCIA 卡）中插入信号调理、模拟信号采集、数字输入/输出、DSP、DAC 等测试与分析板卡，构成通用或专用的测试系统。如图 7-3 所示为一块 9 位的 ADC 卡。

插卡式仪器由微机、数据采集卡与专用的软件组成。插卡式仪器自身不带仪器面板，它借助计算机强大的图形环境，建立图形化的虚拟面板，完成对仪器的控制、数据分析和显示。现在比较流行的虚拟仪器系统就是借助于插卡微机内的数据采集卡 DAQ（Data Acquisition）与专用的软件相结合，完成测试任务。因为个人计算机数量非常庞大，插卡式仪器价格最便宜，因此其用途广泛，特别适合教

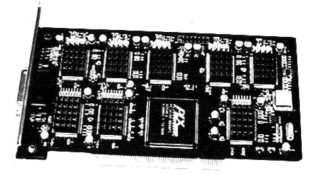

图 7-3　ADC 卡

学部门和各种实验室使用。这类系统性能好坏的关键在于数据采集卡，即 A/D 转换技术。

数据采集卡是实现数据采集（DAQ）功能的计算机扩展卡。PC 机主板上有多个扩展插槽，按对外数据总线标准分类，主要有 XT 总线插槽、16 位的 AT 总线插槽（也称 ISA 工业标准总线）、32 位 PCI 总线插槽及笔记本电脑的 MCIA 总线插槽等。将数据采集卡插入相应的总线插槽中即可通过 USB、PXI、PCI、PCI Express、火线（1394）、PCMCIA、ISA、Compact Flash 等总线接入计算机。与其接入总线的相应的插卡类型有 ISA（Industry Standard Architecture）卡和 PCMCIA（Personal Computer Memory Card International Association）卡等多种类型。随着计算机的发展，ISA 型插卡已逐渐退出舞台。PCMCIA 卡受

到结构连接强度太弱的限制，从而影响了它的工程应用。

2. 标准总线数据采集系统

除了利用通用计算机或工控机开发测试仪器外，专用的仪器总线系统也在不断发展，成为构建高精度、集成化仪器系统的专用平台。高精度集成系统架构经历了 GPIB→VXI→PXI 仪器总线的发展过程。

（1）GPIB 标准总线系统。GPIB 通用接口总线，是计算机和仪器间的标准通信协议。GPIB 的硬件规格和软件协议已纳入国际工业标准——IEEE 488.1 和 IEEE 488.2。IEEE 488.1 主要规定了应用分立的台式仪器构成测试系统的接口总线的相关规范，IEEE 488.2 规定了应用 IEEE 488.1 接口系统组建的系统中有关器件消息的编码、格式、协议和公用命令。在价格上，GPIB 仪器覆盖了从比较便宜的到异常昂贵的仪器。但是 GPIB 的数据传输速度一般低于 500kb/s，不适合对系统速度要求较高的应用。GPIB 适用于在电气噪声小、范围不大的环境中构成测试系统，并且受其驱动能力的影响，接在总线上的仪器不能超过 15 台，同时在一个系统的各仪器接口之间连接线的总长度不应超过 20m 或小于等于仪器数的 2 倍数量。因此，GPIB 一般适用于组建实验室条件下工作的小型系统。作为早期仪器发展的产物，目前已经逐步退出市场。

（2）VXI 标准总线系统。VXI 总线是一种高速计算机总线——VME 总线在仪器领域的扩展。在 VXI 总线系统中，各种命令、数据、地址和其他消息都通过总线传递。VXI 总线具有以下特点：标准开放，结构紧凑，数据吞吐能力强，定时和同步精确，模块可重复利用，众多仪器厂家支持，因此得到了广泛应用。经过多年的发展，VXI 在大、中组建规模及对速度和精度要求高的测试系统场合中的应用越来越广泛。但是受到组建 VXI 总线必须有机箱、零槽管理器及嵌入式控制器以及造价高的影响，其推广应用受到一定限制，主要应用集中在航空、航天等国防军工领域。目前这种类型也有逐渐退出市场的趋势。

（3）PXI 标准总线系统。1997 年，NI 发布了一种全新的开放性、模块化仪器总线规范——PXI。它将 CompactPCI 规范定义的 PCI 总线技术发展成适合于试验、测量与数据采集场合应用的机械、电气和软件规范，从而形成了新的虚拟仪器体系结构。PXI 构造类似于 VXI 结构，但它的设备成本更低、运行速度更快、体积更紧凑。PXI 总线具有以下特点：高速数据传输速率；模块化仪器结构，具有标准的系统电源、集中冷却和电磁兼容性能；具有 10MHz 系统参考时钟、触发线和本地线；具有"即插即用"仪器驱动程序；具有低价格、易于集成、较好的灵活性和开放式工业标准等优点。目前基于 PCI 总线的软硬件均可应用于 PXI 系统中，使得 PXI 具有 PCI 的性能和特点，包括 32 位数据传输能力，以及目前分别高达 132Mb/s 和 528Mb/s 的数据传输速率，这远高于其他接口的传输速率。

PXI 作为一种标准的测试平台，与传统测试仪器相比，除了在价位上具有绝对竞争优势外，还具有众多其他优点。首先，随着产品的复杂度增加，被测项目也相应增加，利用 PXI 模块可以灵活配置成综合的自动化测试平台，将多功能测试同时进行，有效节省了系统测试时间和成本；此外，PXI 集定时与触发更高带宽及更高的性价比于一身，从而成为测试平台。PXI 提供了一种清晰的混合解决方案，即 PXI 能很轻松地将硬件和软件集成在一起，包括上一代 VXI、GPIB 及串口设备与 PXI 新产品、USB 及以太网设备。

相对于 VXI，PXI 机箱体积较小，对于很多功能复杂的大型综合系统，它所能提供的模块有限，因而只能配合用于某些单元测试环节。PXI 缺少 VXI 系统中每个模块的屏蔽盒，因而其电磁兼容性较差，对于某些可靠性要求较高的场合，不太适合。此外，与传统仪器相比，PXI采用的都是通用芯片和技术，在采样精度等技术指标上与拥有专利技术的传统仪器厂商的产品存在差距，因而借鉴传统仪器厂商的经验，加强和他们的合作成为PXI技术快速发展的一条捷径。

例如，比利时LMS公司生产的LMS SCADASⅢ是一种多通道数据采集的前端设备（见图7-4）。这一采用模块化设计的设备可从四通道在不影响性能的情况下，扩展至数百通道。每四通道输入模块上有一个高性能的DSP芯片，可以进行FFT谱、整体均方根值以及实时倍频程分析。LMS SCADASⅢ机箱的不同尺寸可以很好地满足对移动式试验系统的需要。LMS SCADASⅢ是一个全数字化系统，可以完全通过计算机以模块为单位进行标定，并且与LMS Test. Lab及LMS CADA-X试验分析软件系统集成。它具备高性能的信号调理功能，支持多种传感器。第一个扩展机箱可置于距主机箱50m之外，且不会对测量质量产生影响。低噪声冷却系统设计可以满足敏感的声学试验的要求。每个主机箱包括一个系统控制器通过SCSI接口与计算机主机相连，一个主/扩展机箱接口以及一个标定模块。通过一个D-SCSI接口允许将主机箱置于计算机25m以外。

又如，北京东方振动和噪声技术研究所（简称东方所）公司生产的INV2308-8无线静态应变测试仪（见图7-5）：每一测点任意组桥，电子开关切换测点；支持电阻测量功能；支持单机及多机联网测试，系统可无限扩展；自组织、自恢复多跳网络，支持多种网络拓扑结构。仪器内置大容量可充电电池，也支持外接宽范围直流电源供电。仪器内置大容量存储器，可保持数万次测试数据。仪器每个测点桥路独立设置，每台仪器有2个补偿片接入端子，可在软件中为每个测点分别选择补偿片，现场测试方式更加灵活。

图7-4　LMS SCADAS数据采集系统

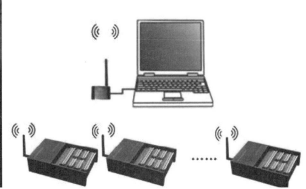

图7-5　无线静态应变测试仪

再如，东华测试所生产的DH5922N动态信号测试分析仪（见图7-6）：能实现多通道并行同步高速长时间连续采样（多通道并行工作时，256kHz/通道）；高度集成；多通道输出互不相关，可输出多种信号；实现长时间实时、无间断记录多通道信号；配套各种可程控的信号适调器，通道自动识别，输入灵敏度实现归一化数据；每台计算机可控制多通道以上同步并行采样，满足多通道、高精度、高速动态信号的测量需求。

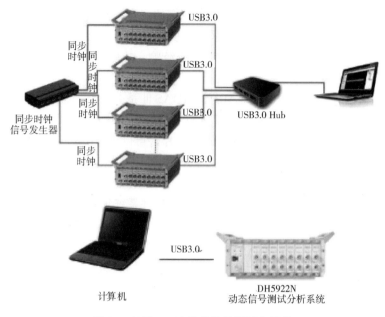

图 7-6　DH5922N 动态信号测试分析仪

### 7.1.3　现场总线测试系统与智能传感器

　　随着控制、计算机、通信、网络等技术的发展，信息技术正在迅速覆盖工业生产的各个方面，从工厂现场设备层到控制、管理的各个层次。信息技术的飞速发展，引起生产过程自动控制系统的变革，从基地式气动仪表控制系统、电动单元组合式模拟仪表控制系统、集中式数字控制系统、集散控制系统（Distributed Control System，DCS），一直到新一代控制系统——现场总线控制系统（Fieldbus Control System，FCS）。

　　现场总线技术包含两个方面，其一，将专用微处理器置入传统的测量控制仪表，使其具有数字计算、控制和数字通信能力，即智能化；其二，采用可进行简单连接的双绞线等作为总线，把多个测量控制系统连接成网络，并按公开、规范的通信协议，在位于现场的多个微机化测量控制设备之间以及现场仪表与远程监控计算机之间，实现数据传输与信息交换，形成各种适应生产、实验等方面需要的自动控制系统。即现场总线技术把单个分散的测量、控制设备（智能仪表和控制设备，也包括可自称单元的智能传感器等）作为网络节点，以现场总线为纽带，把它们连接成可以相互沟通信息、共同完成自控任务（生产过程控制和试验）的网络与控制系统。现场总线控制系统原理图如图 7-7 所示。

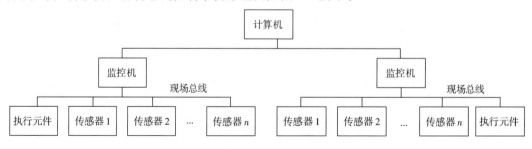

图 7-7　现场总线控制系统

1. 智能传感器

现代自动化过程包括如图 7-8 所示的三种主要功能块：执行器、计算机（或微处理器）及传感器。传感器实时检测"对象"的状态及其相应的物理参量，并及时馈送给计算机；计算机相当于人的大脑，经过运算、分析、判断，根据"对象"状态偏离设定值的方向与程度，对执行器下达修正动作的命令；执行器相当于人的手脚。按大脑的命令对"对象"进行操作。如此反复不止，以使"对象"在允许的误差范围内维持在所设定的状态。传感器位于信息系统的最前端，它起着获取信息的作用。其特性的好坏、输出信息的可靠性对整个系统的质量至关重要。

人的感觉有两个基本功能：一个是检测对象的有无或检测变换对象发生的信号，即"感知"；另一个是进行判断、推理、鉴别对象的状态，即"认知"。一般的传感器只具有对某一物体精确"感知"的本领，而不具有"认知"（智慧）的能力。智能传感器则可将"感知"和"认知"结合起来，不仅能"感知"外界

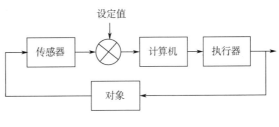

图 7-8　自动控制系统

的信号，还能把"感知"到的信号进行必要的加工处理。因而智能传感器就是带微处理器并且具备信息检测和信息处理功能的传感器，它有如下特点：精度高、分辨率高、可靠性高、自适应性高、性价比高。智能传感器通过数字处理获得高信噪比，保证了高精度；通过数据融合、神经网络技术，保证在多参数状态下具有对特定参数的测量分辨能力；通过自动补偿来消除工作条件与环境变化引起的系统特性漂移，同时优化传输速度，让系统工作在最优的低功耗状态，以提高其可靠性；通过软件进行数学处理，使智能传感器具有判断、分析和处理的功能，系统的自适应性高；可采用能大规模生产的集成电路工艺和 MEMS 工艺，性价比高。

智能传感器的功能包括信号感知、信号处理、数据验证和解释、信号传输和转换等，主要的组成元件包括 A/D 和 D/A 转换器、收发器、微控制器、放大器等。

智能传感器主要有三种实现途径：一是非集成化实现，非集成化智能传感器是将传统的经典传感器、信号调理电路、带数字总线接口的微处理器组合为一个整体而构成的一个智能传感器系统；二是集成化实现，这种智能传感器系统采用微机加工技术和大规模集成电路工艺技术，利用硅作为基本材料来制作敏感元件、信号调理电路、微处理器单元，并把它们集成在一块芯片上，故又可称为集成智能传感器；三是混合实现，混合实现是指根据需求与可能性，将系统各个集成化环节，如敏感单元、信号调理电路、微处理器单元、数字总线接口等，以不同的组合方式集成在两块或三块芯片上，并装在一个外壳里。

2. 现场总线控制系统。

（1）现场总线控制系统（FCS）中的传感器与仪表。现场总线控制系统（FCS）中，节点是现场设备或仪表，如传感器、变送器、调节器、记录仪等，这些仪表不是传统的单功能仪表，而是具有综合功能的智能仪表。如果传感器与仪表都没有智能化，中心控制室的主控计算机就要关注每个传感器与仪表的工作细节，并且根据它们各自的工作状况进行分析、判断，然后发出命令，这种非智能的工作环境不能适应现代生产过程控制系

统日益复杂的要求。解决上述问题的方法就是"分散"或"分布"智能，给现场的传感器/变送器、仪表、执行器等现场设备配备微型计算机/微处理器。这样，传统的传感器/变送器与微型计算机/微处理器结合成为智能传感器/变送器。通过这种改进，大量的过程检测与控制的信息能够就地采集、就地处理、就地使用，在新技术的基础上实施就地控制。上位机主要对其进行总体监督、协调、优化控制与管理，实现了彻底的分散控制。在这个局域的分散控制系统中，现场传感器/变送器是智能型的，并带有标准数字总线接口。用于现场总线控制系统中的，具有智能的传感器/变送器也称为现场总线仪表。

（2）现场总线控制系统中的现场总线。现场总线是现场总线控制系统的基础，是用于现场总线仪表与控制室系统之间的一种全数字化、串行、双向、多站的通信网络。这个网络使用一对简单的双绞线传输现场总线仪表与控制室之间的通信信号对现场总线仪表供电。现场总线技术包括数字化通信、开放式互连网络、通信线供电等，是正在飞速发展中的技术。现场总线是专为工业过程控制而设计的，是为了更好地实现工业过程对自动化或工业 CAT 系统的各种苛刻要求。现场总线的另一优点就是用户可以自由选择不同制造商所提供的设备，用户可以放心自如地选择不同厂商的最好的各类现场设备及仪表，并毫不费力地将它们集成为一体。因为所有现场总线产品都符合统一的标准。

（3）现场总线网络协议模式。现场总线是近年来出现的面向未来工业控制网络的通信标准。与适用于各个领域应用的工业局部网络协议相对应，现场总线网络也有自己的协议模式。

现场总线网络协议是按照国际标准化组织（ISO）制定的开放系统互连（OSI）参考模型建立的，如图 7-9 所示。它规定了现场应用进程之间的相互可操作性、通信方式、层次化的通信服务功能划分、信息的流向及传递规则。一个典型的 IEC/ISA 现场总线通信结构模型如图 7-10 所示。为了满足过程控制实时性的要求，它将 ISO/OSI 参考模型简化为三层体系结构，即应用层、数据链路层、物理层。

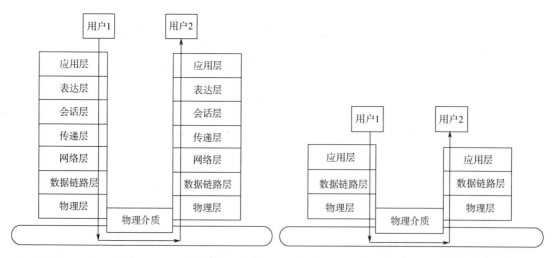

图 7-9　ISO 开放互连（OSI）参考模型　　　　图 7-10　IEC/ISA 现场总线通信结构模型

1）应用层。现场总线的应用层（FAL）为过程控制用户提供了一系列的服务，用于简化或实现分布式控制系统中应用进程之间的通信，同时为分布式现场总线控制系统提供了应用接口的操作标准，实现了系统的开放性。

2）数据链路层。现场总线的数据链路层（DLL）规定了物理层与应用层之间的接口。链路层的重要性在于所有接到同一物理通道上的应用进程实际上都是通过它的实时管理来协调的。由于工业过程中实时性占据非常重要的地位，因此现场总线采用了集中式管理方式。在集中式管理方式下，物理通道可被有效地利用起来，并可有效地减少或避免实时通信的延迟。

3）物理层。现场总线的物理层提供机械、电气、功能和规程性的功能，以便在数据链路实体之间建立、维护和拆除物理连接。物理层通过物理连接在数据链路实体之间提供透明的稳流传输。现场总线的物理层规定了网络物理通道上的信号协议，具体包括对物理介质，如双绞线、同轴电缆、光纤、无线信道等上的数据进行编码或译码。当处于数据发送状态时，该层接收由数据链路层下发的数据，并将其以某种电气信号进行编码并发送。当处于数据接收状态时，将相应的电气信号编码为二进制值，并送到链路层。

物理层还定义了所有传输媒介的类型和介质中的传输速度、通信距离、拓扑结构以及供电方式等。物理层定义了三种介质：双绞线、光纤和射频；网络定义了三种传输速度：31.25kb/s、1Mb/s、2.5Mb/s，其中 31.25kb/s 用于支持本质安全环境；三种通信距离：1.900m（31.25kb/s）、750m（1Mb/s）、500m（2.5Mb/s）。

## 7.2　虚拟仪器简介

测量仪器的主要功能都是由数据采集、数据分析和数据显示三大部分组成的。在虚拟仪器系统中，数据分析和显示完全用微机的软件来完成。因此，只要额外提供一定的数据采集硬件，就可以与微机组成测量仪器。这种基于微机的测量仪器称为虚拟仪器。在虚拟仪器中，使用同一个硬件系统，只要应用不同的软件编程就可得到功能完全不同的测量仪器。可见，软件系统是虚拟仪器的核心——软件就是仪器。

虚拟仪器（Virtual Instrument）是通过软件将通用技术与有关仪器硬件结合起来，用户通过图形界面（通常称为虚拟前面板）进行操作的一种仪器，如图 7-11 所示。虚拟仪器的开发和应用起源于 1986 年美国 NI（National Instrument）公司推出的 LabVIEW 软件，并提出了虚拟仪器的概念。虚拟仪器利用计算机系统的强大功能，结合相应的仪器硬件，采

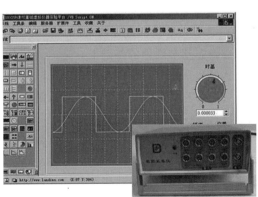

图 7-11　虚拟仪器硬件及其仪器面板

用模块式结构，大大突破了传统仪器在信号传送、数据处理、显示和存储等方面的限制，使用户可以方便地对其进行定义、维护、扩展和升级等，同时实现了系统资源共享，降低了成本，从而显示出强大的生命力，并推动了仪器技术与计算机技术的进一步结合。

### 7.2.1 虚拟仪器的组成

虚拟仪器的基本构成包括计算机、软件、仪器硬件以及将计算机与仪器硬件相连接的总线结构，如图 7-12 所示。计算机是虚拟仪器的硬件基础，对于测试与自动控制而言，计算机是功能强大、价格低廉的运行平台。由于虚拟仪器充分利用了计算机的图形用户界面（GUI），所开发的具体应用程序都基于 Windows 运行环境，所以计算机的配置必须合适。GUI 对于计算机的 CPU 速度、内存大小、显卡性能等都有最基本的要求，一般而言要使用 486 以上的 CPU 和 16MB 以上内存的计算机才能获得良好的效果。

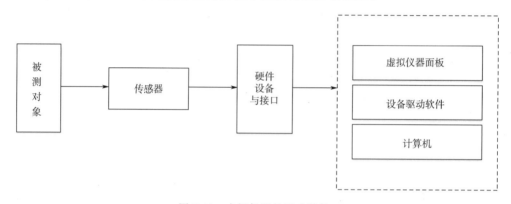

图 7-12　虚拟仪器的组成结构

除此以外，虚拟仪器还需配备其他硬件，如各种计算机内置插卡或外置测量设备以及相应的传感器，才能构成完整的硬件系统。在实际应用中有如下两种构成方式：一种直接把传感器的输出信号经放大调理后送到 PC 内置的专用数据采集卡，然后由软件完成数据处理。目前许多厂家已经研制出许多用于构建虚拟仪器的数据采集 DAQ 卡。一块 DAQ 卡可以完成 A/D 转换、D/A 转换、计数器/定时器等多种功能，再配以相应的信号调理电路模块，就可以构成能组成各种虚拟仪器的硬件平台。另一种是把带有某些专有接口并且能与计算机通信的测试仪器直接连接到 PC 上，例如 GPIB 仪器、VXI 总线仪器、PC 总线仪器以及带有 RS—232 口的仪器或仪器卡。

在确立基本硬件的基础上，还需要配备强大功能的软件。软件由以下两部分组成：仪器驱动软件和系统监控软件。设备驱动软件是直接控制各种硬件接口的驱动程序，虚拟仪器通过底层设备驱动软件与真实的仪器系统进行通信，并以虚拟仪器面板的形式在计算机屏幕上显示与真实仪器面板操作元素相对应的各种控件。在这些控件中预先集成了对应仪器的程控信息，所以用户使用鼠标操作虚拟仪器的面板就如同操作真实仪器一样真实与方便。NI 公司提供了数百种 GPIB、VXI、RS—232 等仪器和 DAQ 卡的驱动程序。有了这些驱动程序，只要把仪器的用户接口代码及数据处理软件组合在一起，就可以迅速而方便地构建一台新的虚拟仪器。

系统监控软件通过仪器驱动程序和接口软件实现对硬件的操作，进行数据采集，同时完成诸如数据处理、数据存储、报表打印、趋势曲线、报警和记录查询等功能。系统软件部分直接面对操作人员，要求有良好的人机界面和操作便捷性。这里硬件部分实现数据采集功能并提供数据处理的具体环境，而数据处理、显示和存储由软件来完成。所以说软件是虚拟仪器系统的核心，由它来定义仪器的具体功能。

当前流行的虚拟仪器软件是图形软件开发环境，其代表产品有 LabVIEW 和 HP 公司的 VEEE。LabVIEW 所面向的是没有编程经验的一般用户，尤其适合于从事科研、开发的工程技术人员。它是一种图形程序设计语言，把复杂、繁琐和费时的语言编程简化为简单、直观和易学的图形编程，编写的源程序很接近程序流程图。同传统的编程语言相比，采用 LabVIEW 图形编程方式可以节约 80% 的编程时间。为了便于开发，LabVIEW 还提供了包含 40 多个厂家的 450 种以上的仪器驱动程序库，集成了大量的生成图形界面的模板，包括数字滤波、信号分析、信号处理等各种功能模块，可以满足用户从过程控制到数据处理等的各项工作。

### 7.2.2 LabVIEW 虚拟仪器的应用

本节将通过几个例子来说明虚拟仪器的应用和开发。

**例 7-1** 信号发生器。

图 7-13 给出了一个双通道信号发生器的前面板设计。该信号发生器可产生方波、正弦波和三角波信号，信号的频率可以调节。信号发生器具有加时窗和频谱分析功能。用户可以选择添加不同的时窗函数。用此信号发生器用户可以方便地观察窗函数对信号波形和频谱的影响。

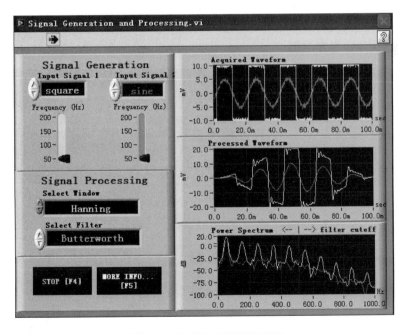

图 7-13 信号发生器的前面板

**例 7-2** 频谱分析仪。

图 7-14 给出了频谱分析仪的前面板设计。信号经过快速傅里叶变换，其频谱可以在示

波器上显示，然后可以提取频谱中的某一部分进行细化，得到更精确的频谱图。

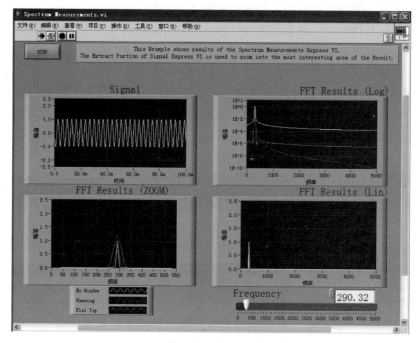

图 7-14　频谱分析仪的前面板

**例 7-3**　温度监控系统。

图 7-15 给出了一个温度监控系统的前面板设计。该系统设有温度上、下限报警，当温度超过允许范围时，系统就会自动报警并自动调节。而且系统还能对历史数据进行统计分析，如均值、标准差、直方图统计。

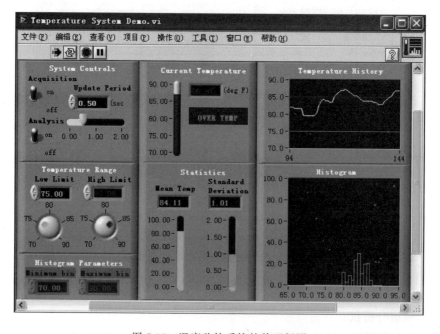

图 7-15　温度监控系统的前面板图

# 习　题　七

7.1　简要说明计算机测试系统各组成环节的主要功能及其技术要求。

7.2　测量系统可以分为哪几类？请简要说明。

7.3　简述虚拟仪器的特点。

7.4　虚拟仪器的软件实现包含哪几个方面？请简要说明。

第 7 章课件

习题七答案

## 8.1 概述

位移测量是线位移和角位移测量的统称，如机械工程中经常要求测量零部件的位置或位移。按测量参数的特性分为静态位移和动态位移。许多动态变化的参数如力、扭矩、速度、加速度等都是以位移测量为基础的。

位移测量时，应根据不同的测量对象，选择适合的测量点、测量方向和测量系统。在组成系统的各环节中，传感器性能特点的差异对测量的影响最为突出，应给予特别注意。表 8-1 介绍了一些常用位移传感器及其性能特点，通过该表可以对位移传感器有一个总体的了解。

**表 8-1　常见位移传感器及其特点**

| 类型 | | 测量范围 | 精确度 | 性能特点 |
|---|---|---|---|---|
| 滑线电阻式 | 线位移 | $1\sim300$mm | $\pm0.1\%$ | 结构简单、使用方便、输出大、性能稳定 |
| | 角位移 | $0°\sim360°$ | $\pm0.1\%$ | 分辨率较低，输出信号的噪声大，不宜用于频率较高时的动态测量 |
| 电阻应变片式 | 直线式 | $\pm250\mu$m | $\pm2\%$ | 结构牢固、性能稳定、动态特性好 |
| | 摆角式 | $\pm12°$ | | |
| 电感式 | 变气隙型 | $\pm0.2$mm | | 结构简单、可靠，仅用于小位移测量的场合 |
| | 差动变压器型 | $0.08\sim300$mm | $\pm3\%$ | 分辨率较好，输出大，但动态特性一般 |
| | 涡电流型 | $0\sim500\mu$m | $\pm3\%$ | 非接触式、使用简便、灵敏度高、动态特性好 |
| 电容式 | 变面积型 | $10^{-3}\sim100$mm | $\pm0.005\%$ | 结构非常简单，动态特性好，易受温度、湿度等因素的影响 |
| | 变间隙型 | $0.01\sim200\mu$m | $\pm0.1\%$ | 分辨率很好，但线性范围小，其他特点同变面积型 |
| 霍尔元件型 | | $\pm1.5$mm | $\pm0.5\%$ | 结构简单、动态特性好、温度稳定性较差 |
| 感应同步器型 | | $10^{-3}\sim$几米 | $2.5\mu$m/250mm | 数字式，结构简单、接长方便，适合大位移静态测量，用于自动检测和数控机床 |
| 计量光栅 | 长光栅 | $10^{-3}\sim$几米 | $3\mu$m/1m | 数字式，测量精度高，适合大位移动态测量，用于自动检测和数控机床 |
| | 圆光栅 | $0°\sim360°$ | $\pm0.5°$ | |
| 角度编码器 | 接触式 | $0°\sim360°$ | $10^{-6}$rad | 分辨率好、可靠性高 |
| | 光电式 | $0°\sim360°$ | $10^{-8}$rad | |

由于在不同场合下对位移测量的精度要求不同，位移参量本身的量值特征、频率特征的

不同，自然地形成了多种多样的位移传感器及其相应的测量电路或系统。

# 8.2　常用的位移传感器

### 8.2.1　差动变压器式位移传感器

把被测的非电量变化转换为线圈互感变化的传感器称为互感式传感器，因为这种传感器是根据变压器的基本原理制成的，并且其二次绕组都用差动形式连接，所以又叫差动变压器式传感器。它的结构形式较多，有变隙式、变面积式和螺线管式等，但其工作原理基本一样。

1. 差动变压器的工作原理

这种传感器是利用了电磁感应中的互感现象，将被测位移量转换成线圈互感的变化。这种传感器实质上就是一个变压器，其一次侧线圈接入稳定交流电源，二次侧线圈感应产生输出电压。当被测参数使互感 $M$ 变化时，二次侧线圈输出电压也产生相应变化。由于常常采用两个二次侧线圈组成差动式，故又称为差动变压器式传感器。实际应用较多的是螺管形差动变压器，其工作原理如图

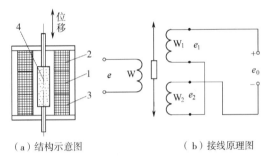

图 8-1　差动变压器的组成和接线
1——次侧线圈；2、3—二次侧线圈；4—铁芯

8-1（a）、（b）所示。变压器由一次侧线圈 W 和两个参数完全相同的二次侧线圈 $W_1$、$W_2$ 组成，线圈中心插入圆柱形铁芯，二次侧线圈 $W_1$、$W_2$ 反极性串联，当一次侧线圈 W 加上交流电压时，二次侧线圈 $W_1$、$W_2$ 分别产生感应电动势 $e_1$ 和 $e_2$，其大小与铁芯位置有关，当铁芯在中心位置时，$e_1 = e_2$，输出电压 $e_0 = 0$；铁芯向上运动时，$e_1 > e_2$；向下运动时，$e_1 < e_2$，随着铁芯偏离中心位置，$e_0$ 逐渐增大。

2. 差动变压器式传感器的线性输出分析

图 8-1 示出了差动变压器的组成和接线情况，现就其输出再做如下分析。

设一次侧、二次侧的互感系数分别为 $M_1$、$M_2$，因互感 $M$ 是和铁芯的搭接长度 $\Delta l$ 成正比的，则两个二次侧绕组的感生电动势可表示为

$$e_1 = K_1 e \Delta l_1$$
$$e_2 = K_2 e \Delta l_2$$

式中，$K_1$、$K_2$ 为比例系数；$\Delta l_1$、$\Delta l_2$ 为铁芯与两个二次绕组搭接长度的变化量；$e$ 为一次绕组交流电源。

由于结构的对称性，有 $K_1 = K_2$，$\Delta l_1 = -\Delta l_2$。这样，$W_1$、$W_2$ 两线圈反相串联后的总输出电压可表示为

$$e_0 = e_1 - e_2 = 2Ke\Delta l \tag{8-1}$$

结构一旦确定，则上式中的 $2K$ 为一常数，输出信号 $e_0$ 是一个交流信号，其幅值与位移 $\Delta l$ 成正比，而频率则等于交流电源 $e$ 的频率（当 $\Delta l$ 是常量时）或与之有一定的关系。

显然，$e_0$ 是调幅输出，载波是 $e$，调制信号是位移变化量 $\Delta l$。差动变压器也是一种调制

器。对于这样一个调制信号，在其后续的测量环节中一般要设置一个典型的测量电路——相敏检测电路，目的是既能检测位移的大小又能分辨位移的方向。

差动变压器式位移传感器的测量系统及其组成中各环节的工作原理可参阅本书的有关内容。下面再介绍一种可与差动变压器配用的测量电路——差动整流电路。

如图 8-2 所示，差动整流电路与相敏检测电路的功能基本相同，虽然检波效率低，但因其测量线路简单，故用得也很多，差动变压器的最后输出一般可用示波器直接显示。由于示波器振子的内阻都很小，当差动变压器的测量电路是电压输出时，振子回路应接入电阻，以保证线性。

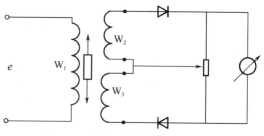

图 8-2    差动变压器的差动整流电路

国产的差动变压器式位移传感器已有多种，其测量位移范围有：$0 \sim \pm 5mm$，$0 \sim 10mm$ 等。

差动变压器式位移测量系统具有精度较高、性能稳定、线性范围大、输出大、使用方便等优点。由于可动铁心具有一定的质量，系统的动态特性较差。

## 8.2.2    电容式位移传感器

电容式位移传感器是将位移的变化量转化为电容变化量的一种传感器。它结构简单、分辨率高、可非接触测量，并能在高温、辐射和强烈振动等恶劣条件下工作，这是它的独特优点。

### 1. 电容式传感器的工作原理

由绝缘介质分开的两个平行金属板组成的平板电容器，如果不考虑边缘效应，其电容量为

$$C = \frac{\varepsilon A}{d} \qquad (8-2)$$

式中：$\varepsilon$ 为电容极板间介质的介电常数，$\varepsilon = \varepsilon_0 \cdot \varepsilon_r$，其中 $\varepsilon_0$ 为真空介电常数，$\varepsilon_0 = 8.854 \times 10^{-12} F/m$，$\varepsilon_r$ 为极板间介质相对介电常数；$A$ 为两平行板所覆盖的面积；$d$ 为两平行板之间的距离。

当被测参数变化使得式（8-2）中的 $A$、$d$ 或 $\varepsilon$ 发生变化时，电容量 $C$ 也随之变化。如果保持其中两个参数不变，而仅改变其中一个参数，就可以把该参数的变化变换为电容量的变化，通过测量电路就可以转换为电量输出。因此，电容式传感器的工作方式可分为变极距式、变面积式和变介电常数式三种类型，详情参见本书第 2 章相关传感器的介绍。

### 2. 电容式传感器的测量电路

下面介绍几种常见的测量电路。

（1）直流极化电路。此电路又称静压电容传感器电路，多用于电容传声器或压力传感器。如图 8-3 所示，弹性膜片在外力（气压、液压等）作用下发生位移，使电容量发生变化。电容器接于具有直流极化电压 $E_0$ 的电路中，电容的变化由高阻值电阻 $R$ 转换为电压变化。由图可知，电压输出为

$$u_y = RE_0 \frac{dC}{dt} = -RE_0 \frac{\varepsilon_0 \varepsilon A \, d\delta}{\delta_2 \, dt} \qquad (8-3)$$

显然，输出电压与膜片位移速度成正比，因此这种传感器可以测量气流的振动速度，进而得到压力。

（2）运算放大式电路。由前述已知，极距变化型电容传感器的极距变化与电容变化量呈非线性关系，这一缺点使电容传感器的应用受到一定限制。为此采用比例运算放大器电路可以得到输出电压 $u_y$ 与位移量的线性关系，如图 8-4 所示。输入阻抗采用固定电容 $C_0$，反馈阻抗采用电容传感器 $C_x$，根据比例器的运算关系，当激励电压为 $u_0$ 时，有

$$u_y = -u_0 \frac{C_0}{C_x}$$

$$u_y = -u_0 \frac{C_0 \delta}{E_0 \varepsilon A} \tag{8-4}$$

式中，$u_0$ 为激励电压。

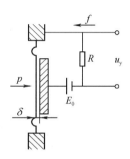

图 8-3 直流极化电路

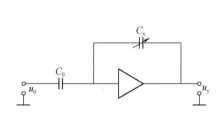

图 8-4 运算放大器电路

由式（8-4）可知，输出电压 $u_y$ 与电容传感器间隙 $\delta$ 呈线性关系。这种电路可用于位移测量传感器。

（3）调频电路。如图 8-5 所示，把传感器接入调频振荡器的 $LC$ 谐振网络中，被测量的变化引起传感器电容的变化，继而导致振荡器谐振频率的变化。振荡器的谐振频率为

$$f = \frac{1}{2\pi(LC)^{\frac{1}{2}}} \tag{8-5}$$

式中，$L$ 为振荡回路的电感；$C$ 为振荡回路的总电容，$C = C_1 + C_2 + C_0 \pm \Delta C$。其中，$C_1$ 为振荡回路固定电容；$C_2$ 为传感器引线分布电容；$C_0 \pm \Delta C$ 为传感器的电容。

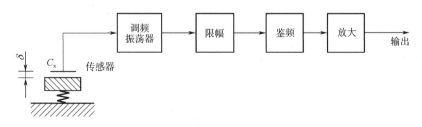

图 8-5 调频电路工作原理

当被测信号为 0 时，$\Delta C = 0$，则 $C = C_1 + C_2 + C_0$，所以振荡器有一个固有频率 $f_0$。

$$f_0 = \frac{1}{2\pi[(C_1 + C_2 + C_0)L]^{\frac{1}{2}}} \tag{8-6}$$

当被测信号不为 0 时，$\Delta C \neq 0$，振荡器频率有相应变化，此时频率为

$$f = \frac{1}{2\pi[(C_1 + C_2 + C_0 + \Delta C)L]^{\frac{1}{2}}} = f_0 \pm \Delta f \qquad (8\text{-}7)$$

频率的变化经过鉴频器转换成电压的变化，经过放大器放大后输出。这种测量电路的优点是灵敏度很高，可测 $0.01\mu m$ 的位移变化量，其抗干扰能力强（加入混频器后更强）；缺点是电缆电容、温度变化的影响很大，输出电压 $U_0$ 与被测量之间的非线性一般要靠电路加以校正，因此电路比较复杂。

（4）交流电桥。这种转换电路是将差动电容传感器的两个电容作为交流电桥的两个桥臂，通过电桥把电容的变化转换成电桥输出电压的变化。电桥通常采用由电阻-电容、电感-电容组成的交流电桥，图 8-6 所示为电感-电容交流电桥转换电路。变压器的两个二次绕组 $L_1$、$L_2$

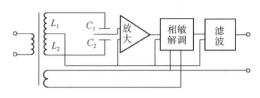

图 8-6　电感-电容交流电桥转换电路

与差动电容传感器的两个电容 $C_1$、$C_2$ 作为电桥的 4 个桥臂，由高频稳幅的交流电源为电桥供电。电桥的输出为一调幅值，经放大、相敏检波、滤波后，获得与被测量变化相对应的输出，最后由仪表显示记录。

### 8.2.3　应变片式位移传感器

应变片式位移传感器的测量原理是利用一弹性元件把位移量转换成应变量，而后用应变片、应变仪等测量记录。用测量位移的弹性元件和应变片等组成，称为应变片式的位移传感器。它的种类有很多种，其区别就在于弹性元件的结构形式。常用的弹性元件有悬臂梁、圆环和半圆环等。

如图 8-7 所示的悬臂梁弹性元件，若在其自由端有位移 $\delta$，则梁的表面会产生弯曲应变 $\varepsilon$，其值与 $\delta$ 成正比。通过如图 8-7 所示的贴片测出应变 $\varepsilon$，就可测得位移量 $\delta$。位移 $\delta$ 与应变 $\varepsilon$ 间的关系，随梁的结构形式不同而异。

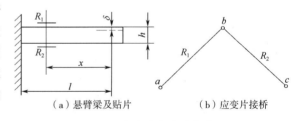

（a）悬臂梁及贴片　　　（b）应变片接桥

图 8-7　应变片式位移传感器

对于等断面梁，贴片处的应变 $\varepsilon$ 与位移 $\delta$ 间的关系为

$$\varepsilon = \frac{3}{2}\frac{hx}{l^3}\delta$$

或

$$\delta = \frac{2}{3}\frac{l^3}{hx}\varepsilon$$

式中，$l$、$h$ 为梁的长度、厚度；$x$ 为从自由端到贴片处的距离。

若按图 8-7 所示的方法贴片和接桥，则位移 $\delta$ 与应变仪读数 $\varepsilon$ 的关系为

$$\delta = \frac{1}{3}\frac{l^3}{hx}\varepsilon \qquad (8\text{-}8)$$

对于等强度梁，则有

$$\delta = \frac{l^3}{h}, \quad \varepsilon = \frac{l^3}{h}\frac{\varepsilon}{2} \qquad (8\text{-}9)$$

这种测量方法一般只用于小位移的情况下。其主要特点是结构牢固，性能稳定、可靠，有较高的测量精度和良好的线性关系，与之配用的测量电路和仪器也较为成熟。

悬臂梁一般用弹簧钢或磷铜片制成。梁的尺寸应该按所测的位移来选择。给定 $\varepsilon$（一般取 500～1000），根据所测位移量 $\delta$，可由式（8-8）或式（8-9）选择合适的 $l$ 与 $h$。为了尽量减小对被测对象的影响，设计弹性梁时，应根据具体情况将变形梁的刚度限制在一定的程度。

如图 8-8 所示是圆环或半圆环弹性元件，它在被测位移 $\delta$ 的作用下，会产生弯曲应力和应变，其应变值与位移成正比。圆环的贴片和接桥如图 8-8（a）、（b）所示。半圆环的贴片、接桥如图 8-8（c）、（d）所示。

由于这种方法直接测量的位移量较小，为了扩大其量程，可通过一些装置将小位移进行变换。图 8-9 所示是用一斜面将小位移变换成大位移的装置。

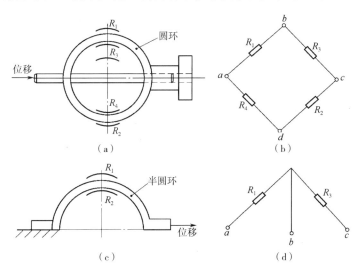

图 8-8 圆环和半圆环式弹性元件及其贴片和接桥

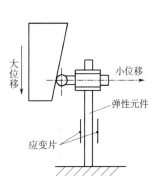

图 8-9 扩大位移量程装置

## 8.3 位移测量的应用

### 8.3.1 回转轴径向运动误差的测量

回转轴运动误差是指在回转过程中回转轴线偏离理想位置而出现的附加运动。回转轴误差运动的测量，在机械工程的许多行业中都是很重要的。无论对于精密机床主轴的运动精确度，还是对大型、高速机组的安全运行都有重要意义。

运动误差是回转轴上任何一点发生与轴线平行的移动和在垂直于轴线的平面内的移动。前一种移动称为该点的端面运动误差，后一种移动称为该点的径向运动误差。下面仅就刀具回转型机床主轴回转误差运动的双向测量法原理及其评价做介绍。

机床主轴径向误差运动的双向测量系统如图 8-10 所示。在机床主轴前端通过摆盘安装一个偏心量可调的精密圆球作为测量基准球，用它的表面来"体现"主轴的回转轴线。传感器 $T_{x1}$、$T_{x2}$、$T_{y1}$ 安装在通过基准球的中心线上且垂直于主轴回转轴线，对着基准球测量主轴的径向误差。

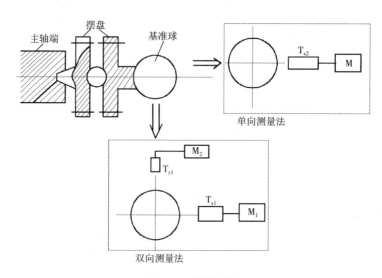

图 8-10　测量系统

$T_{x1}$、$T_{x2}$、$T_{y1}$—位移传感器；M、$M_1$、$M_2$—测量仪

实际上，传感器所检测到的位移信号是很复杂的。现以双向测量法为例来说明其复杂性，如图 8-11 所示。图中 $O_0$ 是主轴径向截面的平均回转轴心；$O_m$ 是基准球的几何中心；$O_r$ 是主轴某一瞬时的回转轴心；$e$ 是基准球的安装偏心量；$\delta$ 是主轴某一瞬时的径向误差运动；$\theta_0 = \omega t$，$\theta_0$ 是某一瞬时误差运动矢量的"相位角"，$\omega$ 是主轴回转的圆频率；$\theta_e$ 是瞬时误差运动 $\vec{\delta}$ 和偏心 $\vec{e}$ 之间的夹角；$R$ 是不动中心点 $O_0$ 至瞬时回转轴心 $O_r$ 的距离，即圆图像某一瞬时的回转半径。当考虑计入基准球的形状误差 $S_x$ 和 $S_y$ 时，位移传感器 $T_{x1}$ 和 $T_{y1}$ 所检测到的某一瞬时的位移信号分别为

$$x = e_x + \delta_x + S_y$$
$$y = e_y + \delta_y + S_y$$

(8-10)

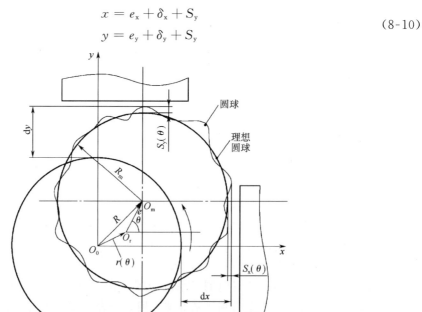

图 8-11　位移信号分析

如果基准球的形状误差值远小于待测主轴的误差运动值，例如 $S \leqslant \delta/10$ 时，则圆图像实际上将是 $\vec{e}$ 和 $\vec{\delta}$ 的合成矢量 $\vec{R}$ 的矢端轨迹。则式（8-10）可以近似写成

$$x \approx R_{\mathrm{x}} = e_{\mathrm{x}} + \delta_{\mathrm{x}} = e\cos(\theta_0 + \theta_{\mathrm{e}}) + \delta\cos\theta_0$$
$$y \approx R_{\mathrm{v}} = e_{\mathrm{v}} + \delta_{\mathrm{v}} = e\sin(\theta_0 + \theta_{\mathrm{e}}) + \delta\sin\theta_0 \tag{8-11}$$

此时，其回转半径 $R$ 亦可近似地写成

$$R = \sqrt{R_{\mathrm{x}}^2 + R_{\mathrm{y}}^2} = \{e^2 + \delta^2 + 2e\delta[\cos(\theta_0 + \theta_{\mathrm{e}})\cos\theta_0 + \sin(\theta_0 + \theta_{\mathrm{e}})\sin\theta_0]\}^{1/2} \tag{8-12}$$

由公式（8-12）可知，若 $\theta_{\mathrm{e}} = 0°$，即 $\vec{e}$ 和 $\vec{\delta}$ 同向时，$R = e + \delta = R_{\max}$，则 $\delta = R_{\max} - e$；若 $\theta_{\mathrm{e}} = 180°$，即 $\vec{e}$ 和 $\vec{\delta}$ 反向时，$R = e - \delta = R_{\min}$。只有在上述情况下，才可以根据 $e$ 和 $R$ 的值确定 $\delta$ 的数值。

$$\Delta R = R - e = \{e^2 + \delta^2 + 2e\delta[\cos(\theta_0 + \theta_{\mathrm{e}})\cos\theta_0 + \sin(\theta_0 + \theta_{\mathrm{e}})\sin\theta_0]\}^{1/2} - e \tag{8-13}$$

由式（8-13）可知，由两传感器所测得的圆图像只是反映了回转半径 $R$ 的变化量 $\Delta R$，并不是真正的主轴径向误差运动 $\delta$ 值。由此可知，具有完全相同的 $\delta$ 值的回转轴，因为采用不同的偏心距 $e$，或者即使偏心距 $e$ 相同但偏心方位不同时，得到的圆图像也不同。所以，在一般情况下，用双向法测得的圆图像不能精确地评价主轴的径向误差运动。

综上所述，用双向法测量刀具回转型机床主轴径向误差运动的要点可归纳如下：

（1）只有确切知道偏心 $e$ 值，并且 $S_{\mathrm{x}}$ 和 $S_{\mathrm{y}}$ 可以忽略不计时，才能确定回转半径 $R$ 或回转半径变化量 $\Delta R$。因此，作为测量用的基准球，其形状误差必须远小于主轴误差运动 $\delta$ 值，以便可以忽略圆球形状误差的影响。

（2）在一般情况下，由式（8-10）可知，$x + y = \delta$，而只有当 $S_{\mathrm{x}}$ 和 $S_{\mathrm{y}}$ 均趋于零或已确知，由 $x$ 和 $y$ 才能确定 $\delta$。因此，如何消除或分离偏心 $e$ 和基准球的形状误差 $S$ 就成为研究测量方法的重要任务。

（3）在基准球安装偏心 $e$ 为零的情况下，或当 $e$ 远远小于 $\delta$ 时，若将两个具有相同灵敏度的位移传感器所测得的信号叠加到同一个基圆上，则可得到真实反映主轴轴心 $O_{\mathrm{r}}$ 运动轨迹的圆图像。只有在这种情况下，或者在规定统一的 $e$ 值和统一的基准球偏心方位的条件下，才可根据双向法所测得的圆图像来评价和比较主轴回转状况的优劣。

（4）通常通过适当的机械装置和精细调整来减小安装偏心，或采用滤波法来减弱偏心的影响。

### 8.3.2 物位测量

物位是液位、料位以及界面位置的总称。物位测量用于连续或间隙测定容器内流体或固体物料的高度，目的在于正确地测量容器中贮藏的物料容量或重量，随时知道容器内物位的高低，对物位上、下限进行报警；连续地监视生产过程并进行调节，使物位保持在所要求的高度。

#### 1. 声学式物位测量

声学式物位测量是由探头向物料表面发送一个超声脉冲，超声脉冲到达物料表面时，物料将其反射回探头。探头装在容器盖的范围内，根据超声脉冲传送时间，由微处理器计算出探头到物料表面之间的距离，从而求得物位的高度，如图 8-12 所示。

声学式物位测量技术可用于液体和固体的物位测量。由于探头不与被测物料相接触，因此，探头不会出现磨损、腐蚀等现象。采用特种探头和良好的测量条件时，其最大测量范围

可达 60m，最高温度可达 150℃，压力达
5bar。当尘土、蒸汽和冷凝水严重时，其
最大测量范围将有所减小。声学物位测量
的前提是探头和被测物料之间的介质应为
空气，若为其他气体时则应求出声速（基
准测量）。若在探头和被测物料间具有非
均质的气体层时，这种测量方法就显得无
能为力了。

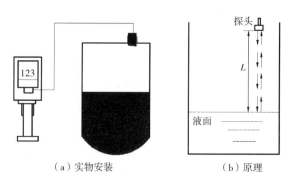

（a）实物安装　　（b）原理

图 8-12　声学式物位测量示意图

### 2. 电容式物位测量

电容法可测量黏液、粒状、粉末状材
料的物面。电容式物位测量技术是采用测量容器内探头与容器内壁之间、两探头之间或探头
与同心测量管之间的电容，可以通过液体与固体的介电常数与气体有偏差来实现物位测量。
但这种测量方法需要进行校准，变化的介电常数在进行连续测量时要加以补偿。

电容法是用一电容探头感受物面位置的变化，测量时，电容器的上部隔着空气，下部充
满液体或其他材料。空气的介电常数 $\varepsilon_0 = 1$，被测物的介电常数为 $\varepsilon_r$。物位变化时，电容器
的电容变化值 $\Delta C$ 与被测材料物位高度 $x$ 呈线性关系

$$\frac{\Delta C}{C_0} = \frac{x(\varepsilon_r - 1)}{h} \tag{8-14}$$

式中：$h$ 为电容器的总高度；$C_0$ 为初始电容值。

高频率（>1MHz）测量法以及改进的测量线路可以明显减少材料导电率影响和黏附性
材料导电附着物的影响。另外在探头范围内的不作用部分，可改善附着物形成的影响。由于
容器盖板下的冷凝，附着物的形成主要是在上探头范围内。不作用部分是通过对具有基准电
位的探头进行屏蔽来实现的。

电容式物位变送器配以微处理器可同时发出对整个测量设备进行检验的测试信号，这也
包括探头棒本身。探头棒通常是中空的，中间串有一根同轴的测试导线，测试信号经由测试
导线直接连接至探头顶部，再将信号送至探头上面的测量线路，这样当探头折断或腐蚀断等
故障发生时即可发现，因此能对整个测量系统进行自动监控和故障诊断。如图 8-13 所示为
典型的电容式物位测量系统示意图。

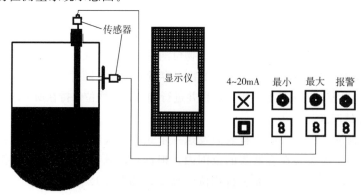

图 8-13　电容式物位测量示意图

电容式探头可制成棒式或绳式，采用不同的材料，可适应最恶劣的过程条件，特别是高温（400～500℃）、高压、强磨损和强腐蚀性介质。

3. 电阻式液位计

电阻式液位计（见图 8-14）由两根大电阻率的棒料组成，两根棒的材料和截面完全一样，两端拉紧，并用绝缘套与容器绝缘。假如被测的是导电介质，因其电阻率很小，可忽略不计，再略去连接导线电阻，则整个传感器的电阻 $R$ 为

$$R = \frac{2\rho}{A}(L' - h) = \frac{2\rho}{A}L' - \frac{2\rho}{A}h \tag{8-15}$$

式中：$\rho$ 为极棒的电阻率；$A$ 为极棒横截面积；$L'$ 为极棒全长；$h$ 为被测液面高度。

令 $K_1 = \frac{2\rho}{A}L'$，$K_2 = \frac{2\rho}{A}$，则有

$$R = K_1 - K_2 h \tag{8-16}$$

式中，$K_1$、$K_2$ 都是常量，可以通过测量 $R$ 值的变化来得知液位高度 $h$ 的变化。电阻值 $R$ 可以用电桥测得，温度变化所引起的误差可以在电路中进行补偿。但这种液位计最大的缺点是电极表面如发生生锈、表面极化、结垢、腐蚀等情况，都会引起表面接触电阻的变化，从而直接引入测量误差。

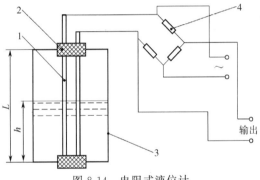

图 8-14 电阻式液位计

1—电阻极棒；2—绝缘套；3—容器；4—电桥

# 习 题 八

8.1 简述差动变压器的工作原理。

8.2 选用位移传感器应注意哪些问题？

8.3 利用电涡流传感器测量物体的位移，试问：

(1) 如果被测物体由塑料制成，位移测量是否可行？为什么？

(2) 为了能够对该物体进行位移测量，应采取什么措施？应考虑什么问题？

8.4 涡流位移传感器测量位移与其他位移传感器比较，其主要优点是什么？涡流传感器能否测量大位移？为什么？

8.5 简述声学式物位测量的原理。

第8章课件　　　习题八答案

# 第9章 振动测试

## 9.1 概述

机械在某些条件或因素作用下引起它们在其平衡位置（或平均位置）附近作微小的往复运动，这种每隔一定时间的往复运动，称为机械振动。机械振动普遍存在，在大多数情况下，机械振动是经常伴随着正常运动而产生的一种消极的甚至是有害的现象，它将影响机械设备的正常功能和性能，如降低机床的加工精度，引起机器构件的加速磨损，甚至导致机器构件急剧断裂而破坏，从而造成事故等。同时，机械振动也导致机械设备发出噪声，而噪声会污染环境，危害人类健康。然而，在有些情况下，振动也是可以利用的，如振动筛、振动传输、机械锤、振动搅拌器等机械设备就是利用机械振动工作的。随着科学技术的发展，一方面，对机械设备的运动速度、承载能力等方面的要求增高，导致产生机械振动的可能性增大；另一方面，对机械设备的工作精度和稳定性要求也越来越高，因此，对机械振动控制的要求也越来越迫切。

机械振动测试的目的是通过分析，找到振动源或振动传递途径，以尽量降低或消除振动对机械设备功能和性能的影响。在工程振动理论中，常用理论分析计算法来解决工程振动问题。利用振动系统的质量、阻尼、刚度等物理量来描述系统的物理特性，从而构成系统的力学模型。而在对实际工程结构进行振动研究时，一般要将结构简化为某种理想化的力学模型，然后进行分析研究，通过数学分析，求出在自由振动情况下的模态特性（固有频率、模态质量、模态阻尼、模态刚度和模态矢量等）。同时，机械振动测试还包括对运动参数（速度、加速度、幅值等）的试验。

## 9.2 机械振动的基础知识

### 9.2.1 振动的类型及其表征参数

#### 1. 振动的类型

机械振动是指机械设备在运行状态下，机械设备或结构上某一观测点的位移量围绕其均值或相对基准随时间不断变化的过程。

与信号的分类类似，机械振动根据振动规律可以分成两大类：稳态振动和随机振动。

#### 2. 振动的基本参数

振动幅值、频率和相位是描述机械振动形式和程度的三个基本参数，称为振动三要素。

（1）幅值。振动的幅值是机械振动强度大小的标志，振动幅值的主要表示形式有峰值、有效值和平均值等。

（2）频率。振动的频率一般用每秒振动的次数 $f$（Hz）或角频率 $\omega$（rad/s）表示。简谐振动是一种最简单的周期振动形式，它只有一种频率成分。复杂周期振动由许多频率成分组成，通过频谱分析方法可以确定振动的主要频率成分及其幅值的大小，为寻找振动源以及制定减振、消振的措施提供依据。

（3）相位。在某些情况下，振动信号的相位信息具有非常重要的意义，如运用相位关系确定共振点、进行旋转件的动平衡试验等。相位一般用相角表示，单位为弧度（rad）或角度（°）。

### 9.2.2　单自由度系统的受迫振动

单自由度系统是一种最简单的力学模型。该系统的全部质量 $m$（kg）集中在一点，并由一个刚度为 $k$（N/m）的弹簧和一个黏性阻力系数为 $c$ 的阻尼器支持着。在讨论中假设系数 $m$、$k$ 和 $c$ 不随时间而变，系统呈线性。该系统可以用二阶常系数微分方程来表述。单自由度系统振动研究是多自由度系统的基础，而且一些实际的工程结构可以简化为一个单自由度系统。下面以单自由度振动系统模型来介绍机械振动的类型。

1. 质量块受力引起的受迫振动

典型的单自由度系统如图 9-1 所示。

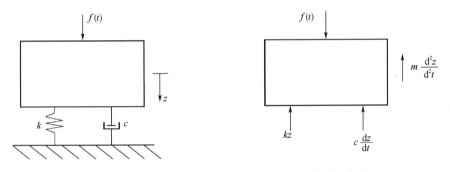

图 9-1　单自由度系统在质量块受力时所引起的受迫振动

其质量块 $m$ 在外力 $f(t)$ 作用下的运动方程为

$$m \frac{\mathrm{d}^2 z}{\mathrm{d}t^2} + c \frac{\mathrm{d}z}{\mathrm{d}t} + kz = f(t) \tag{9-1}$$

式中：$c$ 为黏性阻尼系数；$k$ 为弹簧刚度；$f(t)$ 为激振力，为系统的输入；$z$ 为振动位移，为系统的输出。

其频率响应 $H(\omega)$、幅频特性 $A(\omega)$ 和相频特性 $\varphi(\omega)$ 的公式如下：

$$H(\omega) = \frac{\dfrac{1}{k}}{\left[1 - \left(\dfrac{\omega}{\omega_n}\right)^2\right] + 2\zeta j\left(\dfrac{\omega}{\omega_n}\right)}$$

$$A(\omega) = \frac{\dfrac{1}{k}}{\sqrt{\left[1 - \left(\dfrac{\omega}{\omega_n}\right)^2\right]^2 + \left(2\zeta \dfrac{\omega}{\omega_n}\right)^2}} \tag{9-2}$$

$$\varphi(\omega) = -\arctan\left[\frac{2\zeta\omega/\omega_n}{1-(\omega/\omega_n)^2}\right]$$

其幅频和相频曲线可参见第 4 章"测试系统的特性"的图 4-20。

2. 基础运动引起的受迫振动

在许多情况下，振动系统的受迫振动是由基础运动引起的。设基础的绝对位移为 $z_1$，质量块 $m$ 的绝对位移为 $z_0$，作其力的分析。由图 9-2 可知，自由体上所受的力为

$$m\frac{d^2 z_0}{dt^2} + c\frac{d}{dt}(z_0 - z_1) + k(z_0 - z_1) = 0 \tag{9-3}$$

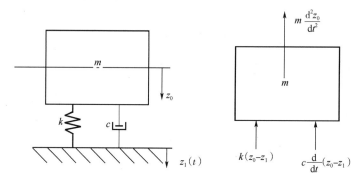

图 9-2　单自由度系统的基础激励

当质量块 $m$ 对基础发生相对运动，则 $m$ 的相对位移为

$$z_{01} = z_0 - z_1 \tag{9-4}$$

将其代入式（9-3），则有

$$m\frac{d^2 z_{01}}{dt^2} + c\frac{dz_{01}}{dt} + kz_{01} = -m\frac{d^2 z_1}{dt^2} \tag{9-5}$$

则可得其频率响应 $H(\omega)$、幅频特性 $A(\omega)$ 和相频特性 $\varphi(\omega)$ 为

$$H(\omega) = \frac{(\omega/\omega_n)^2}{1-(\omega/\omega_n)^2 + 2j\zeta(\omega+\omega_n)}$$

$$A(\omega) = \frac{(\omega/\omega_n)^2}{\sqrt{[1-(\omega/\omega_n)^2]^2 + (2\zeta\omega/\omega_n)^2}} \tag{9-6}$$

$$\varphi(\omega) = -\arctan\left[\frac{2\zeta\omega/\omega_n}{1-(\omega/\omega_n)^2}\right]$$

式中：$\zeta$ 为振动系统的阻尼比，$\zeta = \dfrac{c}{2\sqrt{km}}$；$\omega_n$ 为振动系统的固有频率，$\omega_n = \sqrt{k/m}$。

其幅频特性、相频特性曲线如图 9-3 所示。

从图 9-3 中可以看出当激振频率远小于系统的固有频率（$\omega \leqslant \omega_n$）时，质量块相对基础的振动幅值为零，意味着质量块几乎跟随着基础一起振动，两者相对运动极小。而当激振频率远高于固有频率（$\omega \geqslant \omega_n$）时，$A(\omega)$ 接近于 1，这表明质量块和壳体之间的相对运动（输出）和基础的振动（输入）近乎相等，说明质量块在惯性坐标中几乎处于静止状态。这种现象被广泛应用于测振仪器中。从图 9-3 中还可看出，就高频和低频两个频率区域而言，系统的响应特性类似于"高通"滤波器，但在共振频率附近的频率区域，则根本不同于"高通"滤波器，输出位移对频率、阻尼的变化都十分敏感。

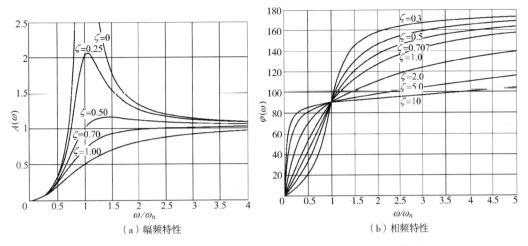

（a）幅频特性　　　　　　　　　　　（b）相频特性

图 9-3　基础激励时，以质量块对基础的相对位移为响应时的频率响应特性

# 9.3　常用的测振传感器

振动传感器是测取机械振动参数并转换成电信号的一种装置，在振动测试中称它为拾振器。拾振器不仅具有较高的灵敏度，在测量频率范围内有平坦的幅值特性，并与频率呈线性关系的相频特性，还具有质量小、体积小的特点。根据所测振动参量和频率响应范围的不同，常将测振传感器分为振动加速度传感器、振动速度传感器和振动位移传感器三类。典型的频率响应范围是：振动加速度传感器为 0～50kHz，振动速度传感器为 0～10kHz，振动位移传感器为 10～2kHz。下面分别介绍这几种传感器。

### 9.3.1　振动传感器

1. 压电式加速度传感器

（1）压电式加速度计的结构设计。

压电式加速度传感器又称为电压加速度计，它也属于惯性式传感器。它是利用某些物质如石英晶体的压电效应，在加速度计受振时，质量块加在压电元件上的力也随之变化的原理制成的。当被测振动频率远低于加速度计的固有频率时，则力的变化与被测加速度成正比。

由于压电式加速度传感器的输出电信号是微弱的电荷，而且传感器本身有很大的内阻，故输出能量甚微，这给后接电路带来了一定困难。为此，通常把传感器信号先输出到高输入阻抗的前置放大器，经过阻抗变换后方可用于一般的放大、检测电路将信号传输给指示仪表或记录仪。目前，制造厂家已有把压电加速度传感器与前置放大器集成在一起的产品，不仅方便了使用，而且也大大降低了成本。

常用的压电式加速度计的结构形式如图 9-4 所示。图中 S 是弹簧，M 是质量块，B 是基座，P 是压电元件，R 是夹持环。图 9-4（a）是中央安装压缩型，压电元件－质量块－弹簧块系统装在圆形中心柱上，支柱与基座连接，这种结构具有高的共振频率。然而基座 B 与测试对象连接时，如果基座 B 有变形则将直接影响传感器的输出。此外测试对象和环境温度变化将影响压电片，并使预紧力发生变化，易引起温度漂移。图 9-4（b）是环形剪切型，结构简单，能做成极小型、高共振频率的加速度计，环形质量块粘到装在中心支柱上的环形

161

压电元件上。由于黏结剂会随温度增高而变软，因此，最高工作温度受到限制。图 9-4（c）是三角剪切型，压电片由夹持环将其夹牢在三角中心柱上。加速度计感受轴向振动时，压电片承受切应力。这种结构对底座变形和温度变化有极好的隔离作用，有较高的共振频率和良好的线性。其剪切设计使质量块、底座和敏感元件之间的摩擦力产生正比于加速度的输出信号，则温度灵敏度降低，对基座应变也不敏感。

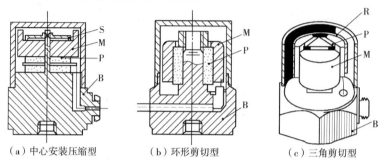

（a）中心安装压缩型　　　　（b）环形剪切型　　　　（c）三角剪切型

图 9-4　压电式加速度计

（2）压电式加速度传感器的灵敏度。

压电式加速度传感器的灵敏度有两种表示方法，一种是电压灵敏度 $S_V$；另一种是电荷灵敏度 $S_q$。加速度传感器的工作原理如图 9-5(a) 所示，电学特性等效电路如图 9-5(b) 所示。

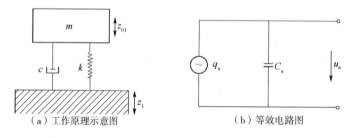

（a）工作原理示意图　　　　　　（b）等效电路图

图 9-5　加速度传感器的工作原理示意图及等效电路

1）电荷灵敏度。已知压电片上承受的压力为 $F = ma$，在压电片的工作表面上产生的电荷 $q_a$ 与被测振动的加速度 $a$ 成正比，即 $q_a = S_q a$，式中比例系数 $S_q$ 就是压电式加速度传感器的电荷灵敏度，量纲是 $[\mathrm{pC}/(\mathrm{m \cdot s^{-2}})]$。

2）电压灵敏度。由图 9-5(b) 可知，传感器的开路电压 $u_a = \dfrac{q_a}{C_a}$，式中 $C_a$ 为传感器的内部电容量，对于一个特定的传感器来说，$C_a$ 为一个确定值。所以 $u_a = \dfrac{S_q}{C_a}a$，即 $u_a = S_V a$。

也就是说加速度传感器的开路电压 $u_a$ 也与被测加速度 $a$ 成正比，比例系数 $S_V$ 就是压电式加速度传感器的电压灵敏度。对给定的压电材料而言，灵敏度随质量块的增大或压电片的增多而增大。一般来说加速度计尺寸越大，其固有频率越低。因此选用加速度计时应当权衡灵敏度和结构尺寸、附加质量影响和频率响应特性之间的利弊。

压电晶体加速度计的横向灵敏度表示它对横向（垂直于加速度计轴线）振动的敏感程度。横向灵敏度常以主灵敏度（即加速度计的电压灵敏度或电荷灵敏度）的百分比表示。一般在壳体上用小红点标出最小横向灵敏度的方向，一个优良的加速度计的横向灵敏度应小于主灵敏度的 3%。

3）压电加速度传感器的频率特性。实际的压电式加速度传感器，由于电荷泄漏，其幅频特性如图 9-6 所示，可以看出压电式加速度传感器的工作频率范围很宽，只有在加速度传感器的固有频率 $\omega_n$ 附近其灵敏度才发生急剧变化。加速度传感器的使用上限频率取决于幅频曲线中的共振频率。一般小阻尼（$\zeta \leqslant 0.1$）的加速度传感器，上限频率若取为

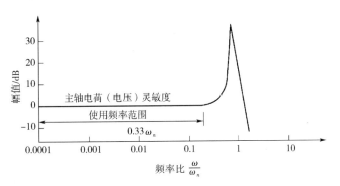

图 9-6　压电加速度计的幅频特性

共振频率的 1/3，便可保证幅值误差低于 1dB（即 12%）；若取为共振频率的 1/5，则可保证幅值误差小于 0.5dB（即 6%），相移小于 3°。

4）加速度传感器的安装方法。压电式加速度传感器的共振频率与加速度传感器的固定状况有关。加速度传感器出厂时给出的幅频曲线是在刚性连接的固定情况下得到的。实际使用的固定方法往往难以达到刚性连接，因而共振频率和使用的上限频率都会有所下降。加速度传感器与试件的各种固定方法如图 9-7 所示。其中图 9-7(a) 采用钢螺栓固定，是使共振频率能达到出厂共振频率的最好方法。螺栓不得全部拧入基座螺孔，以免引起基座变形，影响加速度计的输出。在安装面上涂一层硅脂可增加不平整安装表面的连接可靠性。需要绝缘时可用绝缘螺栓和云母垫片来固定加速度传感器（见图 9-7(b)），但垫圈应尽量薄。用一层薄蜡把加速度传感器粘在试件平整的表面上（见图 9-7(c)），也可用于低温（温度低于 4℃）的场合。手持探针测振方法（见图 9-7(d)）在多点测试时使用特别方便，但测量误差较大，重复性差，使用上限频率一般不高于 1000Hz。用专用永久磁铁固定加速度传感器（见图 9-7(e)），使用方便，多在低频测量中使用。此方法也可使加速度传感器与试件绝缘。用硬性黏结螺栓（见图 9-7(f)）或黏结剂（见图 9-7(g)）的固定方法也常使用。软性黏结剂会显著降低共振频率，不宜采用。某种典型的加速度传感器采用上述各种固定方法的共振频率为：钢螺栓固定法 31kHz，云母垫片法 28kHz，涂薄蜡层法 29kHz，手持法 2kHz，永久磁铁固定法 7kHz。

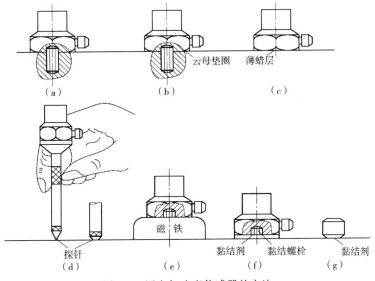

图 9-7　固定加速度传感器的方法

2. 磁电式振动速度传感器

（1）磁电式振动速度传感器的结构。

图 9-8 为 CD-1 型磁电式振动速度传感器的结构原理图，传感器由弹簧片、阻尼环、线圈、壳体、芯轴等几部分组成。

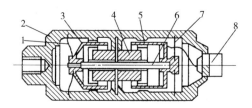

图 9-8　CD-1 型磁电式振动速度传感器的结构原理图

1—弹簧片；2—壳体；3—阻尼环；4—磁钢；5—线圈；6—芯轴；7—弹簧片；8—输出接线座

（2）磁电式速度传感器的工作原理。

在机械振动分析中，振动速度也是一个经常需要观测的物理参量，因为振动速度与振动能量直接对应，而振动能量常常是造成振动体破坏的根本原因。

磁电式振动速度传感器是典型的振动速度传感器，但由于该类型的传感器在结构上一般都大而笨重，给使用带来了诸多不便；其频响范围又很有限，加之振动速度可由振动位移微分或由振动加速度积分得到，因此，用磁电式振动速度传感器进行振动速度的直接测量在实际工作中并不多见。

磁电式振动速度传感器的工作原理见图 9-9。测试时，将传感器与被测物体固接，传感器因被测物体振动激振而作强迫振动，质量块带动导体在磁场中运动，因切割磁力线而产生感生电动势，感生电动势的大小可根据电磁感应定律求得

$$E = -Blv \qquad (9-7)$$

式中：$E$ 是感生电动势，V；$B$ 是磁场强度，T；$v$ 是导体切割磁力线的速度，m/s。

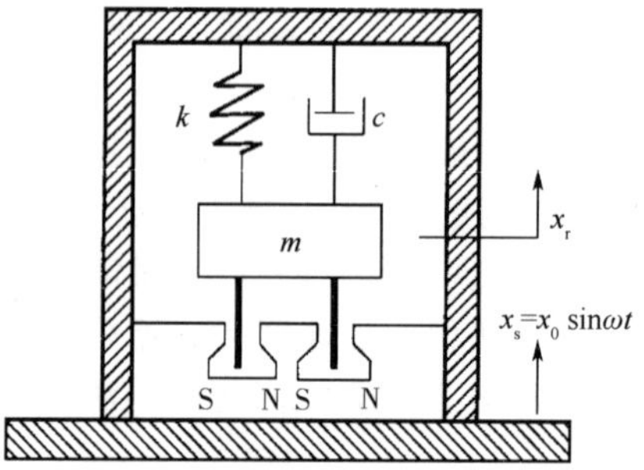

负号表示感生电动势的作用是阻碍原始磁通的变化。由式（9-7）可知，感生电动势的大小与导体切割磁力线的速度成正比。

图 9-9　磁电式振动速度传感器模型

在图 9-9 中，取传感器质量块 $m$ 相对于被测振动体的相对运动 $x_r$ 为广义坐标，并取静平衡位置为坐标原点。假定被测振动体的运动为 $x = x_0 \sin\omega t$，由此可得质量块相对运动方程为

$$x_r = A\sin(\omega t - \varphi) \qquad (9-8)$$

$\dfrac{\omega}{\omega_n} \gg 1$ 时

$$x_r = A\sin(\omega t - \varphi) \approx x_0 \sin\omega t = x_s \qquad (9-9)$$

即 $v_r = x_0\omega\cos(\omega t - \varphi) = v_s$，说明传感器中质量块的相对振动与传感器基座（即被测振动体）的运动同步，两者的速度相同，而传感器中质量块相对于传感器基座的相对运动速度是导体切割磁力线的速度，因此，传感器中感生电动势的大小也与被测振动体的运动速度成正比，这就是磁电式振动速度传感器的工作原理。

磁电式振动速度传感器是一个低固有频率的传感器。理论上，这种形式的传感器只有频响下限，而实际上，磁电式振动速度传感器的频响上限也同样受到限制。磁电式振动速度传感器的典型频响范围一般为 10Hz～2kHz。

### 3.电涡流位移传感器

电涡流位移传感器是利用导体在交变磁场作用下的电涡流效应，将变形、位移与压力等物理参量的改变转化为阻抗、电感、品质因素等电磁参量的变化。电涡流位移传感器的优点是灵敏度高、频响范围宽、测量范围大、抗干扰能力强、不受介质影响、结构简单以及非接触测量等。当今电涡流位移传感器在各工业领域都得到了广泛的应用，如在汽轮发电机组、透平机、压缩机、离心机等大型旋转机械的轴振动、轴端窜动以及轴心轨迹监测中都有应用。此外，电涡流位移传感器还可用于测厚、测表面粗糙度、无损探伤、测流体压力、转速等一切可转化为位移的物理参量。

（1）电涡流位移传感器的工作原理。

把一块金属导体放置在一个由通有高频电流的线圈所产生的交变磁场中，由于电磁感应的作用，导体内将产生一个闭合的电流环，此即电涡流。电涡流将产生一个与交变磁场相反的涡流磁场 $H_2$ 来阻碍原交变磁场 $H_1$ 的变化，从而使原线圈的阻抗、电感和品质因数都发生变化，且它们的变化量与线圈到金属导体之间的距离 $x$ 的变化量有关，于是就把位移量转化成了电量，这就是电涡流位移传感器的工作原理。

（2）系统组成与传感器结构。

如图 9-10 所示，典型的电涡流位移传感器系统主要包括传感器（又称探头）、延伸电缆和前置放大器三部分。根据使用场合不同，可将延伸电缆与探头做成一体（不带中间接头）；随着微电子技术水平的提高，也有将前置放大器直接放在传感器内部的。目前使用的传感器系统，仍以由三部分组成的情况为最多。配置一套测量系统时，可选探头的型号较多，而延伸电缆和前置放大器是根据探头来配套的，型号变化较少。

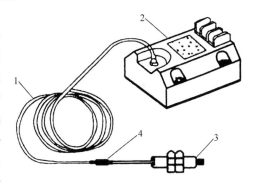

图 9-10　传感器系统的组成

1—延伸电缆；2—前置器；3—探头；4—转接连线头

1）探头。如图 9-11 所示，一套典型的探头通常由线圈、头部、壳体、高频电缆、高频接头等组成。线圈是探头的核心，在整个传感器系统中它是最敏感的元件，线圈的物理尺寸和电气参数决定传感器系统的线性量程以及探头的电气参数的稳定性。

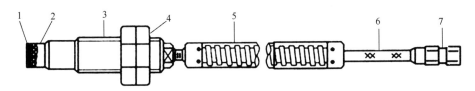

图 9-11　探头示意图

1—线圈；2—头部；3—壳体；4—锁紧螺母；5—铠装（可选）；6—高频电缆；7—高频接头

传感器的头部直径取决于其内部线圈直径，由于线圈直径决定传感器系统的线性量程，因此通常用头部直径来分类和表征各种型号探头，一般情况下传感器系统的线性量程大致是探头头部直径的 $1/4\sim1/2$。常用传感器的头部直径有 $\phi5mm$、$\phi8mm$、$\phi11mm$、$\phi25mm$ 几种。探头壳体用于支撑探头头部并作为探头安装时的装夹结构。壳体采用不锈钢制成，一般上面加工有螺纹，并配有锁紧螺母，以适应不同的应用和安装场合。

传感器的尾部电缆是用氟塑料绝缘的射频同轴电缆，它通过特制的中间接头连接到延伸电缆，再通过延伸电缆与前置放大器相连。一般传感器总长（包括尾部电缆）有 0.5m、0.8m、1m 等。

2）前置放大器。前置放大器简称前置器，它是一个电子信号处理器。一方面前置器为探头线圈提供电源，早期产品通常为 24V 直流电压，近几年的新产品通常为 18V 直流电压；另一方面，前置器感受探头前端由于金属导体靠近引起的探头参数变化，经过处理，产生随探头端面与被测金属导体间隙线性变化的输出电压或电流信号。目前前置放大器的输出有两种方式：一种是未经进一步处理的、在直流电压上叠加交流信号的"原始信号"，这是进行状态监测与故障诊断所需要的信号；另一种是经过进一步处理得到的 $4\sim20mA$ 或 $1\sim5V$ 的标准信号。前置放大器要求具有容错性，即电源端、公共端（信号地）、输出端任意接线错误不会损坏前置器；同时具有电源极性错误保护、输出短路保护。

3）延伸电缆。延伸电缆是用聚氟塑料绝缘的射频同轴电缆，用于连接探头和前置放大器，长度需要根据传感器的总长度配置，以保证系统总的长度为 5m 或 9m。至于选择 5m 还是 9m 系统，应根据前置器与安装在设备上的探头二者之间的距离来确定。采用延伸电缆的目的是为了缩短探头尾部电缆长度，因为通常安装时需要转动探头，过长的电缆不便随探头转动，容易扭断电缆。也有不使用中间接头和延伸电缆的情况（即探头电缆直接同前置放大器连接），这时的系统总长度也应为 5m 或 9m。根据探头的使用场合和安装环境，可以选用带有不锈钢铠甲的延伸电缆，以便保护电缆。

### 9.3.2 测振传感器的合理选择

#### 1. 直接测量参数的选择

作为拾振器的被测量是位移、速度或加速度，它们是 $\omega$ 的等比数列，能通过微积分电路来实现它们之间的换算。考虑到低频时加速度的幅值有可能小到与测量噪声相当的程度，因此如用加速度计测量低频振动的位移，会因低信噪比使测量不稳定和增大测量误差，不如直接用位移拾振器更合理。用位移拾振器测高频位移也有类似的情况发生。

传感器选择时还应力图使最重要的参数能以最直接、最合理的方式测得。例如，考察惯性力可能导致的破坏或故障时，宜作加速度测量；考察振动环境时，宜作振动速度的测量；监测机件的位置变化时，宜选用电涡流或电容传感器作位移的测量。选择时还需要注意能在实际机器设备中安装的可行性。

#### 2. 传感器的性能指标

各种拾振传感器都受其结构的限制而有其自身适用的范围，选用时需要根据被测系统的振动频率范围来选用。对于惯性式拾振器，一般质量大的拾振器上限频率低、灵敏度高；质量轻的拾振器上限频率高、灵敏度低。

对于微积分放大器，因为它的输入饱和量是随频率变化的，带有二次积分网络的电荷放大器，其加速度、速度、位移的可测量程和频率范围随积分次数的增加而减小，使用中要充分注意这一点。因此，在选择传感器和积分电路时，需要考虑是选用模拟积分电路还是选择数字积分电路的问题。数字积分电路是利用计算机或芯片采用数字积分算法对被测信号进行积分，具有方便灵活、按需积分等优点，其实时性差的缺点随着微电子的发展有了很大的改进。

### 3. 使用的相关注意事项

例如，激光测振尽管有很高的分辨力和测量精度，但由于对环境要求极严，设备又极昂贵，它只适用于实验室作精密测量或校准。电涡流和电容传感器均属非接触式，但前者对环境要求低，被广泛应用于工业现场对机器振动的测量中。如大型汽轮发电机组、压缩机组振动监测中用的拾振器，要能在高温、油污、蒸汽介质的环境下长期可靠地工作，常选用电涡流传感器。

对相位有严格要求的振动测试项目（如作虚实频谱、幅相图、振型等测量），除了应注意拾振器的相频特性外，还要注意放大器，特别是带微积分网络放大器的相频特性和测试系统中所有其他仪器的相频特性，因为测得的激励和响应之间的相位差包括测试系统中所有仪器的相移。

## 9.4 机械振动测试系统

机械振动测试系统通常由激振系统、测量系统和分析系统三部分组成，如图 9-12 所示。激振系统是用来激发被测机械结构而产生振动，激振系统中所用的设备称为激振设备，主要设备是激振器。测量系统包括传感器和中间调理器，它是将测量结果加以转换、放大、显示或记录。分析系统可将测量的结果加以处理，根据研究目的求得各种参数或图表。

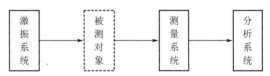

图 9-12　机械振动测试系统的组成示意图

### 9.4.1 激励方式

在结构动态特性测试中，首先要激励被测对象，让它按测试的要求作受迫振动或自由振动，以便获得相应的激励及响应信号。在工程实践中，较多使用的激励方式有稳态正弦激振、随机激振和瞬态激振三类。

#### 1. 稳态正弦激振

稳态正弦激振又称简谐激振，它是通过激振设备对被测对象施加一个稳定的单一频率（频率可控）的正弦激振力的激振方式。在工程中常用扫描方式的正弦激振，即扫频激振，激振的频率随时间的变化而变化。

#### 2. 随机激振

随机激振是一种宽带激振的方法，一般用白噪声或伪随机信号发生器作为信号源。当白噪声信号通过功放并控制激振设备产生宽带随机激振力，可对被测对象进行宽频带激振，激起被测对象在选定频率范围内的宽带随机振动响应。

#### 3. 瞬态激振

瞬态激振施加在被测对象上的是瞬态变化的力，它与随机激振一样属宽带激振法。常用的瞬态激振方式有快速正弦扫描激振和脉冲激振。快速正弦扫描激振的激振信号由振荡频率可以控制变化的信号发生器供给，通常采用线性的正弦扫描激振，激振的信号频率在扫描周期 $T$ 中呈线性增大，但幅值保持为常值。脉冲激振又称为锤击法，它是以一个冲击力作用在被测对象上，同时测量激励和响应的一种激振方式。

实际脉冲激振时常用脉冲锤敲击被测对象，脉冲锤内装有力传感器。脉冲锤对被测对象的作用力并非理想的脉冲函数 $\delta(t)$，而是近似的半正弦波，其有效频率范围取决于脉冲持续的时间 $\tau$，$\tau$ 取决于锤头的材料，锤头材料越硬，持续时间 $\tau$ 越小，则频率范围越大，因此使用适当的锤头材料可以得到要求的频带宽度。而激振力的大小可以通过改变锤头配重块的质量和敲击加速度来调节。

### 9.4.2 激振器

激振器是对被测对象施加某种预定要求的激振力，激起被测对象振动的装置。常用的激振器有电动式激振器、电磁式激振器和电液式激振器。下面简要介绍它们的工作原理。

#### 1. 电动式激振器

电动式激振器的工作原理是带电的导体在磁场中受到电动力的作用而产生运动，带动被测对象作受迫振动。图 9-13 为一台电动式激振器的结构，驱动线圈固定安装在顶杆上，并由支撑弹簧支承在壳体中，线圈正好位于磁极与铁芯的气隙中。线圈通过经功率放大后的交变电流时，线圈将受到与电流成正比的电动力的作用，此力通过顶杆传到被测对象上。由激振器产生的电动力在一般情况下并不等于施加到被测对象上的激振力。一般将激振器的电动力与激振力的比值称为力传递比。激振力与激振器运动部件的弹性力、阻尼力及惯性力的矢量和等于激振器的电动力。只有在激振器的运动部分质量与被测对象相比可略去不计、激振器与被测对象连接刚度好、顶杆系统刚度也很好

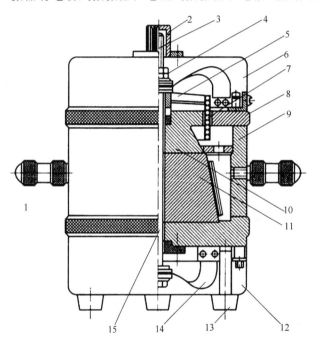

图 9-13 电动式激振器的结构图

1—手柄；2—保护罩；3—连接杆；4—螺母；5—连接骨架；6—上罩；7—线圈；8—磁极；9—壳体；10—铁芯；11—磁铁；12—下罩；13—底脚；14—支撑弹簧；15—顶杆

的情况下，才可以认为电动力等于激振力。因此，一般情况下使顶杆通过一支力传感器去激励被测对象，以便准确测出激振力的大小和相位。

#### 2. 电磁式激振器

电磁式激振器直接利用电磁力作为激振力，常用于非接触激振。电磁式激振器由铁芯、励磁线圈、测力线圈和底座等主要元件组成，其结构如图 9-14 所示。当电流通过励磁线圈，便产生相应的磁通，从而在铁芯和衔铁之间产生电磁力。铁芯上套装有两个主线圈，内层为

直流绕组，外层为交流绕组，测力线圈套装于上端近磁隙处。用测力线圈检测激振力，用位移传感器测量激振器与衔铁之间的相对位移。工作时，激振器和衔铁分别固定在被测对象上，便可实现两者之间无接触的相对激振。电磁式激振器的优点是体积和重量较小，与被测对象不接触，因此可与旋转着的被测对象进行激振。它没有附加质量和刚度的影响，其频率上限约为 $500\sim800\mathrm{Hz}$。电磁激振器的缺点是由于激振力产生在磁隙上，因此位移振幅大时会影响激振力的线性，且激振力的精确测定较为困难。

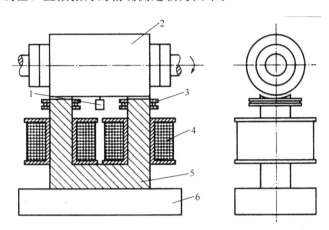

图 9-14  电磁式激振器的结构图

1—位移传感器；2—衔铁；3—测力线圈；4—励磁线圈；5—铁芯；6—底座

### 3. 电液式激振器

在激振大型结构时，为了得到较大的响应，有时需要很大的激振力，这时可采用电液式激振器，其结构如图 9-15 所示。信号发生器的信号经放大后，经由电动激振器、操纵阀和功率阀所组成的电液伺服阀，控制油路使活塞往复运动，并以顶杆去激振被测对象。电液式激振器的激振力大，行程大，单位力的体积小。但由于油液的可压缩性和高速流动的摩擦，使激振器的高频特性较差，只适用于较低频率范围（一般为 $0\sim100\mathrm{Hz}$，最高可达 $800\mathrm{Hz}$），其频域特性比电动式激振器差。此类激振器的结构复杂，制造精度要求高，需要一套液压系统，成本较高。

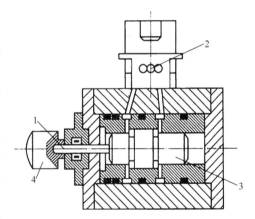

图 9-15  电液式激振器的结构图

1—顶杆；2—电液伺服阀；3—活塞；4—力传感器

## 9.4.3  振动分析仪

从拾振器检测到的振动信号和激振点检测到的激振力信号需经过适当的处理，方可提取各种有用的信息。最简单的指示振动量的测振仪把拾振器测得的振动信号以位移、速度或加速度的形式指示出它们的峰值、峰-峰值、平均绝对值或有效值。这类仪器一般包括微积分电路、放大器、电压检波和表头，但它们只能获得振动强度（振级）的信息，而不能获得振动其他方面的信息。为了获得更多的信息，常将振动信号进行频谱分析，确定振动信号中的频率成分，估计其振动源，或将激振和振动联系起来，求出被测系统（机械）的幅频特性、相频特性或动态特性参数。

振动信号的分析一般都需要选用合适的滤波技术和信号分析技术。比如模拟频谱分析仪由放大器、滤波器和检波器构成。其中关键是滤波器，它是一种选频装置，可以使信号中特定的频率成分通过，抑制或极大地衰减其他频率成分或噪声。因此，滤波器是频率分析和抑制噪声强有力的工具。随着计算机技术的发展，目前许多信号处理工作都可以使用信号处理软件完成，基本原理可参阅信号处理的相关书籍。

# 习　题　九

9.1　举例说明振动测试的具体应用。

9.2　若某旋转机械的工作转速为 3000rad/min，为分析机组的动态特性，需要考虑的最高频率为工作频率的 10 倍。试问：

（1）应选择何种类型的振动传感器？并说明原因。

（2）在进行模数转换时，选用的采样频率至少应为多少？

9.3　振动测试系统由哪几部分组成，各部分的作用是什么？

9.4　请对各种激振设备和激振方法进行分类归纳，指出它们各自的优、缺点及适用范围。

9.5　简述电动式激振器的结构、工作原理及主要性能特点。

9.6　用压电式加速度传感器及电荷放大器测量振动，若传感器灵敏度为 7pc/g，电荷放大器灵敏度为 100mV/pC，试确定输入 $a = 3g$ 时系统的输出电压。

第 9 章课件　　　习题九答案

在机械工程中，应变、力和扭矩的测量非常重要，通过这些测量可以分析零件或结构的受力状态及工作状态的可靠性程度，验证设计及计算结果的正确性，确定整机在实际工作时受载情况等。由于这些测量是研究某些物理现象机理的重要手段之一，因此它对发展设计理论，保证设备的安全运行，以及实现自动检测、自动控制等都具有重要意义。而且其他与应变、力及扭矩有密切关系的量，如应力、功率、力矩、压力等，其测试方法与应变和力及扭矩的测量也有共同之处，多数情况下可先将其转变成应变或力的功率、压力等物理量。

## 10.1 应变与应力的测量

测量应变在工程中常见的方法之一是应变电测法。它是通过电阻应变片，先测出构件表面的应变，再根据应力、应变的关系式来确定构件表面应力状态的一种实验应力分析方法。这种方法的主要特点是测量精度高，变换后得到的电信号可以很方便地进行传输和各种变换处理，并可进行连续的测量和记录或直接和计算机数据处理系统相连接等。

### 10.1.1 应变的测量

1. 应变测量原理

应变电测法的测量系统主要由电阻应变片、测量电路、显示与记录仪器或计算机等设备组成，如图 10-1 所示。

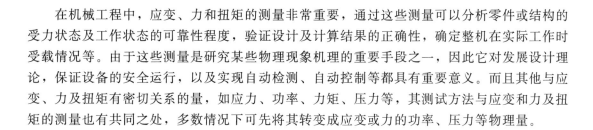

图 10-1 应变测试框图

应变测量的基本原理是：把使用的应变片按构件的受力情况，合理地粘贴在被测构件变形的位置上，当构件受力产生变形时，应变片敏感栅也随之变形，敏感栅的电阻值发生相应的变化。其变化量的大小与构件变形成一定的比例关系，通过测量电路（如电阻应变测量装置）转换为与应变成比例的模拟信号，经过分析处理，最后得到受力后的应力、应变值或其他的物理量。因此任何物理量只要能设法转变为应变，都可利用应变片进行间接测量。

2. 应变测量装置

应变测量装置也称为电阻应变仪，一般采用调幅放大电路，它由电桥、前置放大器、功率放大器、相敏检波器、低通滤波器、振荡器、稳压电振组成（见图 5-26）。电阻应变仪将应变片的电阻变化转换为电压（或电流）的变化，然后通过放大器将此微弱的电压（或电流）信号进行放大，以便指示和记录。

电阻应变仪中的电桥是将电阻、电感、电容等参量的变化变为电压或电流输出的一种测量电路。其输出既可用指示仪表直接测量，也可以送入放大器进行放大。桥式测量电路简单，具有较高的精确度和灵敏度，在测量装置中被广泛应用。

通常交流电桥应变仪的电桥由振荡器产生的数千赫兹的正弦交流电压作为供桥电压（载波）。在电桥中，载波信号被应变信号调制，电桥输出的调幅信号经交流放大器放大、相敏检波器解调和滤波器滤波后输出。这种应变仪能较容易地解决仪器的稳定问题，结构简单，对元件的要求较低。目前我国生产的应变仪基本上是属于这种类型。

根据被测应变的性质和工作频率的不同，可采用不同的应变仪。对于静态载荷作用下的应变，以及变化十分缓慢或变化后能很快稳定下来的应变，可采用静态电阻应变仪。以静态应变测量为主，兼作 200Hz 以下的低频动态测量，可采用静动态低电阻应变仪。0～20kHz范围的动态应变，采用动态电阻应变仪，这类应变仪通常具有 4～8 个通道。测量 0～20kHz 的动态过程和爆炸、冲击等瞬态变化过程，则采用超动态电阻应变仪。

3. 应变仪的电桥特性

应变仪中多采用交流电桥，电源以载波频率供电，四个桥臂均由电阻组成，由可调电容来平衡分布电容。电桥输出电压可用式（5-11）来计算，即

$$U_O = \frac{U_e}{4}\left(\frac{\Delta R_1}{R} - \frac{\Delta R_2}{R} + \frac{\Delta R_3}{R} - \frac{\Delta R_4}{R}\right)$$

当各桥臂应变片的灵敏度 $S$ 相同时，则该式可改写为

$$U_O = \frac{U_e}{4}S(\varepsilon_1 - \varepsilon_2 + \varepsilon_3 - \varepsilon_4) \tag{10-1}$$

这就是电桥的和差特性。应变仪电桥的工作方式和输出电压如表 10-1 所示。

表 10-1　应变仪电桥的工作方式和输出电压

| 工作方式 | 单臂 | 双臂 | 四臂 |
|---|---|---|---|
| 应变片所在桥臂 | $R_1$ | $R_1$，$R_2$ | $R_1$，$R_2$，$R_3$，$R_4$ |
| 输出电压 $U_O$ | $1/4(U_e S\varepsilon)$ | $1/2(U_e S\varepsilon)$ | $U_e S\varepsilon$ |

注：若 $R_1$ 或 $R_1$、$R_3$ 产生 $+\Delta R$，则若 $R_2$ 或 $R_2$、$R_4$ 产生 $-\Delta R$。

4. 应变片的布置与接桥方法

应变片粘贴于试件后，感受的是试件表面的拉应变或压应变，应变片的布置和电桥的连接方式应根据测量目的、对载荷分布的估计而定，这样才能便于利用电桥的和差特性达到只测出需要测的应变而排除其他因素干扰的目的。例如在测量复合载荷作用下的应变时，就需应用应变片的布置和接桥方法来消除相互影响的因素。因此，布片和接桥应符合以下原则：

（1）在分析试件受力的基础上选择主应力最大点为贴片位置。

（2）充分合理地应用电桥和差特性，只使需要测的应变片影响电桥且有足够的灵敏度和线性度。

（3）使试件贴片位置的应变与外载荷呈线性关系。

表 10-2 列举了在轴向拉伸（或压缩）载荷下应变测试的应变片的布置和接桥方法。从表 10-2 中可以看出，应变片不同的布置和接桥方法对灵敏度、温度补偿情况和消除弯矩影响是不同的。一般应优先选用输出信号大、能实现温度补偿、贴片方便和便于分析的方案。

**表 10-2　轴向拉伸（或压缩）载荷下应变测试的应变片的布置和接桥方法图例**

| 序号 | 受力状态简图 | 应变片的数量 | 电桥组合形式 | | 温度补偿情况 | 电桥输出电压 | 测量项目及应变值 | 特点 |
|---|---|---|---|---|---|---|---|---|
| | | | 电桥形式 | 电桥接法 | | | | |
| 1 | $R_1$ $F$ — $F$ $R_2$ | 2 | 半桥式 | $R_1$ $R_2$ $a$ $b$ $c$ | 另设补偿片 | $U_O = \dfrac{U_e}{4} S\varepsilon$ | 拉（压）应变 $\varepsilon = \varepsilon_1$ | 不能消除弯矩的影响 |
| 2 | $F$ — $R_2$ $R_1$ — $F$ | | | | 互为补偿 | $U_O = \dfrac{U_e}{4} S\varepsilon(1+\mu)$ | 拉（压）应变 $\varepsilon = \dfrac{\varepsilon_i}{1+\mu}$ | 输出电压提高$1+\mu$倍，不能消除弯矩的影响 |
| 3 | $R_1$ $F$ — $R_2$ — $F$ $R_1$ $R_2$ | 4 | 半桥式 | $R_1$ $R_2$ $a$ $b$ $R_1$ $R_2$ $c$ | 另设补偿片 | $U_O = \dfrac{U_e}{4} S\varepsilon$ | 拉（压）应变 $\varepsilon = \varepsilon_1$ | 可以消除弯矩的影响 |
| 4 | | 4 | 全桥式 | $R_1$ $b$ $R'_1$ $a$ $c$ $R'_2$ $d$ $R_2$ | | $U_O = \dfrac{U_e}{2} S\varepsilon$ | 拉（压）应变 $\varepsilon = \dfrac{\varepsilon_i}{2}$ | 输出电压提高一倍，且可消除弯矩的影响 |
| 5 | $R_2$ $R_1$ $F$ — $F$ $R_4$ $R_3$ $F$ $R_2(R_4)$ $R_1(R_3)$ $F$ | 4 | 半桥式 | $R_1$ $R_2$ $R_3$ $R_4$ $a$ $b$ $c$ | 互为补偿 | $U_O = \dfrac{U_e}{4} S\varepsilon(1+\mu)$ | 拉（压）应变 $\varepsilon = \dfrac{\varepsilon_i}{1+\mu}$ | 输出电压提高$1+\mu$倍，且能消除弯矩的影响 |
| 6 | | 4 | 全桥式 | $R_1$ $b$ $R_2$ $a$ $c$ $R_4$ $R_3$ $d$ | | $U_O = \dfrac{U_e}{2} S\varepsilon(1+\mu)$ | 拉（压）应变 $\varepsilon = \dfrac{\varepsilon_i}{2(1+\mu)}$ | 输出电压提高$2(1+\mu)$倍，且能消除弯矩的影响 |

说明：$S$—应变片的灵敏度；$U_e$—供桥电压；$\mu$—被测件的泊松系数；$\varepsilon_i$—应变仪测读的应变值，即指示应变；$U_O$—输出电压；$\varepsilon$—所要测量的机械应变值。

在弯曲、扭转和拉（压）、弯、扭复合等其他典型载荷下，应变的布置和接桥方法可参阅其他图书。

5．应变片的选择及应用

应变片是应变测试中最重要的传感器，应用时应根据测试件的测试要求及其状况、试验环境等因素来选择和粘贴应变片。

（1）试件的测试要求。应变片的选择应从满足测试精度、所测应变的性质等方面考虑。

例如，动态应变的测试一般应选用阻值大、疲劳寿命长、频响特性好的应变片。同时，由于应变片实际测得的是栅长范围内分布应变的均值，要使其均值接近测点的真实应变，在应变梯度较大的测试中应尽量选用短基长的应变片。而对于小应变的测试宜选用高灵敏度的半导体应变片，测大应变时应采用康铜丝制成的应变片。为保证测试精度，一般以采用胶基、康铜丝制成敏感栅的应变片为好。当测试线路中有各种使电阻值易发生变化的开关、继电器等器件时，则应选用高阻值的应变片，以减少接触电阻变化引起的测试误差。

（2）试验环境与试件的状况。试验环境对应变测试的影响主要是通过温度等因素起作用。因此，选用具有温度自动补偿功能的应变片显得十分重要。湿度过大会使应变片受潮，导致绝缘电阻下降，产生漂移等。在湿度较大的环境中测试，应选用防潮性能较好的胶膜应变片。试件本身的状况同样是选用应变片的重要依据之一。对材质不均匀的试件，如铸铝、混凝土等，由于其变形极不均匀，应选用大基长的应变片。对于薄壁构件则最好选用双层应变片（一种特殊结构的应变片）。

（3）应变片的粘贴。应变片的粘贴是应变式传感器或直接用应变片作为传感器的成败关键。粘贴工艺一般包括清理试件、上胶、黏合、加压、固化和检验等。黏合时，一般在应变片上盖上一层薄滤纸，先用手指加压挤出部分胶液，然后用左手的中指及食指通过滤纸紧按应变片的引出线，同时用右手的食指像滚子一样沿应变片纵向挤压，迫使气泡及多余的胶液逸出，以保证黏合的紧密性，达到黏合胶层薄、无气泡、粘结牢固、绝缘好的要求。粘贴的各具体工艺及黏合剂的选择必须根据应变片基底材料及测试环境等条件决定。

## 10.1.2 应力的测量

### 1. 应力测量原理

在研究机器零件的刚度、强度、设备的力学关系以及工艺参数时都要进行应力和应变的测量。应力测量原理实际上就是先测量受力物体的变形量，然后根据胡克定律换算出待测力的大小。显然，这种测力方法只能用于被测构件（材料）在弹性范围内的条件下。又由于应变片只能粘贴于构件表面，所以它的应用被限定于单向或双向应力状态下构件的受力研究。尽管如此，由于该方法具有结构简单、性能稳定等优点，所以它仍是当前技术最成熟、应用最多的一种测力方法，能够满足机械工程中大多数情况下对应力和应变测试的需要。

### 2. 应力状态与应力计算

力学理论表明，某一测点的应变和应力间的量值关系是和该点的应力状态有关的，根据所处应力状态的不同分述如下。

（1）单向应力状态。该应力状态下的应力 $\sigma$ 与应变 $\varepsilon$ 的关系比较简单，由胡克定律确定为

$$\sigma = E\varepsilon \tag{10-2}$$

式中：$E$ 为被测件材料的弹性模量。

显然，测得应变值 $\varepsilon$ 后，就可由式（10-2）计算出应力值，进而可根据零件的几何形状和截面尺寸计算出所受载荷的大小。在实际中，多数测点的状态都为单向应力状态或可简化为单向应力状态来处理，如受拉的二力杆、机床立柱及许多零件的边缘处。

（2）平面应力状态。在实际工作中，常常需要测量一般平面应力场内的主应力，其主应力方向可能是已知的，也可能是未知的。因此在平面应力状态下通过测试应变来确定主应力

有两种情况。

1）已知主应力方向。例如承受内压的薄壁圆筒形容器的筒体，它处于平面应力状态下，其主应力方向是已知的。这时只需沿两个相互垂直的主应力方向各贴一片应变片 $R_1$ 和 $R_2$ ［见图 10-2（a）］，再设置一片温度补偿片 $R_t$，分别与 $R_1$、$R_2$ 接成相邻半桥 ［见图 10-2（b）］，就可测得主应变 $\varepsilon_1$ 和 $\varepsilon_2$，然后计算主应力 $\sigma_1$。

$$\sigma_1 = \frac{E}{1-\mu^2(\varepsilon_1+\nu\varepsilon_2)} \tag{10-3}$$

$$\sigma_2 = \frac{E}{1-\mu^2(\varepsilon_2+\nu\varepsilon_1)} \tag{10-4}$$

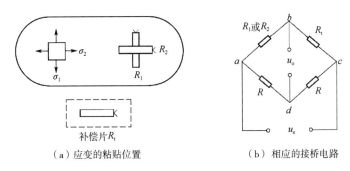

（a）应变的粘贴位置 （b）相应的接桥电路

图 10-2 用半桥单点测量薄壁压力容器的主应变

2）主应力方向未知。一般采用贴应变花的办法进行测试。对于平面应力状态，如能测出某点三个方向的应变 $\varepsilon_1$、$\varepsilon_2$ 和 $\varepsilon_3$，就可以计算出该点主应力的大小和方向。应变花是由三个或多个按一定角度关系排列的应变片组成的（见图 10-3），用它可测试某点三个方向的应变，然后按有关实验的应力分析资料中查得的主应力计算公式求出其大小及方向。目前市场上已有多种复杂图案的应变花供应，可根据测试要求选购，例如直角形应变花和三角形应变花。

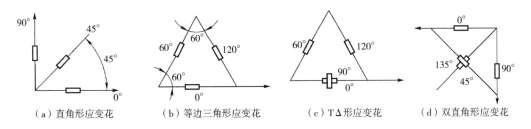

（a）直角形应变花 （b）等边三角形应变花 （c）TΔ形应变花 （d）双直角形应变花

图 10-3 常用的应变花

### 10.1.3 影响测量的因素及其消除方法

在实际测试中，为了保证测量结果的有效性，还必须对影响测量精度的各因素有所了解，并采取有针对性的措施来消除它们的影响。否则，测量将可能产生较大误差，甚至失去意义。

1. 温度的影响及温度补偿

测试实践表明，温度对测量的影响很大，一般来说必须考虑消除其影响。在一般情况下，温度变化总是同时作用到应变片和试件上的。消除由温度引起的影响，或者对它进行修正，以求出仅由载荷作用下引起的真实应变的方法，称为温度补偿法。温度补偿法主要采用温度自补偿应变片，或采用电路补偿片，即利用电桥的和差特性，用两个同样的应变片，一片为工作片，贴在试件上需要测量应变的地方，另一片为补偿片，贴在与试件同材料、同温度条件但不受力的补偿件上。由于工作片和补偿片处于相同的温度－膨胀状态下，产生相等的 $\varepsilon_t$，当分别接到电桥电路的相邻两桥臂上，温度变化所引起的电桥输出等于零，起到了温度补偿的作用。

在测试操作中注意需满足以下三个条件：

（1）工作片和补偿片必须是相同的。

（2）补偿板和待测试件的材料必须相同。

（3）工作片和补偿片的温度条件必须是相同的或位于同温度环境下的。

在应用中，多采用双工作片或四工作片全桥的接桥方法，这样既可以实现温度互补又能提高电桥的输出。在使用电阻应变片测量应变时，应尽可能消除各种误差，以提高测试精度。

2. 减少贴片误差

测量单项应变时，其应变片的粘贴方向与理论主应力的方向不一致，则实际测得的应变值不是主应力方向的真实应变值，从而产生一个附加误差。即应变片的轴线与主应变方向有偏差时，就会产生测量误差，因此在粘贴应变片时对此应给予充分的注意。

3. 力求应变片的实际工作条件和额定条件一致

当应变片的灵敏度标定时的试件材料与被测材料不同，及应变片名义电阻值与应变仪桥臂电阻不同时，就会引起误差。一定基长的应变片，有一定的允许极限频率。例如，要求测量误差不大于 1% 时，基长为 5mm，允许的极限频率为 77Hz，而基长为 20mm 时，则极限频率只能达到 19Hz。

4. 排除测量现场的电磁干扰

在测量时仪表示值抖动，大多是由电磁干扰引起，如接地不良、导线间互感、漏电、静电感应、现场附近有电焊机等强磁场干扰及雷击干扰等，应想办法排除。

5. 测点的选择

测点的选择和布置对能否正确了解结构的受力情况和实现正确的测量影响很大。测点越多，越能了解结构的应力分布状况，但增加了测试和数据处理的工作量和贴片误差。因此，应根据以最少的测点达到足够真实地反映结构受力状态的原则来选择测点，为此，一般应作如下考虑：

（1）预先对结构进行大致的受力分析，预测其变形形式，找出危险断面及危险位置。这些地方一般是处在应力最大或变形最大的部位。而最大应力一般又是在弯矩、剪力或扭矩最大的截面上。然后根据受力分析和测试要求，结合实际经验最后选定测点。

（2）截面尺寸急剧变化的部位或因孔、槽导致应力集中的部位，应适当多布置一些测点，以便了解这些区域的应力梯度情况。

（3）如果最大应力点的位置难以确定，或者为了了解截面应力分布规律和曲线轮廓段应力过渡的情况，可在截面上或过渡段上比较均匀地布置 5～7 个测点。

（4）利用结构与载荷的对称性，以及对结构边界条件的有关知识来布置测点，往往可以减少测点数目，减轻工作量。

（5）可以在不受力或已知应变、应力的位置上安排一个测点，以便在测试时进行监视和比较，有利于检查测试结果的正确性。

（6）防止干扰：由于现场测试时存在接地不良，导线分布电容、干扰或雷击等原因，会导致测试结果的改变，应采取措施排除。

（7）动态测试时，要注意应变片的频响特性，由于很难保证同时满足结构和受载情况对称，因此一般情况下多为单片半桥测量。

## 10.2  力的测量

在机械工程中，力学参数的测量是最常碰到的问题之一。由于机械设备中多数零件或构件的工作载荷属于随机载荷，要精确地计算这些载荷及产生的影响是十分困难的。而通过对其力学参数的测量则可以分析和研究机械零件、机构或整体结构的受力情况和工作状态，验证设计计算的正确性，确定整机工作过程中载荷谱和某些物理现象的机理。因此力学参数测量对发展设计理论、保证安全运行，以实现自动检测和自动控制等都具有重要的作用。

当力施加于某一物体后，将产生两种效应，一种是使物体变形的效应，另一种是使物体的运动状态改变的效应。由胡克定律可知：弹性物体在力的作用下产生变形时，若在弹性范围内，物体所产生的变形量与所受的力值成正比。因此只需通过一定手段测出物体的弹性变形量，就可间接确定物体所受力的大小，如10.1节所述可知利用物体变形效应测力是间接测量测力传感器中"弹性元件"的变形量。物体受到力的作用时，产生相应的加速度。由牛顿第二定律可知：当物体质量确定后，该物体所受的力和所产生的加速度，二者之间具有确定的对应关系。这时只需测出物体的加速度，就可间接测得力值。故通过测量力传感器中质量块的加速度便可间接获得力值。一般而言，在机械工程中大部分测力方法都是基于物体受力变形效应。

### 10.2.1  几种常用力传感器的介绍

#### 1. 弹性变形式的力传感器

该传感器的特点是首先把被测力转变成弹性元件的应变，再利用电阻应变效应测出应变，从而间接地测出力的大小。所以弹性敏感元件是这类传感器的基础，应变片是其核心。弹性元件的性能好坏是保证测力传感器使用质量的关键。为保证一定的测量精度，必须合理选择弹性元件的结构尺寸、形式和材料，仔细进行加工和热处理，并需保证小的表面粗糙度值等。衡量弹性元件性能的主要指标有非线性、弹性滞后、弹性模量的温度系数、热膨胀系数、刚度、强度和固有频率等。力传感器所用的弹性敏感元件有柱式、环式、梁式和 S 形几大类。

（1）圆柱式电阻应变式力传感器。图 10-4 是一种用于测量压缩力的应变式测力头的典型构造。受力弹性元件是一个由圆柱加工成的方柱体，应变片粘贴在四侧面上。在不减小柱体的稳定性和应变片粘贴面积的情况下，为了提高灵敏度，可采用内圆外方的空心柱。侧向加强板用来增大弹性元件在 $x-y$ 平面中的刚度，减小侧向力对输出的影响。加强板的 $z$ 向刚度很小，以免影响传感器的灵敏度。应变片按图示粘贴并采用全桥接法，这样既能消除弯矩的影响，也有温度补偿的功能。对于精确度要求特别高的力传感器，可在电桥某一臂上串接一个热敏电阻 $R_{T1}$，以补偿四个应变片 1～4 电阻温度系数的微小差异。用另一热敏电阻

$R_{T2}$和电桥串接，可改变电桥的激励电压，以补偿弹性元件弹性模量随温度而变化的影响。这两个电阻都应装在力传感器内部，以保证和应变片处于相同的温度环境。

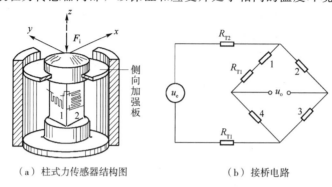

（a）柱式力传感器结构图　　　（b）接桥电路

图 10-4　贴应变片柱式力传感器

（2）梁式拉压力传感器。为了获得较大的灵敏度，可采用梁式结构。图 10-5 是用来测量拉/压力传感器的典型弹性元件。显然，刚度和固有频率都降低，如果结构和粘贴都对称，应变片 1~4 参数也相同，则这种传感器具有较高的灵敏度，并能实现温度补偿和消除 $x$ 和 $y$ 方向的干扰。

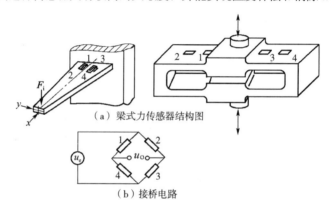

（a）梁式力传感器结构图

（b）接桥电路

图 10-5　贴应变片梁式力传感器

### 2. 差动变压器式力传感器

如图 10-6 所示是一种差动变压器式力传感器的结构示意图，该传感器采用一个薄壁圆筒 1 作为弹性元件。弹性圆筒受力发生变形时，带动铁芯 2 在线圈 3 中移动，两者的相对位移量反映了被测力的大小。该类力传感器是通过弹性元件来实现力和位移间的转换。弹性元器件由差动变压器转换成电信号，其工作温度范围比较宽（$-54 \sim +93\,℃$），在长径比较小时，受横向偏心力的影响较小。

### 3. 压电式力传感器

压电式传感器应用压电效应，将力转换成电量。作为测力传感器它具有以下特点：①静态特性良好，即灵敏度、线性度好、滞后小，因为压电式

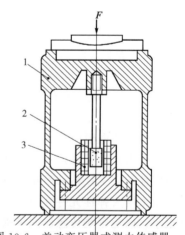

图 10-6　差动变压器式测力传感器

1—弹性圆筒；2—铁芯；3—差动变压器绕组

测力传感器中的敏感元件自身的刚度很高。而受力后，产生的电荷量（输出）仅与力值有关，而与变形元件的位移量没有直接关系，因而其刚度的提高基本不受灵敏度的限制，可同时获得高刚度和高灵敏度；②动态特性亦好，即固有频率高、工作频带宽、幅值相对误差和相位误差小，瞬态响应上升时间短，故特别适用于测量动态力和瞬态冲击力；③稳定性好，抗干扰能力强；当采用时间常数大的电荷放大器时，可以测量静态力和准静态力，但长时间连续测量静态力将产生较大的误差。因此压电式测力传感器已成为动态力测量中十分重要的部件。

选择不同切型的压电晶片，按照一定的规律组合，则可构成各种类型的测力传感器。图 10-7 是两种压电式力传感器的构造图，图 10-7（a）的力传感器的内部加有恒定预压载荷，使之在 1000N 的拉伸力到 5000N 的压缩力范围内工作时，不致出现内部元件的松弛。图 10-7（b）的力传感器带有一个外部预紧螺母，可以用来调整预紧力，以保证力传感器在 4000N 拉伸力到 16000N 压缩力的范围内正常工作。

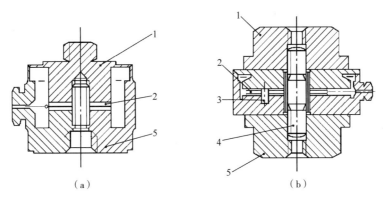

图 10-7　压电式力传感器的构造图

1—承力头；2—压电晶体片；3—倒销；4—预紧螺栓；5—基座

### 10.2.2　动态测力装置的使用特点

动态测力装置除了在灵敏度、线性误差、频率范围等方面应满足预定要求外，使用时还应考虑动力学方面的一些特点。

#### 1. 动态测力装置的动态误差

如前所述，近代测力装置基本上都是以某一弹性元件所产生的弹性变形（或与之成比例的弹性力）作为测力基础的，因而大多数测力装置可以近似抽象为如图 9-1 所示的单自由度振动系统。但是在测量过程中，它与被测系统以及它的支承系统组成非常复杂的多自由度振动系统。在动态力的作用下，该弹性元件的弹性变形（或弹性力）同动态力的关系也就相当复杂，两者在幅值、相位方面都有较大的差异，这些差异和测力装置的动态特性、支承系统、负载效应都有密切关系。以弹性元件的弹性变形（或弹性力）为基础的力学测力装置，应保证该弹性力和被测力成比例、同相位。然而一旦将测力装置和被测系统相接，由于负载效应，将使被测力发生变化，使作用于测力装置的施加力和原来的被测力是不一样的。要完全消除这种差别唯有取被测系统的构件作为测力装置的弹性元件。其次，作为时间矢量，实际作用力 $F$ 和测力装置的阻尼力 $F_c$、惯性力 $F_m$ 以及弹性元件的弹性力 $F_k$ 之间的关系如图 10-8 所示。显然，弹性力和实际作用力在幅值和相位两方面都是不一样的。最后，即使可以用二阶系统的响应特性来近似描述这类装置，也只有在一定频率的范围内，即其工作频率$\omega$远小于其固有频率$\omega_n$的情况下，才能近似满足不失真的测量条件；如果支承系统的刚性不好，情况会更加恶化，与不失真测量条件相差更远。

总之，在一般情况下，由于上述三方面的原因，测力弹性元件的弹性力（或弹性变形）和被测力总有幅值和相位的差异。因此在实际使用条件下，在整个工作频率范围内进行全面的标定和校准是一件必不可少的工作。

此外，从图 10-8 中还可以看出，如果能测出阻尼力 $F_c$ 和惯性力 $F_m$，将它们与弹性力 $F_k$ 相加，就可以得出实际作用力 $F$，从而消除测量的方法误差。由于 $F_c$、$F_m$ 和 $F_k$ 分别与测力装置的位移、速度和加速度成正比，但方向相反，若用一个质量甚小的加速度计来测量测力装置的加速度，用微分电路由弹性位移信号求得速度信号，然后用运算放大器将这两项信号按适当比例加进位移信号中，对 $F_k$ 进行补偿，便可得到实际作用为 $F$，消除了测量方法的误差。

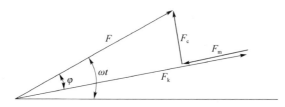

图 10-8　实际作用力和测量测力装置的惯性力、阻尼力以及弹性力的关系

2. 注意减小交叉干扰

一个理想的多向测力装置，要求在互相垂直的三个方向中的任何一个方向受到力的作用时，其余两方向上不应有输出。实际上却常常会有微小输出，这种现象称为交叉干扰。为了减小交叉干扰，必须采用相应的措施，例如精心设计弹性元件，使其受力变形合理；正确选择应变片的粘贴部位并准确地粘贴；最后，还往往利用测力装置标定结果来修正交叉干扰的影响。

3. 测力装置频率特性的测定

确定整个测力装置频率特性的具体办法与确定某一系统，特别是机械系统的频率响应特性的方法没有原则差别。但是必须特别强调的是动态特性测定必须在实际工作条件下进行。常用的激励是正弦激励和冲击激励。对于后者，在测得激励力 $x(t)$ 和测力装置的响应 $y(t)$ 之后，一般采用式（10-5）来确定其频率响应函数 $H(f)$：

$$S_{xy}(f) = S_{xx}(f) = H(f)S_x(f) \tag{10-5}$$

### 10.2.3　测力传感器的标定

为确保力测试的正确性和准确性，使用前必须对测力传感器进行标定。标定的精度将直接影响传感器的测试精度。测力传感器在出厂时，尽管已对其性能指标逐项进行过标定和校准，但在使用过程中还应定期进行校准，以保证测试精度。此外，由于测试环境的变化，使系统的灵敏度也发生变化。因此必须对整个测试系统的灵敏度等有关性能指标重新标定。测力传感器的标定分为静态标定和动态标定两个方面。

1. 静态标定

静态标定最主要的目的是确定标定曲线、灵敏度和各向交叉干扰度。为此，标定时所施加的标准力的量值和方向都必须精确。加载方向对确定交叉干扰度有着重大影响，力的作用方向一旦偏离指定方向，就会使交叉干扰度产生变化。标定时对测力传感器施加一系列标准力，测得相应的输出后，根据两者的对应关系做出标定曲线，再求出表征传感器静态特性的各项性能指标，如静态灵敏度、线性度、回程误差、重复性、稳定性以及横向干扰等。

　　静态标定通常在特制的标定台上进行。所施加的标准力的大小和方向都应十分精确，其力值必须符合计量部门有关量值传递的规定和要求。通常标准力的量值用砝码或标准测力环来度量。标定时采用砝码-杠杆加载系统、螺杆-标准测力环加载系统、标准测力机加载等。

　　2. 动态标定

　　动态标定适用于瞬变力和交变力等动态测试的传感器。对于用于动态测量的传感器，仅作静态标定是不够的，有时还需进行动态标定。动态标定的目的在于获取传感器的动态特性曲线，再由动态特性曲线求得测力传感器的固有频率、阻尼比、工作频带、动态误差等反映动态特性的参数。对测力传感器或整个测力系统进行动态标定的方法就是输入一个动态激励力，测出相应的输出，然后确定出传感器的频率响应特性等。

　　冲击法也是获取测力系统动态特性的方法之一。冲击法可获得半正弦波瞬变激励力，此法简单易行。如图 10-9（a）所示，将待定的测力传感器安放在有足够质量的基础上，用一个质量为 $m$ 的钢球从确定的高度 $h$ 自由落下，当钢球冲击传感器时，由传感器所测得的冲击力信号经过放大后输入瞬态波形存储器，或直接输入信号分析仪，即可得到如图 10-9（b）所示的波形。图 10-9（b）中 $0 \sim t_1$ 为冲击力作用时间，点划线为冲击力波形，实线为实际的输出波形，$t_1 \sim t$ 段为自由衰减振荡信号，它和 $0 \sim t_1$ 段中叠加在冲击力波形上的高频分量反映了传感器的固有特性，对其做进一步分析处理，可获得测力传感器的动态特性。

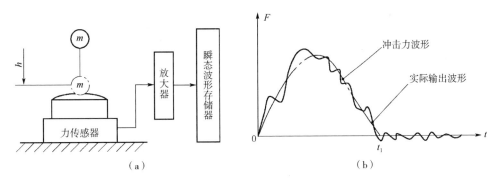

图 10-9　冲击标定系统及冲击力波形

# 10.3　扭矩的测量

　　旋转轴上的扭矩是改变物体转动状态的物理量，是力和力臂的乘积。扭矩的单位是 N·m。测量扭矩的方法甚多，其中通过转轴的应变、应力、扭角来测量扭矩的方法最常用，即根据弹性元件在传递扭矩时所产生物理参数的变化（变形、应力或应变）来测量扭矩。例如在被测机器的轴上或在装于机器上的弹性元件上粘贴应变片，然后测量其应变。其中装于机器上的弹性元件属于扭矩传感器的一部分。这种传感器就是专用于测量轴的扭矩。

### 10.3.1 应变式扭矩传感器的工作原理

应变式扭矩传感器所测得的是在扭矩作用下转轴表面的上应变ε。从材料力学得知，该主应变和所受到的扭矩成正比关系。也可利用弹性体把转矩转换为角位移，再由角位移转换成电信号输出。

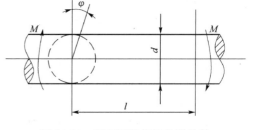

图 10-10　用于测量扭矩的弹性轴

图 10-10 给出了一种用于扭矩传感器的扭矩弹性元件。把这种弹性轴连接在驱动源和负载之间，弹性轴就会产生扭转，所产生的扭转角为

$$\varphi = \frac{32l}{\pi G D^4}M \tag{10-6}$$

式中：$\varphi$ 为弹性轴的扭转角，rad；$l$ 为弹性轴的测量长度，m；$D$ 为弹性轴的直径，m；$M$ 为扭矩，N·m；$G$ 为弹性轴材料的切变模量，Pa。

由于扭转角 $\varphi$ 与扭矩 $M$ 成正比，在实际测量中，常在弹性轴上安装两个齿轮盘，齿轮盘之间的扭转角即为弹性轴的扭转角，通过电磁耦合将扭转角信号耦合成电信号，再经标定得到输出扭矩值。

按弹性轴变形测量时

$$M = \frac{\pi G D^4 \varphi}{32l} \tag{10-7}$$

按弹性轴应力测量

$$M = \frac{\pi D^3 \sigma}{16} \quad (\sigma\ 为转轴的剪切应力) \tag{10-8}$$

按弹性轴应变测量时

$$M = \frac{\pi D^3 \varepsilon_{45°}}{16} = \frac{\pi D^3 \varepsilon_{135°}}{16} \tag{10-9}$$

式中：$\varepsilon_{45°}$、$\varepsilon_{135°}$ 分别为弹性轴上与轴线成 45°、135°角方向上的主应变。

可以看出，当弹性轴的参数固定，转矩对弹性轴作用时，产生的扭转角或应力、应变与转矩成正比关系。因此只要测得扭转角或应力、应变，便可知扭矩的大小。按扭矩信号的产生方式可以设计为光电式、光学式、磁电式、电容式、电阻应变式、振弦式、压磁式等各种扭矩仪器。

### 10.3.2 应变片式扭矩传感器

当作为扭矩传感器上的弹性轴发生扭转时，在相对于轴中心线 45°方向上会产生压缩力或拉伸力，从而将力加在旋转轴上。如果在弹性轴上或直接在被测轴上，沿轴线的 45°或135°方向粘贴上应变片，当传感器的弹性轴受转矩 $M$ 作用时，应变片产生应变，其应变量 ε 与转矩 $M$ 呈线性关系。

对于空心圆柱形弹性轴，有

$$\varepsilon_{45°} = -\varepsilon_{135°} = \frac{8M}{\pi D^3 G}\left[\frac{1}{1 - (d^4/D^4)}\right] \tag{10-10}$$

式中：$G$ 为弹性轴的弹性模量；$d$、$D$ 分别为空心转轴的内径和外径。

对于正方形截面积弹性轴，有

$$\varepsilon_{45°} = -\varepsilon_{135°} = 2.4 \frac{M}{a^3 G} \tag{10-11}$$

式中：$a$ 为弹性轴的边长。

例如，当测量弹性轴的扭矩时，将应变片 $R_1$、$R_2$ 按图 10-11（a）所示的方向（与轴线成 $45°$ 角，并且两片互相垂直）贴在弹性轴上，则

沿应变片 $R_1$ 方向的应变为

$$\varepsilon_1 = \frac{\sigma_1}{E} - \mu \frac{\sigma_3}{E}$$

沿应变片 $R_2$ 方向的应变为

$$\varepsilon_3 = \frac{\sigma_3}{E} - \mu \frac{\sigma_1}{E}$$

式中：$E$ 为弹性轴材料的弹性模量（$N/m^2$）。

因为 $\sigma_1 = -\sigma_3$，所以 $\varepsilon_1 = -\varepsilon_3$。

图 10-11(a) 所示的半桥，不仅能使测量灵敏度比贴一片 $45°$ 方向的应变片时高一倍，而且能消除由于弹性轴安装不善所产生的附加弯矩和轴向力的影响，但这种贴片的接桥方式不能消除附加横向剪力的影响。如果在弹性轴上粘贴四片应变片并将它们接成半桥或全桥，就能消除附加横向剪力的影响（见图 10-11(b)）。这种在弹性轴的适当部位按图 10-11(b) 粘贴四片应变片后，作全桥连接构成的扭矩传感器，若能保证应变片粘贴位置准确、应变片特性匹配，则这种装置就具有良好的温度补偿和消除弯曲应力、轴向应力影响的功能。粘贴后的应变片必须准确地与轴线成 $45°$，应变片 1 和 3、2 和 4 应在同一直径的两端。采用应变花可以简化粘贴并易于获得准确的位置。用应变片直接粘贴在弹性轴上的情况下，有时为了提高灵敏度，将机器弹性轴的一部分设计成空心轴，以提高应变量。对于专用的扭矩传感器的弹性元件可以设计的应变量较大，以提高测量灵敏度。

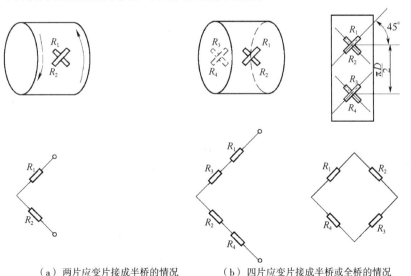

（a）两片应变片接成半桥的情况　　　（b）四片应变片接成半桥或全桥的情况

图 10-11　扭力杆上的应变片的粘贴

弹性轴截面最常用的是圆柱形，如图 10-12 所示。但对于测量小转矩的弹性轴，考虑到抗弯曲强度、临界转速、电阻应变片尺寸及粘贴工艺等因素，多采用空心结构。大量程转矩测量一般多采用实心方形截面弹性轴，应该注意应变片的中心线必须准确地粘贴在表面 45°及 135°的螺旋线上，否则弹性轴在正、反向力矩作用下的输出灵敏度将有差别，会造成方向误差。一般允许粘贴角度的误差范围为 ±0.5°。

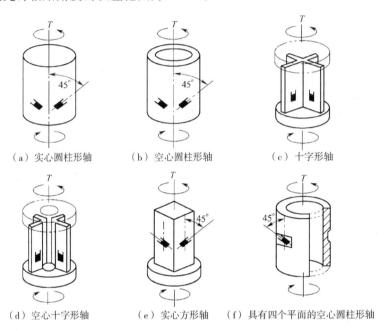

（a）实心圆柱形轴　　（b）空心圆柱形轴　　（c）十字形轴

（d）空心十字形轴　　（e）实心方形轴　　（f）具有四个平面的空心圆柱形轴

图 10-12　各种截面形状转轴

图 10-13 是这种传感器的工作原理图。为了给旋转的应变片输入电压和从电桥中检测轴心信号，在整个检测系统上安装有集流环和电刷。扭矩传感器由弹性轴和贴在其上的应变片组成，并成为扭矩传递系统的一个环节，与转轴一起旋转。为给旋转着的应变片输入电压和从电桥中取出检测信号，采用由滑环和电刷组成的集流环部件来完成传递。通过此旋转元件（滑环，固定在转轴

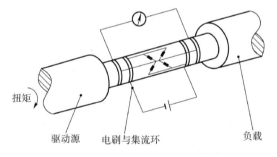

图 10-13　应变式扭矩传感器的工作原理图

上）和静止元件（电刷，固定在机架上）的接触，将传感器所需的激励电压输入和将检测信号输出。或者采用发射器件和接收器件之间电磁场的耦合方式，无接触地将传感器的信号耦合到接收端。

### 10.3.3　集流环装置

集流环装置由两部分组成：一部分与引出线连接并固定在转轴上随转轴一起转动，称为转子；另一部分与应变仪导线连接，静止不动，称为定子。转子与定子能够相对运动，从而既用来输出构件上应变片转换的电信号，及输出热电偶等各种传感器的电信号，也可用来输

入外部对传感器的激励电压。集流环的优劣直接影响测量精度，质量低劣或维护不当的集流环所产生的电噪声甚至能淹没扭矩信号，使测量无法进行。因此对集流环的要求是：接触电阻变化要小，一般希望接触电阻的变化小到应变片电阻变化的 $1/50\sim1/100$。

测量电路的接法对应变式扭矩传感器的测量精度也有很大的影响。如图 10-14（a）所示，扭力轴上的应变片组成半桥，在 $A$、$B$、$C$ 三点通过集流环引出，接到应变仪的测量电路上。在这种情况下集流环的接触电阻是串入桥臂的，因此接触电阻的变化和扭矩变化一样，也要引起应变仪输出的变化，从而给测量造成误差。如图 10-14（b）所示，弹性轴上粘四个应变片，接成全桥，其四个节点通过四个滑环——电刷引出，各接触电阻就不在桥臂之内，因此由接触电阻的变化所引起的测量误差就大大减小了。

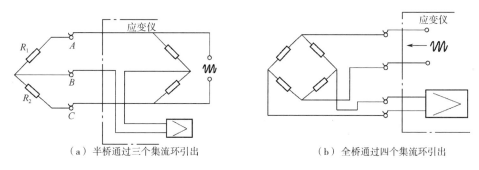

（a）半桥通过三个集流环引出　　　　　　　（b）全桥通过四个集流环引出

图 10-14　测量电路的接法

### 10.3.4　国内外扭矩传感器介绍

目前常用扭矩传感器的使用如表 10-3 所示。扭矩传感器主要有两大类。第一类是通过磁电感应获取信号的磁（齿）栅式传感器，这类传感器的输出信号的本质是两路相角位移信号，需要对信号进行组合处理才能得到扭矩信息。它是非接触式传感器，无磨损、无摩擦，可用于长期测量，但体积大、不易安装、不能测静止扭矩，转速过低时，须用小电动机补偿转速，操作复杂。第二类是以电阻应变片为敏感元件组成的扭矩传感器，它在转轴或与转轴串接的弹性轴上安装了四片精密电阻应变片，并把它们连成一平衡电桥。输出信号与扭矩成比例。桥的激励电压和测量信号的传送方式有两种：一种是接触式传送，通过滑环和电刷传送激励电压和测量信号，电刷寿命可达到一亿转次；另一种是非接触式传送，包括传感器感应方式传送，或微电池供电、无线电传送。这类传感器具有可测量静态和动态扭矩、高频冲击和振动信息，体积小、重量轻、输出信号易于计算机处理等特点，正逐渐得到越来越多的应用。

表 10-3　国内外扭矩传感器

| 敏 感 元 件 | 信号传输形式 | 国家级代表产品 |
|---|---|---|
| 电阻应变片 | 接触式：通过滑环和电刷传送激励电压和测量信号 | 德国 HBM 公司 T1、T2 系列传感器 |
| | 非接触式：<br>①通过变压器形式传送激励电压和测量信号；<br>②用变压器或电池供电、以调频/发射机遥控测计来传送数据 | 德国 HBM 公司 T30FN<br>日本 KYOWA KC 系列应变片 |

（续表）

| 敏 感 元 件 | 信号传输形式 | 国家级代表产品 |
|---|---|---|
| 磁（齿）栅式位移传感器 | 非接触式测量：磁（齿）栅磁电感<br>应信号 | 日本小野测齿栅式扭矩传感器<br>德国 HBM WI 系列和 WI-EL |
| 其他元件：如光栅、电容、<br>齿轮等感应信号 | 非接触式测量：用光栅、电容、齿<br>轮等感应信号 | |

关于详细有关的扭矩传感器的介绍，可参阅其他图书。

# 习　题　十

10.1　说明应变式压力和力传感器的基本原理。

10.2　有一个应变式力传感器，弹性元件为实心圆柱，直径 $D=40\text{mm}$，在其上沿轴向和周向各贴两片应变片（灵敏度系数 $S=2$），组成全桥电路，桥压为 10V。已知材料的弹性模量 $E=2.0\times10^{11}\text{ Pa}$，泊松比 $\nu=0.3$，试求该力传感器的灵敏度，单位用 $\mu\text{V/kN}$ 表示。

第 1 章课件

习题十答案

# 第11章 流体参量的测量

在众多工程领域中，压力和流量等流体参量的测量都具有十分重要的意义。各种压力和流量测量装置尽管在原理或结构上有很大差别，但其共同特点是都有中间转换元件，以便把流体的压力、流量等参量转换为中间机械量，然后用相应的传感器将中间机械量转换成电量输出。中间转换元件对测量装置的性能有着重要的影响。另一个特点是在压力和流量测量中，测量装置的测量精确度和动态响应不仅与传感器本身及由它所组成的测量系统的特性有关，而且与由传感器、连接管道等组成的流体系统的特性有关。

## 11.1 压力的测量

物理学中将单位面积上受到的流体作用力定义为流体的压强，而工程上则习惯于称其为"压力"，本书采用"压力"这个名词。

由于参照点不同，在工程技术中流体的压力常分为：绝对压力——相对于绝对真空（绝对零压力）所测得的压力；差压（压差）——两个压力之间的相对差值；表压力（表压）——高于大气压力的绝对压力与大气压力之差；负压（真空表压力）——当绝对压力小于大气压力时，大气压力与该绝对压力之差。压力测量装置大多采用表压或负压作为指示值，而很少采用绝对压力。

工程上，按压力随时间的变化关系分为：静态压力，指不随时间变化或随时间变化缓慢的压力；动态压力，指随时间快速变化的压力。

在国际单位制中，压力是由质量、长度和时间三个基本量得出的导出量，其单位为 Pa（帕），$1Pa = 1N/m^2$。虽然已经有非常精确的压力表来提供压力的基准量，但是这些基准量最终必须依靠上述三个基本量的基准量来保证其精确度。

作用在确定面积上的流体压力能够很容易地转换成力，因此压力测量和力测量有许多共同之处。常用的两种压力测量方法是静重比较法和弹性变形法。前者多用于各种压力测量装置的静态定度，后者则是构成各种压力计和压力传感器的基础。

### 11.1.1 弹性式压力敏感元件

某种特定形式的弹性元件，在被测流体压力的作用下，将产生与被测压力成一定函数关系的机械变位（或应变）。这种中间机械量可通过各种放大杠杆或齿轮副等转换成指针的偏转，从而直接指示被测压力的大小。中间机械量也可通过各种位移传感器（以应变为中间机械量时，则可通过应变片）及相应的测量电路转换成电量输出。由此可见，感受压力的弹性敏感元件是压力计和压力传感器的关键元件。

通常采用的弹性式压力敏感元件有波登管、膜片和波纹管三类（见图 11-1）。

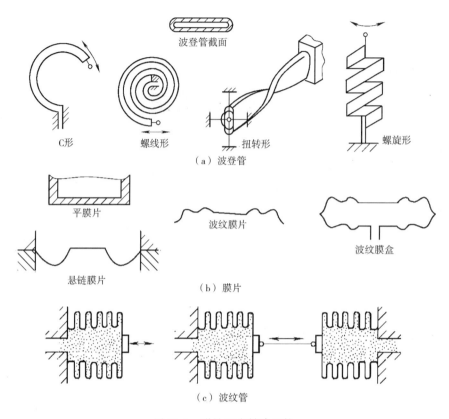

图 11-1  弹性压力敏感元件

1. 波登管

波登管是大多数指针式压力计的弹性敏感元件，同时被广泛用于压力变送器（用于稳态压力测量，其输出量为电量的压力测量装置）中。图 11-1（a）所示的各种结构形式的波登管，其横截面都是椭圆形或平椭圆形的空心金属管子。当这种弹性管一侧通入有一定压力的流体时，由于内外侧的压力差（外侧一般为大气压力），迫使管子截面的短轴伸长、长轴缩短，使其发生由椭圆形截面向圆形变化的变形。这种变形导致 C 形、螺线形和螺旋形波登管的自由端产生变位，而对于扭转形波登管来说，其输出运动则是自由端的角位移。

虽然采用波登管作为压力敏感元件，可以得到较高的测量精确度，但由于它尺寸较大、固有频率较低以及有较大的滞后性，故不宜作为动态压力传感器的敏感元件。

2. 膜片与膜盒

膜片是用金属或非金属制成的圆形薄片（见图 11-1（b））。断面是平的，称为平膜片；断面呈波纹状的，称为波纹膜片；两个膜片边缘对焊起来，构成膜盒；几个膜盒连接起来，组成膜盒组。平膜片比波纹膜片具有较高的抗振、抗冲击能力，在压力测量中用得较多。

中、低压压力传感器多采用平膜片作为敏感元件。这种敏感元件是周边固定的圆形平膜片，其固定方式有周边机械夹固式、焊接式和整体式三种。尽管机械夹固式的制造比较简便，但由于膜片和夹紧环之间的摩擦要产生滞后等问题，故较少采用。

以平膜片作为压力敏感元件的压力传感器，一般采用位移传感器来感测膜片中心的变位或在膜片表面粘贴应变片来感测其表面应变。

图 11-1(b) 所示的悬链膜片是一种受温度影响较小的膜片结构。当被测压力较低，平膜片产生的变位过小，不能达到所要求的最小输出时，可采用图 11-1(b) 所示的波纹膜片和波纹膜盒。一般波纹膜片中心的最大变位量约为直径的 2%，它用于稳态低压（低于几个兆帕）测量或作为流体介质的密封元件。

3. 波纹管

波纹管是外周沿轴向有深槽形波纹状皱褶、可沿轴向伸缩的薄壁管子，一端开口，另一端封闭，将开口端固定，封闭端处于自由状态，如图 11-1(c) 所示。在通入一定压力的流体后，波纹管将伸长，在一定压力范围内其伸长量（即自由端位移）与压力成正比。

波纹管可在较低的压力下得到较大的变位。它可测的压力较低，对于小直径的黄铜波纹管，最大允许压力约为 1.5MPa。无缝金属波纹管的刚度与材料的弹性模量成正比，而与波纹管的外径和波纹数成反比，同时刚度与壁厚成近似的三次方关系。

## 11.1.2 常用压力传感器

1. 应变式压力传感器

目前常用的应变式压力传感器有平膜片式、圆筒式和组合式等。它们共同特点是利用粘贴在弹性敏感元件上的应变片，感测其受压后的局部应变而测得流体的压力。

（1）平膜片式压力传感器。图 11-2 为平膜片式压力传感器的结构示意图。它利用粘贴在平膜片表面的应变片，感测膜片在流体压力作用下的局部应变，从而确定被测压力值的大小。

对于周边固定，一侧受均匀压力 $p$ 作用的平膜片，若膜片应变值很小，则可近似地认为膜片的应力（或应变）与被测压力呈线性关系。

平膜片式压力传感器的优点是：结构简单、体积小、质量小、性能价格比高；缺点是输出信号小、抗干扰能力差、精度受工艺影响大。

（2）圆筒式压力传感器。如图 11-3 所示，它一端密封并具有实心端头，另一端开口并有法兰，以便固定薄壁圆筒。当压力从开口端进入圆柱筒时，筒壁将产生应变。

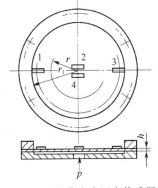

图 11-2　平膜片式压力传感器

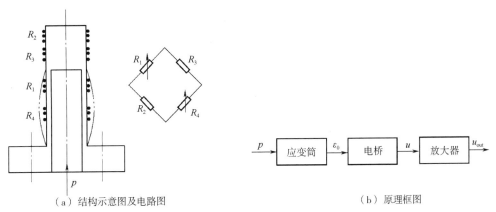

（a）结构示意图及电路图　　　　　　　　　　（b）原理框图

图 11-3　圆筒式压力传感器

圆筒的外表面粘贴有四个相同的应变片 $R_1$、$R_2$、$R_3$、$R_4$，组成四臂电桥。当筒内压力大于筒外压力时，$R_1$、$R_4$ 发生变化，电桥输出相应的电压信号。这种圆筒式压力传感器常在高压测量时应用。

（3）组合式压力传感器。此类传感器中的应变片不直接粘贴在压力感压元件上，而采用某种传递机构将感压元件的位移传递到贴有应变片的其他弹性元件上，如图 11-4 所示。图 11-4（a）利用膜片 1 和悬臂梁 2 组成弹性系统。在压力的作用下，膜片产生位移，通过杠杆使悬臂梁变形。图 11-4（b）利用悬链式膜片 1 将压力传给弹性圆筒 3，使之发生变形。图 11-4（c）利用波登管 4 在压力的作用下，自由端产生拉力，使悬臂梁 2 变形。图 11-4（d）利用波纹管 5 产生的轴向力，使梁 6 变形。

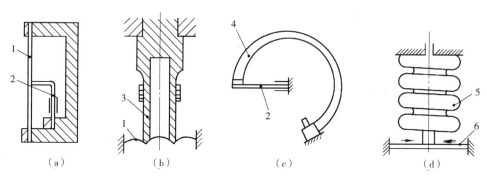

（a）　　　　　　（b）　　　　　　（c）　　　　　　（d）

图 11-4　组合式压力传感器

1—膜片；2—悬臂梁；3—弹性圆筒；4—波登管；5—波纹管；6—梁

### 2. 压阻式压力传感器

压阻式压力传感器的敏感元件（见图 11-5）是在某一晶面的单晶硅平膜片上，沿一定的晶轴方向扩散上一些长条形电阻。硅膜片的加厚边缘烧结在有同样膨胀系数的玻璃基座上，以保证温度变化时硅膜片不受附加应力。当硅膜片受到流体压力或压差作用时，膜片内部产生应力，从而使扩散在其上的电阻的阻值发生变化。它的灵敏度一般要比金属材料应变片高 70 倍左右。

一般这种压阻元件只在膜片中心变位远小于其厚度的情况下使用。

有的传感器使用隔离膜片将被测流体与硅膜片隔开，隔离膜片和硅膜片之间充填硅油，用它来传递被测压力。

这类传感器由于采用了集成电路的扩散工艺，尺寸可以做得很小。例如有的直径只有 $1.5 \sim 3$ mm，这样就可用来测量局部区域的压力，并且大大改善了动态特性（工作频率可从 0 到几百千赫）。由于电阻直接扩散到膜片上，没有粘贴层，因此零漂小、灵敏度高、重复性好。这类传感器的测量范围在 $0 \sim 0.0005$ MPa、$0 \sim 0.002$ MPa 至 $0 \sim 210$ MPa，其精确度为 $\pm 0.2\% \sim \pm 0.02\%$。

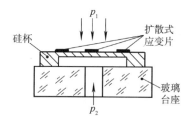

图 11-5　压阻式压力传感器

### 3. 压电式压力传感器

图 11-6 所示的膜片式压电压力传感器是目前广泛采用的一种结构。3 是承压膜片，只起到密封、预压和传递压力的作用。由于膜片的质量很小，而压电晶体的刚度又很大，所以

传感器有很高的固有频率（可高达 1000kHz 以上）。因此它是专门用于动态压力测量的一种性能较好的压力传感器。这种结构的压力传感器的优点是有较高的灵敏度和分辨率，且易于小型化。缺点是压电元件的预压缩应力是通过拧紧壳体施加的，这将使膜片产生弯曲变形，导致传感器的线性度和动态性能变坏。且当环境温度变化使膜片变形时，压电元件的预压缩应力将会变化，导致输出不稳定。

为克服压电元件在预加载过程中引起膜片的变形，可采用预紧筒加载结构，如图 11-7 所示。预紧筒 8 是一个薄壁厚底的金属圆筒，通过拉紧预紧筒对压电晶片组施加预压缩应力。在加载状态下用电子束焊将预紧筒与芯体焊成一体。感受压力的膜片是后来焊接到壳体上去的，它不会在压电元件的预加载过程中发生变形。预紧筒外的空腔内可以注入冷却水，以降低晶片温度，保证传感器在较高的环境温度下正常工作。采用多片压电元件层叠结构是为了提高传感器的灵敏度。

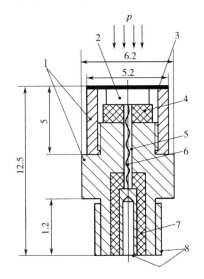 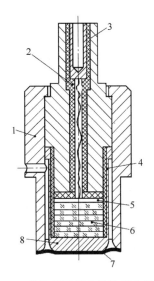

图 11-6　膜片式压电压力传感器　　　　　　图 11-7　多片层叠压电晶体压力传感器

1—壳体；2—压电元件；3—膜片；4—绝缘圈；　　　1—壳体；2、4—绝缘体；3、5—电极；

5—空管；6—引线；7—绝缘材料；8—电极　　　　6—压电片堆；7—膜片；8—预紧筒

图 11-8 是一种活塞式压电压力传感器的结构图。它是利用活塞将压力转换为集中力后直接施加到压电晶体上，使之产生相应的电荷输出。

压电压力传感器可以测量几百帕到几百兆帕的压力，并且外形尺寸可以做得很小（几毫米直径）。这种压力传感器和压电加速度计及压电力传感器一样，需采用有极高输入阻抗的电荷放大器作前置放大，其可测频率下限是由这些放大器决定的。

由于压电晶体有一定的质量，故压电压力传感器在有振动的条件下工作时，就会产生与振动加速度相对应的输出信号，从而造成压力测量误差。特别是在测量较低压力或要求较高的测量精确度时，该影响不能忽视。图 11-9 为带加速度补偿的压力传感器。在传感器内部设置一个附加质量和一组极性相反的补偿压电晶体，在振动条件下，附加质量使补偿压电晶片产生的电荷与测量压电晶片因振动产生的电荷相互抵消，从而达到补偿目的。

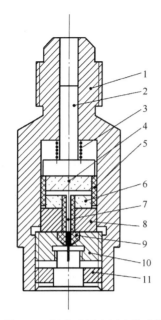

图 11-8　活塞式压电压力传感器

1—壳体；2—活塞；3—弹簧；4、6—晶片；5、9—绝缘套；

7—电极；8—压块；10—压紧螺母；11—紧固螺母

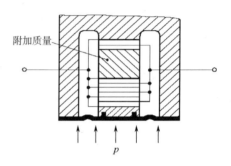

图 11-9　用附加质量补偿加速度的影响

#### 4. 电容式差压传感器

图 11-10 是一种电容式差压传感器的结构示意图。感压元件是一个全焊接的差动电容膜盒。玻璃绝缘层内侧的凹球面形金属镀膜作为固定电极，中间被夹紧的弹性测量膜片作为可动电极，从而组成一个差动电容。被测压力 $p_1$、$p_2$ 分别作用于左、右两片隔离膜片上，通过硅油将压力传递给测量膜片。在差压的作用下，中心最大位移为±0.1左右。当测量膜片在差压作用下向一边鼓起时，它与两个固定电极间的电容量一个增大一个减小，测量这两个电容的变化，便可知道差压的数值。这种传感器结构坚实、灵敏度高、过载能力大；精度高，其精确度可达±0.25%～±0.05%；仪表测量范围在0～0.000 01MPa 至 0～70MPa。

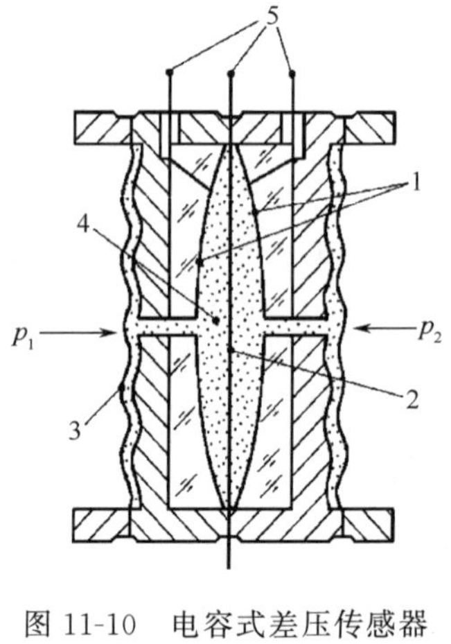

图 11-10　电容式差压传感器

1—固定电极；2—测量膜片；3—隔离膜片；

4—硅油；5—电容引出线

#### 5. 霍尔式压力传感器

霍尔式压力传感器一般由两部分组成，一部分是弹性元件（波登管、膜盒等），用来感受压力并把压力转换成位移量，另一部分是霍尔元件和磁路系统。通常把霍尔元件固定在弹性元件上，当弹性元件在压力作用下产生位移时，就带动霍尔元件在均匀梯度的磁场中移动，从而产生霍尔电势。图 11-11 为霍尔式压力传感器的结构原理图。它是用霍尔元件把波登管的自由端位移转换成霍尔电势输出。霍尔式压力传感器结构简单、灵敏度较高，可配用通用的仪表指示，还能远距离传输和记录。

**6. 电感式压力传感器**

电感式压力传感器一般由两部分组成，一部分是弹性元件，用来感受压力并把压力转换成位移量，另一部分是由线圈和衔铁组成的电感式传感器。电感式压力传感器可分为自感型和差动变压器型。图 11-12 为电感式压力传感器的结构原理图。图 11-12(a) 为由膜盒与变气隙式自感传感器构成的压力传感器，流体压力使膜盒变形，从而推动固定在膜盒自由端的衔铁上移引起电感变化。图 11-12(b) 为膜盒与差动变压器构成的微压力传感器。衔铁固定在膜盒的自由端。无压力时，衔铁在差动变压器线圈的中部，输出电压为零，当被测压力通过接头输入膜盒后，膜盒变形推动衔铁移动，使差动变压器输出正比于被测压力的电压。

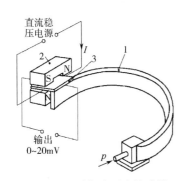

图 11-11 霍尔式压力传感器

1—波登管；2—磁铁；3—霍尔元件

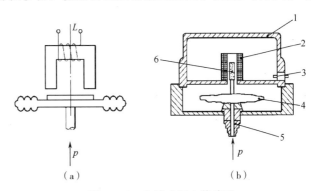

(a)          (b)

图 11-12 电感式压力传感器

1—罩壳；2—差动变压器；3—插座；4—膜盒；5—插头；6—衔铁

**7. 光电式压力传感器**

利用弹性元件和光电元件可组成光电式压力传感器，如图 11-13 所示。当被测压力 $p$ 作用于膜片时，膜片中心处的位移引起两遮光板中的狭缝一个变宽，一个变窄，导致折射到两个光敏元件上的光强度一个增强，一个减弱。把两个光敏元件接成差动电路，差动输出电压可设计成与压力成正比。

在压力测量中，微压及微差压力的传感技术一直是一个难题，特别是为获得与其相应的灵敏度及可靠性方面存在一些难点；采用光纤传感器技术可得到较好的效果。图 11-14 是一种光纤式压力传感器的结构原理图。将一个具有一定反射率且质地柔软的反射镜贴在承受压力（压差）的膜片上，当压（差）力使膜片发生微小变形时，便会改变反射镜所反射的入射光的光强，从而测得其压（差）力。

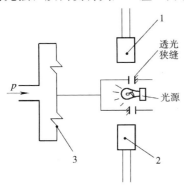

图 11-13 光电测压原理图

1、2—光敏元件；3—弹性膜片

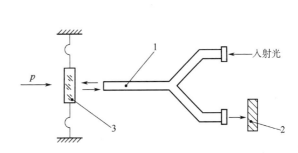

图 11-14 光纤测压原理图

1—光纤；2—探测器；3—反光镜

**8. 振频式压力传感器**

振频式压力传感器利用感压元件本身的谐振频率与压力的关系，通过测量频率信号的变化来检测压力。振频式压力传感器有振筒、振弦、振膜、石英谐振等多种形式。以下以振筒式压力传感器为例说明。

振筒式压力传感器的感压元件是一个薄壁圆筒，圆筒本身具有一定的固有频率，当筒壁受压张紧后，其刚度发生变化，固有频率也会相应地改变。

在一定压力作用下，变化后的振筒频率可以近似表示为

$$f_p = f_0 \sqrt{1 + \alpha p} \tag{11-1}$$

式中：$f_p$ 为受压后的振筒频率；$f_0$ 为固有频率；$\alpha$ 为结构系数；$p$ 为被测压力。

传感器由振筒组件和激振电路组成，如图 11-15 所示，用低温度系数的恒弹性材料制成，一端封闭为自由端，固定在基座上，压力由内侧引入。绝缘支架上固定着激振线圈和检测线圈，二者的空间位置互相垂直，以减小电磁耦合。激振线圈使振筒按固有的频率振动，受压前后的频率变化可用线圈检测出来。

这种仪表体积小、输出频率信号、重复性好、耐振；精确度可达到 ±0.1% 和 ±0.01%；测量范围为 0～0.014MPa 至 0～50MPa，适用于气体测量。

**9. 力平衡式压力传感器**

前述传感器都是开环系统，为了提高精度可以采用带反馈的闭环系统，即伺服式压力测量系统，常用的有位置反馈式和力反馈（平衡）式。

图 11-16 为力平衡（反馈）式压力传感器。被测压力 $p$ 经波纹管转换为力 $F_1$，它作用于杠杆左端的 $A$ 点，使杠杆绕支点 $O$ 作逆时针偏转。当杠杆稍一偏转，位于杠杆右端的位移传感器便有输出，于是放大器输出电流 $I_0$，此电流流过位于永久磁铁磁场中的反馈线圈，产生一定的电磁力，使杠杆的 $B$ 点受到一个反馈力 $F_2$ 的作用，从而形成一个使杠杆作顺时针偏转的反力矩。由于位移传感器-放大器极其灵敏，杠杆实际上只要产生极微小的位移，放大器便有足够的输出电流，此电流所产生的反力矩与作用力矩相平衡。杠杆处于平衡状态时，输出电流正比于被测压力 $p$。

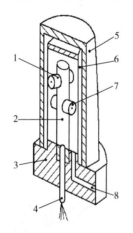

图 11-15　振筒式压力传感器结构示意图

1—激振线圈；2—支柱；3—底座；4—引线；
5—外壳；6—振动筒；7—检测线圈；8—压力入口

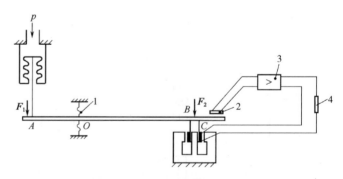

图 11-16　力平衡式压力传感器

1—弹性支撑；2—位移传感器；3—放大器；
4—输出负载

这里平衡不是靠弹性元件的弹性反力来建立的，当位移传感器-放大器非常灵敏时，杠杆的位移量很小。若整个弹性系统的刚度设计得很小，那么弹性反力在平衡状态的建立中无足轻重，可以忽略不计。这样，当材料的弹性性质随温度变化很大时，弹性元件的弹性力随温度漂移就不会影响这类传感器的精确度。此外，变换过程中由于位移量很小，使得弹件元件的有效受压面积能保持恒定，因此线性度较好。位移量小还可以减小弹性迟滞及回程误差。这种传感器的基本精确度为 0.5 级，回程误差小于 $\pm 0.25\%$。

### 11.1.3　压力测量系统的动态特性

传感器安装到测压点上之后，其动态特性自然还要受到被测流体的性质和安装情况的影响。为了使压力测量系统具有最佳的动态性能，传感器与测压点处的连接应该如图 11-17(a) 所示，即传感器膜片与测压点周围的壁面处于"齐平"的状态。传感器膜片与测压点间的任何连接管道及容腔将在不同程度上降低测量系统的动态性能。然而在许多情况下"齐平"安装是困难的，往往要采用如图 11-17(b) 所示的容腔安装方式。工作介质为液体、安装方式为管道-容腔型的压力测量系统可以简化成二阶系统来研究其动态特性。

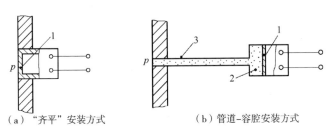

（a）"齐平"安装方式　　　　　（b）管道-容腔安装方式

图 11-17　传感器安装方式

1—膜片；2—容腔；3—管道

### 11.1.4　压力测量装置的定度

一般用静态定度来确定压力传感器或压力测量系统的静态灵敏度及各种静态误差，而用动态定度来确定其动态响应特性。

**1. 压力测量装置的静态定度**

压力测量装置的静态定度一般采用静重比较法，即标准砝码的重力通过已知直径和重量的柱塞来作用于密闭的液体系统，从而产生如下的标准压力：

$$p = \frac{4g_n(M_1 + M_2)}{\pi D^2} \tag{11-2}$$

式中：$p$ 为标准压力（Pa）；$g_n$ 为当地的重力加速度（m/s²）；$M_1$ 为标准砝码的质量（kg）；$M_2$ 为柱塞的质量（kg）；$D$ 为柱塞直径（m）。

此标准压力作用于压力传感器的敏感元件上，实现静态定度。

常用的静态压力定度装置为如图 11-18 所示的活塞压力计。使用时打开贮油器 6 的进油阀 7，将液压缸的活塞退至最右侧，使整个管道充满油液。然后关闭阀门 7，并分别打开通向被校的压力表 8 和测量缸 3 的阀门，摇动手轮使压力缸 1 的活塞左移，压缩油液。当测量柱塞 4 连同标准砝码 5 在力的作用下上升到规定的高度后，使砝码和柱塞一起旋转，以减小柱塞和缸体之间的摩擦力。此时产生由式（11-2）所确定的标准压力，增减砝码的数量可改变此压力值。在进行低压高精确度的静态压力定度时，还要考虑砝码所受到的空气浮力。

2. 压力测量装置的动态定度

通常压力测量系统的动态定度有两种目的：一是确定压力测量系统的动态响应，以便估计动态误差，必要时可进行动态误差修正；二是考虑有些压力测量装置的动态灵敏度与静态灵敏度不同，因此必须由动态定度确定灵敏度。

所谓动态压力定度，就是利用波形和幅值均能满足一定要求的压力信号发生装置，向被定度的压力测量装置输入动态压力，通过测量其响应，而得到输入和输出间的动态关系。压力信号发生装置一般有正弦压力信号发生器和瞬态压力信号发生器两类。前者测量及信号处理都比较简单，但仅适用于低压和低频的

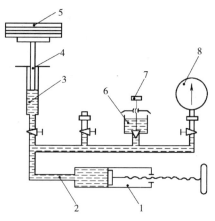

图 11-18　活塞压力计示意图

1—压力缸；2—油液；3—测量缸；4—测量柱塞；
5—砝码；6—贮油器；7—进油阀；
8—被校的压力表

情况；后者是目前应用最广泛的动态压力信号发生装置，这里只讨论这种装置。

瞬态压力信号发生器是指能产生阶跃或脉冲压力信号的装置。对于动态压力定度而言，目前阶跃压力信号发生装置用得较为成功。阶跃压力信号发生装置按其工作原理和结构，可分为快速阀门装置和激波管两类。

1. 快速阀门装置

快速阀门装置的结构尽管很多，但其基本原理是相同的，就是将压力传感器安装在一个容积很小的容腔壁上，当这个小容腔通过快速阀门与一个高压容腔接通时，作用在传感器上的压力就迅速上升到一个稳定值。反之，如果高压小容腔通过阀门与低压容腔或大气相通时，压力就迅速上升到一个稳定值。为了加快压力跃升或下跌的速度，一方面应尽量减少容腔的容积，另一方面应尽量提高阀门的动作速度。

图 11-19 给出了一个预应力杆式阀门装置的原理图。这种动态压力定度装置由充满液体的大小两个容腔组成，二者的容积比为 1000：1，长度比为 40：1，中间用一个特殊的阀门将它们隔开。被定度的传感器安装在较小的容腔内，通过泄放阀保证其初始压力为大气压，然后将泄压阀关闭。将大容腔的液体加压至所需的压力，由于大小容腔的容积相差甚大，因此在阀门突然开启时，两腔内最终的平衡压力与大容腔的初始压力相差不到 1%。该装置是利用长阀杆的弹性变形使阀门快速开启的。

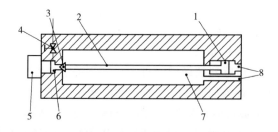

图 11-19　预应力快速阀门装置的结构原理图

1—活塞；2—长阀杆；3—阀芯；4—泄放阀；5—被定度的传感器；6—小容腔；7—大容腔；8—供油管道

### 2. 激波管

在气体中，当某处的压力突然发生变化时，压力波以超过音速的速度传播，其速度随压力突然变化的强弱而定，压力突变越大则波速越高。当波阵面到达某处时，该处气体的压力、温度和密度都发生剧烈变化。在波阵面尚未到达的地方，气体则完全不受它的扰动。波阵面后面的气体压力、温度和密度都比波阵面前面的高，而且气体粒子也朝着波面运动的方向流动，但速度低于波阵面的速度，这样的波就称为激波。

激波管就是用来产生平面激波的一种装置，如图 11-20 所示。它用薄膜作冲击膜片，将激波管隔离为高压区和低压区，被标定的传感器装于低压区的一端。当薄膜被高压击破后形成激波，使低压区的压力迅速上升，保持一定的时间后下降。压力上升时间约为 $0.2\mu s$ 左右，压力保持时间为几毫秒～几十毫秒，压力阶跃的幅值取决于激波管结构与薄膜厚度。激波管常用来标定谐振频率比较高的压力测量设备。

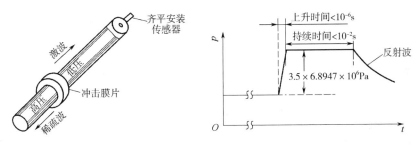

图 11-20 激波管

## 11.2 流量的测量

流体的流量分为体积流量和质量流量，分别表示某瞬时单位时间内流过管道某一截面处流体的体积数或质量数，单位分别为 $m^3/s$ 和 $kg/s$。

显然，液体的体积流量可用标准容器和秒表（或电子计时装置）来测量，也就是测量液体充满某一确定容积所需的时间。这种方法只能用来测量稳定的流量或平均流量。由于它在测量稳定的流量时可以达到很高的精确度，因此也是各种流量计静态定度的基本方法。

一般工业用或实验室用液体流量计的基本工作原理是通过某种中间转换元件或机构，将管道中流动的液体流量转换成压差、位移、力、转速等参量，然后将这些参量转换成电量，从而得到与液体流量成一定函数关系（线性或非线性）的电量（模拟或数字）输出。

### 11.2.1 常用的流量计

#### 1. 差压式流量计（流量-差压转换法）

差压式流量计是在流通管道上设置流动阻力件，当液体流过阻力件时，在它前后形成与流量成一定函数关系的压力差，通过测量压力差，即可确定通过的流量。因此，这种流量计主要由产生差压的装置和差压计两部分组成。产生差压的装置有多种形式，包括节流装置（孔板、喷嘴、文杜里管等）、动压管、均速管、弯管等。其他形式的差压式流量计还有转子式流量计、靶式流量计等。

（1）节流式流量计。图 11-21 所示的差压式流量计是使用孔板作为节流元件。

在管道中插入一片中心开有锐角孔的圆板（俗称孔板），当液体流过孔板时，流动截面缩小，流动速度加快，根据伯努利方程，压力必定下降。分析表明，若在节流装置前后端面处取静压力 $p_1$ 和 $p_2$，则流体的体积流量为

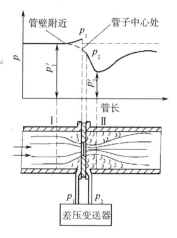

$$q_v = \alpha A_0 \sqrt{\frac{2}{\rho}(p_1 - p_2)} \qquad (11\text{-}3)$$

式中：$q_v$ 为体积流量，m/s；$A_0$ 为孔板的开口面积，m²；$\rho$ 为液体的密度，kg/m³；$\alpha$ 为流量系数，一个与流道尺寸、取压方式和流速分布状态有关的系数，无量纲。

图 11-21　差压流量计原理图

上面的分析表明，在管道中设置节流元件就是要造成局部的流速差异，得到与流速成函数关系的压差。在一定条件下，流体的流量与节流元件前后压差的平方根成正比，采用压力变送器测出此压差，经开方运算后便得到流量信号。在组合仪表中有各种专门的职能单元。若将节流装置、差压变送器和开方器组合起来，便成为测量流量的差压流量变送器。

上述流量-压差关系虽然比较简单，但流量系数 $\alpha$ 的确定十分麻烦。大量的实验表明，只有在流体接近充分紊流时，即雷诺数 $Re$ 大于某一界限值（约为 $10^5$ 数量级）时，$\alpha$ 才是与流动状态无关的常数。

流量系数除了与孔口对管道的面积比及取压方式有关之外，还与所采用的节流装置的形式有着密切关系。目前常用的节流元件还有压力损失较小的文杜里管（图 11-22(c)）和喷嘴（图 11-22(b)）等。取压方式除上述在孔板前后端面处取压的角接取压法外，还有在离孔板前后端面各 1in（英寸）处的管壁上取压等。取压方式不同，流量系数亦不同。此外，管壁的粗糙程度、孔口边缘的尖锐度、流体的黏度、温度以及可压缩性都对此系数值有影响。工业上应用差压流量计已有很长的历史，对一些标准的节流装置做过大量的试验研究，积累了一套十分完整的数据资料。使用这种流量计时，只要根据所采用的标准节流元件、安装方式和使用条件查阅有关手册，便可计算出流量系数，无须重新定度。

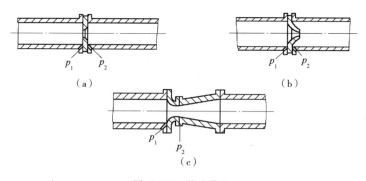

图 11-22　节流装置

差压流量计是目前各工业部门应用最广泛的一类流量仪表，约占整个流量仪表的 70%，在较好的情况下测量精确度为 ±1% ～±2%；但实际使用时，由于雷诺数及流体温度、黏度、密度等的变化以及孔板、孔口边缘的腐蚀磨损程度不同，精确度常远低于 ±2%。

（2）弯管流量计。当流体通过管道弯头时，受到角加速度的作用而产生的离心力会在弯头的外半径侧与内半径侧之间形成差压，此差压的平方根与流体流量成正比。只要测出差压就可得到流量值。弯管流量计如图11-23所示。

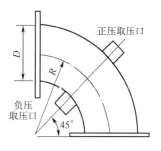

图11-23　弯管流量计示意图

取压口开在45°角处，两个取压口要对准。弯头的内壁应保证基本光滑，在弯头入口和出口平面各测两次直径，取其平均值作为弯头内径 $D$。弯头曲率 $R$ 取其外半径与内半径的平均值。弯管流量计的流量方程式为

$$q_v = \frac{\pi}{4} D^2 k \sqrt{\frac{2}{\rho} \Delta p} \qquad (11\text{-}4)$$

式中：$D$ 为弯头内径；$\rho$ 为流体密度；$\Delta p$ 为差压值；$k$ 为弯管流量系数。

流量系数 $k$ 与弯管的结构参数有关，也与流体流速有关，需由实验确定。

弯管流量计的特点是结构简单、安装维修方便；在弯管内流动无障碍，没有附加压力损失；对介质条件要求低。其主要缺点是产生的差压非常小。弯管流量计是一种尚未标准化的仪表。由于许多装置上都有不少的弯头，可用现有的弯头作为测量弯管，所以成本低廉，尤其在管道工艺条件受到限制的情况下，可用弯管流量计测量流量，但是其前直管段至少要长10D。弯头之间的差异限制了测量精度的提高，其精确度为±5%～10%，但其重复性可达±1%。有些厂家提供专门加工的弯管流量计，经单独标定，能使精确度提高到±0.5%。

2. 转子流量计（流量-位移转换法）

在小流量测量中，经常使用如图11-24所示的转子流量计。它也是利用流体流动的节流原理工作的流量测量装置。与上述差压式流量计不同之处是它的压差是恒定的，而节流口的过流面积是变化的。如图11-24所示，一个能上下浮动的转子被置于圆锥形的测量管中，当被测流体自下向上流动时，由于转子和管壁之间形成的环形缝隙的节流作用，在转子上、下端出现压差 $\Delta p$，此压差对转子产生一个向上的推力，克服转子的重量使其向上移动，这就使得环形缝隙的过流截面积增大，压差下降，直至压差产生的向上推力与转子的重量平衡为止。因此通过的流量不同，转子在锥管中的悬浮位置也就不同，测出相应的悬浮高度，便可确定通过的流体流量。节流口的流量公式为式（11-3）。式中 $p_1 - p_2$ 为节流口前后的压差（Pa）。

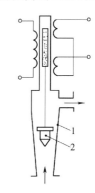

图11-24　转子流量计
1—锥形测量管；2—转子

若 $\Delta p$、$\rho$ 和 $\alpha$ 均为常数，则流量 $q_v$ 与环形节流口的过流面积 $A_0$ 成正比，对于圆锥形测量管，面积 $A_0$ 与转子所处的高度成近似的正比关系，故可采用差动变压器式等位移传感器，将流量转化为成比例的电量输出。

实际上流量系数 $\alpha$ 等是随工作条件变化的，因此这种流量计对被测流体的黏度或温度也是非常敏感的，并且有较严重的非线性。当被测流体的物性系数（密度、黏度）和状态参数（温度、压力）与流量计标定流体不同时，必须对流量计指示值进行修正。

3. 靶式流量计（流量—力转换法）

图11-25为靶式流量计的工作原理图。这种流量计在管道中装设一圆靶（靶置于管道中央，靶的平面垂直于流体流动方向）作为节流元件。当液体流过时，靶上就受到一个推力的

作用,其大小与通过的流量成一定的函数关系,测量推力 $F_1$(或测量管外杠杆一端的平衡力 $F_2$)即可确定流量值。

靶式流量计的流量与检测信号(力)之间的关系是非线性的,这就给使用带来很大的不便,并且限制了流量计的测量范围。近年来出现了一种新型的自补偿靶式流量计,它使用测量控制网络和专门的电控元件,使靶上所受到的推力被自动平衡,于是输出的控制电流值与体积流量呈线性关系。

4. 涡轮流量计(流量-转速转换法)

涡轮流量计的结构如图 11-26 所示,涡轮转轴的轴承由固定在壳体上的导流器支承,流体顺着导流器流过涡轮时,推动叶片使涡轮转动,其转速与流量成一定的函数关系,通过测量转速即可确定对应的流量。

由于涡轮是被封闭在管道中,因此采用非接触式磁电检测器来测量涡轮的转速。如图 11-27 所示,在不导磁的管壳外面安装的检测器是一个套有感应线圈的永久磁铁,涡轮的叶片是用导磁材料制成的。若涡轮转动,叶片每次经过磁铁下面时,都要使磁路的磁阻发生一次变化,从而输出一个电脉冲。显然输出脉冲的频率与转速成正比,测量脉冲频率即可确定瞬时流量,若累计一定时间内的脉冲数,便可得到这段时间内的累计流量。

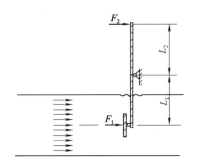

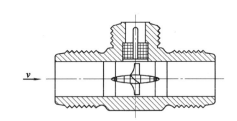

图 11-25　靶式流量计的工作原理　　　　图 11-26　涡轮流量计

涡轮流量计出厂时是以水定度的。以水作为工作介质时,每种规格的流量计在规定的测量范围内,以一定的精确度保持这种线性关系。当被测流体的运动黏度小于 $5 \times 10^6 \, \text{m}^2/\text{s}$ 时,在规定的流量测量范围内,可直接使用厂家给出的仪表常数,不必另行定度。但是在液压系统的流量测量中,由于被测流体的黏度较大,在厂家提供的流量测量范围内上述线性关系不成立(特大口径的流量计除外),仪表常数随液体的温度(或黏度)和流量的不同而变化。在此情况下流量计必须重新定度。对每种特定介质,可得到一簇定度曲线,利用这些曲线就可对测量结果进行修正。由于这种曲线簇以温度为参变量,故在流量测量中必须测量通过流量计的流体温度。当然,也可使用反馈补偿系统来得到线性特性。

就涡轮流量计本身来说,其时间常数约为 $2 \sim 10 \text{ms}$,因此具有较好的响应特性,可用来测量瞬变或脉动流量。涡轮流量计在线性工作范围内的测量精确度约为 $\pm 0.1\% \sim \pm 0.25\%$。

5. 容积式流量计(流量-转速转换法)

容积式流量计实际上就是某种形式的容积式液动机。液体从进口进入液动机,经过一定尺寸的工作容腔,由出口排出,使得液动机轴转动。对于一定规格的流量计来说,输出轴每转一周所通过的液体体积是恒定的,此体积称为流量计的每转排量。测量输出轴的平均转速，可得到平均流量值；而累计输出轴的转数，即可得到通过液体的总体积。

容积式流量计有椭圆齿轮流量计、腰形转子流量计、螺旋转子流量计等。另外，符合一定要求的液动机也可用来测量流量。

（1）椭圆齿轮流量计。椭圆齿轮流量计的工作原理如图 11-27 所示。在金属壳体内，有一对精密啮合的椭圆齿轮 A 和 B，当流体自左向右通过时，在压力差的作用下产生转矩，驱动齿轮转动。例如齿轮处于如图 11-27(a) 所示的位置时，$p_1 > p_2$，A 轮左侧压力大，右侧压力小，产生的力矩使 A 轮作逆时针转动，A 轮把它与壳体间月牙形容积内的液体排至出口，并带动 B 轮转动；在图 11-27(b) 的位置上，A 和 B 两轮都产生转矩，于是继续转动，并逐渐将液体封入 B 轮和壳体间的月牙形空腔内；到达图 11-27(c) 的位置时，作用于A 轮上的转矩为零，而 B 轮左侧的压力大于右侧，产生转矩，使 B 轮成为主动轮，带动 A 轮继续旋转，并将月牙形容积内的液体排至出口。如此继续下去，椭圆齿轮每转一周，向出口排出四个月牙形容积的液体。累计齿轮转动的圈数，便可知道流过的液体总量。测定一定时间间隔内通过的液体总量，便可计算出平均流量。

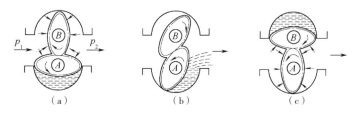

图 11-27 椭圆齿轮流量计

由于椭圆齿轮流量计是由固定容积来直接计量流量的，故与流体的流态（雷诺数）及黏度无关。然而，黏度变化要引起泄漏量的变化，从而影响测量精确度。椭圆齿轮流量计只要加工精确，配合紧密，并防止使用中的腐蚀和磨损，便可得到很高的精确度。一般情况下测量精确度为 $\pm 1\% \sim \pm 0.5\%$，较好的可达 $\pm 0.2\%$。

应当指出，当通过流量计的流量为恒定时，椭圆齿轮在一周内的转速是变化的，但每周的平均角速度是不变的。在椭圆齿轮的短轴与长轴之比为 0.5 的情况下，转动角速度的脉动率接近 0.65。由于角速度的脉动，测量瞬时转速并不能表示瞬时流量，而只能测量整数圈的平均转速来确定平均流量。

椭圆齿轮流量计的外伸轴一般带有机械计数器，由它的读数便可确定通过流量计的液体总量。这种流量计同秒表配合，可测出平均流量。但由于用秒表测量的人为误差大，因此测量精确度很低。有些椭圆齿轮流量计的外伸轴带有测速发电机或光电测速孔盘。前者是模拟电量输出，后者是脉冲输出。采用相应的二次仪表，可读出平均流量和累计流量。

（2）腰形转子流量计。图 11-28 为腰形转子流量计的原理图。壳体中装有经过精密加工、表面光滑无齿但能作密切配滚的一对转子，每个转子的转轴上都装有一个同步齿轮，这对处于另外腔室中的同步齿轮相互啮合，以保证两个转子的相对运动关系。在通过流量计的流量为恒定的情况下，转子角速度的脉动率约为 0.22。但如果采用特殊结构，即两对转子按 45°相移的关系组合起来，那么这个数值可减小到 0.027。由于转子的各处配合间隙会产生泄漏，从而使得这种流量计在小流量测量时误差较大。

（3）螺旋转子流量计。图 11-29 为四瓣螺旋转子流量计，其转子为对称圆弧齿廓的螺旋齿。一对转子直接啮合驱动，不用同步齿轮，啮合中没有困油现象。在工作过程中压力损失和压力脉动均较小，且在流量恒定的情况下，转子角速度脉动率为零。

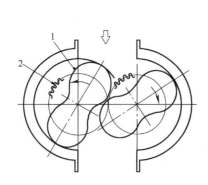

图 11-28　腰形转子流量计的原理图

1—腰形转子；2—同步齿轮

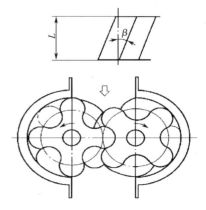

图 11-29　四瓣螺旋转子流量计

### 6. 涡街流量计（流量-频率转换法）

涡街流量计是利用流体振荡的原理进行流量测量的。当流体流过非流线形阻挡体时会发生稳定的旋涡，旋涡的产生频率与流体流速有着确定的对应关系，测量频率的变化，就可得知流体的流量。

涡街流量计的测量主体是旋涡发生体。旋涡发生体是一个具有非流线形截面的柱体，垂直插于流通截面内。当流体流过旋涡发生体时，在发生体两侧会交替地产生旋涡，并在它的下游形成两列不对称的旋涡列。当每两个旋涡之间的纵向距离 $h$ 和横向距离 $L$ 满足一定的关系，即 $h/L=0.281$ 时，这两个旋涡列将是稳定的，称之为"卡门涡街"。大量实验证明，在一定的雷诺数范围内，稳定的旋涡产生频率，与旋涡发生体处的流速 $v$ 有确定的关系，即

$$f = S_t \frac{v}{d} \tag{11-5}$$

式中：$d$ 为旋涡发生体的特征尺寸；$S_t$ 为斯特罗哈尔数。

$S_t$ 与旋涡发生体的形状及流体雷诺数有关，在一定的雷诺数范围内，$S_t$ 数值基本不变。旋涡发生体的形状有圆柱体、三角柱、矩形柱、T 形柱以及由以上简单柱体组合而成的组合柱形。不同柱形的 $S_t$ 不同，如圆柱体为 0.21，三角柱体为 0.16。其中三角柱体产生的旋涡强度较大、稳定性较好、压力损失适中，故应用较多。

当旋涡发生体的形状和尺寸确定后，可通过测量旋涡产生频率来测量流体的流量。其流量方程为

$$q_v = \frac{f}{K} \tag{11-6}$$

检测旋涡频率的方法很多，可分为一体式和分体式两类，都是利用旋涡产生时引起的波动进行测量。一体式的检测元件放在旋涡发生体内，如热丝式、热敏电阻式、膜片式；分体式检测元件则装在旋涡发生体下游，如压电式、超声式、光纤式。图 11-30 为三角柱体涡街检测器原理图，用热敏电阻检测旋涡频率。嵌入三角柱体迎流面的两支热敏电阻组成电桥的两臂，且由恒流电源供以微弱的电流对其加热，使其温度稍高于流体。在交替产生的旋涡的

作用下，两支电阻被周期性地冷却，使其阻值改变，并由电桥转变成电压的变化。最终电桥输出与旋涡产生频率相一致的交变电压信号，测得其变化频率，便可得知流体的流量。

涡街流量计的精确度为±0.5%～±1%，是一种正在得到广泛应用的流量计。

7. 电磁流量计

电磁流量计是根据电磁感应原理制成的一种流量计，用来测量导电液体的流量。测量原理如图 11-31 所示，它由产生均匀磁场的磁路系统、用不导磁材料制成的管道及在管道横截面上的导电电极组成。磁场方向、电极连线及管道轴线三者在空间互相垂直。

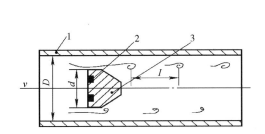

图 11-30　三角柱体涡街检测器原理图
1—管道；2—检测元件；3—旋涡发生体

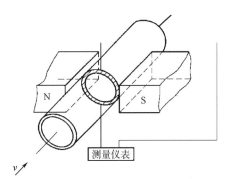

图 11-31　电磁流量计原理图

当被测导电液体流过管道时，切割磁力线，便在和磁场及流动方向垂直的方向上产生感应电动势，其值与被测流体的流速成正比。即

$$E = BDv \tag{11-7}$$

式中：$B$ 为磁场感应强度，T；$D$ 为管道内径，m；$v$ 为液体平均流速，m/s。

由式（11-7）可得被测液体的流量为

$$q_v = \frac{\pi D^2}{4}v = \frac{\pi DE}{4B} = \frac{E}{K} \tag{11-8}$$

式中：$K$ 为仪表常数。对于固定的电磁流量计，$K$ 为定值。

电磁流量计的测量管道内没有任何阻力件，适用于有悬浮颗粒的浆流等的流量测量，而且压力损失极小；测量范围宽，可达 100:1；因为感应电动势与被测液体温度、压力、黏度等无关，故其使用范围广；可以测量各种腐蚀性液体的流量；电磁流量计的惯性小，可用来测量脉动流；要求测量介质的导电率大于 0.002～0.005Ω/m，因此不能测量气体及石油制品。

8. 超声波流量计

超声波流量计利用超声波在流体中的传播特性实现流量测量。超声波在流体中传播，将受到流体速度的影响，检测接收的超声波信号可测知流速，从而求得流量。测量方法有多种，按作用原理分为传播速度法、多普勒效应法、声束偏移法、相关法等，在工业应用中以传播速度法最普遍。

传播速度法利用超声波在流体中顺流传播与逆流传播的速度变化来测量流体流速。具体方法有时间差法、频差法（测量原理见图 11-32）和相差法。在管道壁上，从上、下游两个作为发射器的超声换能器 $T_1$、$T_2$ 发出超声波，各自到达下游和上游作为接收器的超声换能

器 $R_1$、$R_2$。流体静止时的超声波声速为 $c$，流体流动时顺流和逆流的声速将不同。超声波经过 $T_1 \sim R_1$ 和 $T_2 \sim R_2$ 的时间分别为 $t_1$ 和 $t_2$，则

$$t_1 = \frac{L}{c+v}, \quad t_2 = \frac{L}{c-v} \quad (11-9)$$

式中：$L$ 为两探头间距离；$v$ 为流体平均速度。

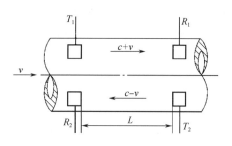

图 11-32　时间差法和频差法原理

一般情况下 $c \gg v$，则时间差与流速的关系为

$$\Delta t = t_2 - t_1 \approx \frac{2Lv}{c^2} \quad (11-10)$$

测得时间差就可知流速。

采用频差法时，列出频率与流速的关系式为

$$f_1 = \frac{1}{t_1} = \frac{c+v}{L}, \quad f_2 = \frac{1}{t_2} = \frac{c-v}{L} \quad (11-11)$$

则频率差与流速的关系为

$$\Delta f = f_1 - f_2 = \frac{2v}{L} \quad (11-12)$$

采用频差法测量可以不受声速的影响，不必考虑流体温度变化对声速的影响。

超声流量计可夹装在管道外表面，仪表阻力损失极小，还可以做成便携式仪表，探头安装方便，通用性好。可测量各种流体的流量，包括腐蚀性、高黏度、非导电性流体。尤其适合大口径管道测量。缺点是价格较贵，目前多用在不能使用其他流量计的地方。

9. 相关流量计

相关流量测量技术是运用相关函数理论，通过检测流体流动过程中随机产生的浓度、速度或两相流动的密度不规则分布而产生的信号，测得流体的速度，从而计算流量。

相关流量计实际上是一个流速测量系统，其工作原理如图 11-33 所示。

两个相同特性的传感器（光学、电学或声学传感器）安装在被测流体的管道上，二者的中心间距为 $L$。当被测流体在管道内流动时，流体内部会产生随机扰动，例如，单相流体中的湍流旋涡的不断产生和衰减，两相流体中离散相的颗粒尺寸和空间分布的随机变化等，将会对传感器所发出的能量束（如光束）或它们

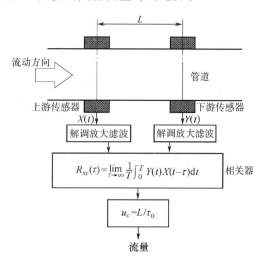

图 11-33　相关流量计测量原理

所形成的能量场（如电场）产生随机的幅值调制或相位调制，或两者的混合调制作用，并产生相应的物理量（如电压、电流、频率等）的随机变化。通过解调、放大和滤波电路，可以分别取出被测流体在通过上、下游传感器之间敏感区域时所发出的随机信号 $X(t)$ 和 $Y(t)$。如果上、下游传感器之间的距离 $L$ 足够小，则随机信号 $X(t)$ 和 $Y(t)$ 彼此是基本相似的，仅下游信号 $Y(t)$ 相对于上游信号 $X(t)$ 有一个时间上的滞后。将二者作相关运算

$$R_{xy}(\tau) = \lim_{T \to \infty} \frac{1}{T} \int_0^T Y(t) X(t - \tau) \mathrm{d}t \tag{11-13}$$

则互相关函数图形 $R_{xy}(\tau)$ 的峰值位置 $\tau_0$ 就是该时间滞后值的度量。

在理想的流动情况下，被测流体在上、下游传感器所在的管道截面之间的流动满足泰勒（G. I. Taylor）提出的"凝固"流动图型假设时，相关速度 $u_c$ 可按式（11-14）计算

$$u_c = L/\tau_0 \tag{11-14}$$

相关速度和被测流体的截面平均速度 $u_{cp}$ 相等，即

$$u_{cp} = q_v/A = u_c = L/\tau_0 \tag{11-15}$$

则被测流体的流量为

$$q_v = AL/\tau_0 \tag{11-16}$$

相关流量计既可测洁净的液体和气体流量，又能测污水及多种气-固和气-液两相流体的流量；管道内无测量元件，没有任何压力损失；随着微电子技术和微处理器的发展，在线流量测量专用的相关器价格便宜、功能齐全而且体积小。所以相关流量测量技术将会得到更快的发展。

**10. 质量流量检测方法**

上面介绍的流量计都是用来测体积流量的，由于流体的体积是流体温度、压力和密度的函数，在流体状态参数变化的情况下，采用体积流量测量方式会产生较大误差。因此，在工业生产过程的参数检测和控制中，以及对产品进行质量控制、经济核算等方面的要求，需要检测流体的质量流量。

质量流量计可分为直接式质量流量计和间接式质量流量计两大类。

（1）直接式质量流量计。直接式质量流量计的输出信号直接反映质量流量，目前用得较多的有科里奥利质量流量计和热式质量流量计。

1）科里奥利质量流量计是通过测量流体流过以一定频率振动的检测管时所受科里奥利力的变化来反映质量流量的仪表。测量精度高、受流体物性参数影响小是其主要特点。

2）热式质量流量计是利用测量加热流体或加热物体被流体冷却的速度与流速之间的关系，或测量加热物体时温度上升一定值所需的能量与流速之间的关系来测量流量的仪表。热式质量流量计一般用来测量气体的质量流量，适用于微小流量测量。当需要测量较大流量时，要采用分流方法，仅测一部分流量，再求得全流量。它结构简单、压力损失小。缺点是灵敏度低，测量时还需进行温度补偿。

（2）间接式质量流量计。间接式质量流量计是通过不同仪表的组合来间接推知质量流量的量值。它采用密度或温度、压力补偿的方法，在测量体积流量的同时，测量流体的密度或流体的温度、压力值，再通过运算求得质量流量。现在带有微处理器的流量传感器均可实现这一功能，这类仪表又称为推导式质量流量计。主要有三种：

1）测量体积流量的仪表（体积流量计）和密度计的组合。其计算式为

$$q_m = \rho q_v \tag{11-17}$$

2）反映流体动能（$\rho q_v^2$）的仪表（如差压式流量计）和密度计的组合。其计算式为

$$q_m = \sqrt{\rho q_v^2 \rho} = \rho q_v \tag{11-18}$$

3）反映流体动能（$\rho q_v^2$）的仪表（如差压式流量计）和体积流量计（其他类型的体积流量计）的组合。其计算式为

$$q_m = \frac{\rho q_v^2}{q_v} = \rho q_v \qquad (11\text{-}19)$$

间接式质量流量计的构成复杂，因为包括其他参数仪表误差和函数误差等，其系统误差通常低于体积流量计。

### 11.2.2 流量计的定度

流量计在出厂前必须逐个定度。使用单位也需对流量计定期校验，校准仪表的指示值和实际值之间的偏差，以判定其测量误差是否仍在允许范围之内。

流量计的定度一般有直接测量法和间接测量法两种方法。

1. 直接测量法

直接测量法也称为实流校验法，是用实际流体流过被校验流量计，再用其他标准装置（标准流量计或流量标准装置）测出流过被校验流量计的实际流量，与被校验流量计所指示的流量值作比较，或将待标定的流量计进行分度。这种校验方法也称为湿式标定法。该法获得的流量值既可靠又准确，是目前许多流量计校验时采用的方法。

2. 间接测量法

间接测量法是以测量流量计传感器的结构尺寸或其他与计算流量有关的量，并按规定方法使用，间接地校验其流量值，获得相应的精确度。这种方法也称为干式标定法。该法获得的流量值没有直接法准确，但它避免了必须要使用流量标准装置特别是大型流量装置带来的困难，故也有一些流量计采用间接测量法。如差压式流量计中已经标准化了的孔板、喷嘴、文杜里管等都积累了丰富的试验数据，并有相应的标准，所以通过标准节流装置的流量值就可以采用检验节流件的几何尺寸与校验配套的差压计来间接地进行。

实流校验法始终是最重要的流量校验方法，即使是已经标准化了的标准节流装置，有时使用条件超越了标准规定的范围，或为了获得更高的测量精确度，仍需采用实流校验法进行校验。

液体流量定度是基于容积和时间基准或者质量和时间基准之上的。前者用于体积流量定度，后者用于质量流量定度。显然，二者之间可通过液体密度的测量值进行换算。流量计定度时，首先要有一个稳定的流量源，然后测量在某个精确的时间间隔内通过流量计的液体体积或质量的实际值，读出被定度流量计的指示值。由此确定流量计示值与实际值之间的关系。任何精密流量计经这样的一次定度之后，它本身就成为一个二次流量标准，其他精确度较低的流量计就可用它来进行对比定度。与其他测量装置的定度一样，如果使用条件与定度条件相差很大，将使定度结果失去意义。使用条件一般包括所使用的流体的性质（密度、黏度和温度）、工作压力、流量计的安装方向以及流体的流动干扰等。在使用已有的定度数据时，必须注意这些问题。

流量计出厂时常常用水来定度。图 11-34 为用水作为工作介质的流量计定度装置。一个恒压头水箱使得被定度的流量计保持恒定的进口压力。用流量控制阀将通过流量计的流量调整到所要求的数值。每调定一个流量值，待其稳定之后，切换器突然将液流引入基准容器，同时开始用电子计时器计时。液体充满一定的容积之后，切换器迅速地将液流切换到回贮水池的通道，同时停止计时。已知液体体积（由基准容器测得），并测得充满此体积所需时间，由此即可计算出实际的流量值，然后再将它与流量计 11 的读数进行比较。这种定度装置的总流量误差一般在百分之零点几的数量级。

以高黏度液体为工作介质的较大规格的流量计，可采用如图 11-35 所示的基准体积管进行定度。整个装置由精密的基准管、可在基准管内移动的弹性球、球的发送装置、脉冲计数器和其他辅助装置组成。三个球中轮流有两个起基准管压力油路与回油路间封闭阀的作用，另一个在基准管内被泵输出的液体推着移动。靠近基准管的两端装有检测器 8 和 2，两者之间的管道容积是已知的。球通过检测器 8 时开始计时，经过检测器 2 时计时停止。由于球与基准管内壁之间配合紧密，泄漏极小，故可精确地确定通过流量计的流量值。这种流量定度装置的特点是测量时间短，具有较高的精确度以及容易实现定度工作自动化。

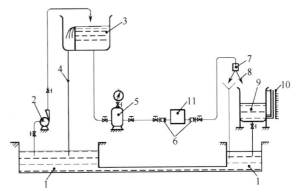

图 11-34　流量定度装置

1—贮水池；2—水泵；3—高位水槽；4—溢流管；5—稳压容器；
6—接头；7—与计时器同步的切换机构；8—切换挡板；
9—标准容积计量槽；10—液位标尺；11—流量计

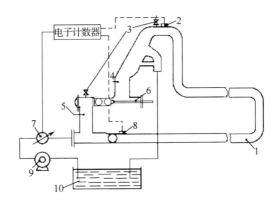

图 11-35　基准体积管流量定度装置

1—基准管；2、8—检测器；3—放气阀；4—上插销；5—下插销；6—推球器；
7—被定度的流量计；9—油泵；10—油槽

# 习 题 十 一

11.1　常用的弹性式压力敏感元件有哪些类型？就其中两种说明它们的使用方式。

11.2　应变式压力传感器和压阻式压力传感器的转换原理有何异同点？

11.3　分别简述电容式压力传感器、电感式压力传感器的测压原理。

11.4　给出一种压电式压力传感器的结构原理图，并说明其工作过程与特点。

11.5　简述流量测量仪表的基本工作原理及其分类。

11.6　简述几种差压式流量计的工作原理。

11.7　节流式流量计的流量系数与哪些因素有关？

11.8　以椭圆齿轮流量计为例，说明容积式流量计的工作原理。

11.9　分别简述靶式流量计、超声波流量计的工作原理和特点。

11.10　简述电磁流量计的工作原理。这类流量计在使用中有何要求？

11.11　简述涡街流量计的检测原理。常见的旋涡发生体有哪几种？

第11章课件　　习题十一答案

# 温度测量

温度是国际单位制中七个基本物理量之一。

温度的宏观概念是表示物体的冷热程度，当两个物体互为热平衡时其温度相等。温度的微观概念是大量分子运动的平均强度的表示。分子运动越激烈，其温度表现越高。

自然界中几乎所有的物理化学过程都与温度紧密相关，因此温度是工农业生产、科学试验以及日常生活中需要普遍进行测量和控制的一个重要物理量。

## 12.1 温度标准和测量方法

### 12.1.1 温度的测量方法

温度测量可分为接触式和非接触式测量。

接触式的特点是测温元件直接与被测对象相接触，两者之间进行充分的热交换，最后达到热平衡，这时，感温元件的某一物理参数的量值就代表了被测对象的温度值。其优点是直观可靠。但因测温元件与被测介质之间的热交换需要一定的时间才能达到热平衡，所以存在测温的延迟现象；受耐高温材料的限制，不能应用于很高的温度测量。感温元件会影响被测温度场的分布，接触不良等也会带来测量误差。另外，腐蚀性介质对感温元件的性能和寿命会产生不利影响。接触式测温仪表包括双金属温度计、压力式温度计、玻璃管液体温度计、热电阻温度计和热电偶温度计等。

非接触测温的特点是测温元件不与被测对象相接触，而是通过辐射进行热交换，可避免接触测温法的缺点，具有较高的测温上限。此外，非接触测温法的热惯性小，便于测量运动物体的温度和快速变化的温度。但受到物体的发射率、测量距离、烟尘和水汽等外界因素的影响，其测量误差较大。非接触式测温仪表有光学高温计和辐射高温计等。表 12-1 列出了接触式与非接触式测温方法及其特点。

**表 12-1　接触式与非接触式测温方法及其特点**

| 测量方式 | 仪表名称 | 测温原理 | 精度范围 | 特点 | 测温范围/℃ |
|---|---|---|---|---|---|
| 接触式测温仪表 | 双金属温度计 | 固体热膨胀变形量随温度变化 | 1～2.5 | 结构简单，指示清楚，读数方便；精度较低，不能远传 | −100～600　一般为−80～600 |
| | 压力式温度计 | 气（汽）体、液体在定容条件下，压力随温度变化 | 1～2.5 | 结构简单可靠，可较远距离传输小于 50m；精度较低，受环境温度影响较大 | 0～600　一般为 0～300 |

（续）

| 测量方式 | 仪表名称 | 测温原理 | 精度范围 | 特点 | 测温范围/℃ |
|---|---|---|---|---|---|
| 接触式测温仪表 | 玻璃管液体温度计 | 液体热膨胀体积量随温度变化 | 0.1～2.5 | 结构简单，精度较高；读数不便，不能远传 | -200～600 一般为-100～600 |
| | 热电阻温度计 | 金属或半导体电阻值随温度变化 | 0.5～3.0 | 精度高；便于远传；需外加电源 | -258～1200 一般为-200～650 |
| | 热电偶温度计 | 热电效应 | 0.5～1.0 | 测温范围大，精度高，便于远传；低温测量精度较差 | -269～2800 一般为200～1800 |
| 非接触式测温仪表 | 光学高温计 | 物体单色辐射强度及亮度随温度变化 | 1.0～1.5 | 结构简单，携带方便，不破坏对象温度场；易产生目测主观误差，外界反射辐射会引起测量误差 | 200～3200 一般为600～2400 |
| | 辐射高温计 | 物体全辐射能随温度变化 | 1.5 | 结构简单，稳定性好，光路上环境介质吸收辐射，易产生测量误差 | 100～3200 一般为700～2000 |

### 12.1.2　温标及其传递

温度只能通过物体随温度变化的某些特性来间接测量，而用来度量物体温度数值的标尺叫温标。温标规定了温度的读数起点（零点）和测量温度的基本单位。目前国际上用得较多的温标有摄氏温标、华氏温标、热力学温标和国际温标等。

1. 摄氏温标

在标准大气压下，纯水冰点为 0 摄氏度，沸点为 100 摄氏度，中间等分成 100 格，每格 1 摄氏度，符号为℃。

2. 华氏温标

将纯水的冰点规定为 32 华氏度，沸点为 212 华氏度，中间等分成 180 格，每格 1 华氏度，符号为℉。

华氏度与摄氏度之间的转换关系为

$$t_℃ = \frac{5}{9}(t_℉ - 32)$$

3. 热力学温标

热力学温标又称开氏温标或绝对温标，其单位为开尔文，符号为 K。它是与测温物质的物理性质无关的一种温标，已被采纳为国际统一的基本温标。根据热力学的卡诺定理有

$$\frac{Q_1}{Q_2} = \frac{T_1}{T_2} \tag{12-1}$$

式中：$Q_1$ 为热源在温度为 $T_1$ 时放出的热能；$Q_2$ 为温度为 $T_2$ 的冷源所吸收的热能。

1954 年国际计量大会决定采用水的三相点作为热力学温标的基本固定点，并定义该点的温度为 273.16K，相应的换热量为 $Q_参$，则有

$$T_1 = \frac{Q}{Q_参} = 273.16K$$

理想的卡诺循环实际上是不存在的，所以热力学温标是一种理论的温标，不能付诸实用。因此，必须建立一种能够用计算公式表示的，即紧密接近热力学温标，在使用上又简便的温标，这就是国际温标。

4. 国际温标

在 1990 年的国际温标中指出，热力学温度是基本物理量。并定义水的三相点热力学温度为 273.16K。同时使用国际开尔文温度（符号为 $T_{90}$）和国际摄氏温度（符号为 $t_{90}$），其关系为

$$t_{90} = T_{90} - 273.15$$

式中：$T_{90}$ 的单位为开尔文（K）；$t_{90}$ 的单位为摄氏度（℃）。

在我国，国际温标的复现和保持是由中国计量科学院执行的。为了将各部分标尺中的"度"的正确数值能刻到实用的温度测量器具上，应按标准仪器的传递系统来实行。一等标准仪器是按照国家技术监督局的工作基准仪器来校验的；二等标准仪器则是按一等标准仪器来校验的；三等标准仪器则是按二等标准仪器来校验的；而实用的温度测量仪表则是按照二等或三等标准仪器来校验的。

为了保持温度量值的统一，并与国际实用温标相一致，测温仪器应定期按规定进行检定，我国温度的最高基准由中国计量科学院保存。温度标准的传递系统如图 12-1 所示。

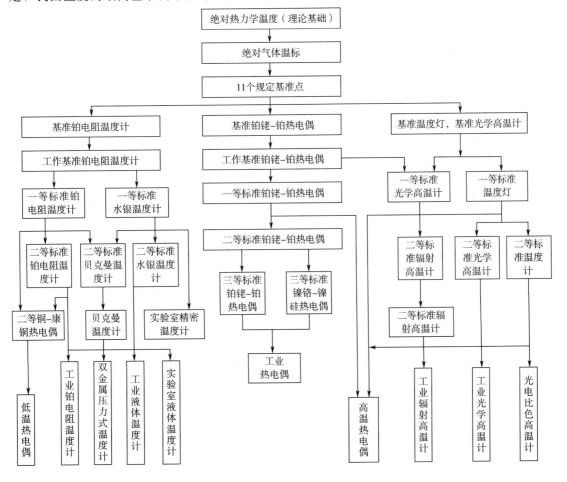

图 12-1　温度标准传递系统

## 12.2 热电偶温度计

热电偶是工业上最常用的温度检测元件之一。其优点是：①测量精度高。热电偶直接与被测对象接触，不受中间介质的影响；②测量范围广。常用的热电偶可在 $-50 \sim +160℃$ 范围内连续测量，某些特殊热电偶最低可测到 $-269℃$（如金铁镍铬），最高可达 $+2800℃$（如钨-铼）；③构造简单，使用方便。热电偶通常是由两种不同的金属丝组成的，外有保护套管，使用起来非常方便。

### 12.2.1 热电效应与热电偶

#### 1. 热电偶的热电效应

作为温度传感器，热电偶所依据的原理是 1821 年塞贝克（Thomas Seebeck）发现的热电效应。两种不同的导体或半导体 A 和 B 组成的闭合回路中，如果它们的两个接点的温度不同（假定 $T > T_0$），则在回路中会产生电流，如图 12-2 所示。这表明了该回路中存在电动势，这个物理现象称为热电效应或塞贝克效应，相应的电动势称为塞贝克电动势。回路中产生的热电动势大小仅与组成回路的两种导体或半导体 A、B 的材料性质及两个接点的温度 $T$、$T_0$ 有关，热电动势用符号 $E_{AB}(T, T_0)$ 表示。

组成热电偶的两种不同的导体或半导体称为热电极；放置在被测温度为 $T$ 的介质中的接点叫作测量端（或工作端、热端）；另一个接点通常置于某个恒定的温度 $T_0$（如 0℃），叫作参考端（或自由端、冷端）。

在热电偶回路中，产生的热电动势由两部分组成：温差电动势和接触电动势。

#### 2. 温差电动势

温差电动势是同一导体两端因其温度不同而产生的一种热电动势。当一根均质金属导体 A 上存在温度梯度时，处于高温端的电子能量比低温端的电子能量大，所以从高温端向低温端移动的电子数比从低温端向高温端移动的电子数多得多。结果高温端因失去电子而带正电，低温端因得到电子而带负电，在高、低温两端之间便形成一个从高温端指向低温端的静电场 $E_s$，如图 12-3 所示。这个静电场将阻止电子进一步从高温端向低温端移动，并加速电子向相反的方向转移而建立相对的动态平衡。此时，在导体两端产生的电位差称为温差电动势。

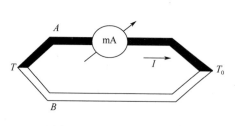

图 12-2 热电偶闭合回路

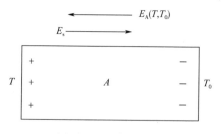

图 12-3 温差电动势

用符号 $E_A(T, T_0)$ 表示导体 A 在其两端温度分别为 $T$ 和 $T_0$ 时的温差电动势。括号中温度 $T$ 和 $T_0$ 的顺序决定了电动势的方向，若改变这一顺序，也要相应改变电动势的正负号，

即 $E_A(T, T_0) = -E_A(T_0, T)$。

温差电动势 $E_A(T, T_0)$ 可用式（12-2）表示，即

$$E_A(T, T_0) = \frac{K}{e} \int_{T_0}^{T} \frac{1}{N_A(T)} d[N_A(T) \cdot T] \tag{12-2}$$

同理，导体 $B$ 在其两端温度为 $T$ 和 $T_0$ 时产生的温差电动势 $E_B(T, T_0)$ 写为

$$E_B(T, T_0) = \frac{K}{e} \int_{T_0}^{T} \frac{1}{N_B(T)} d[N_B(T) \cdot T] \tag{12-3}$$

式中：$E_A(T, T_0)$ 和 $E_B(T, T_0)$ 指导体 $A$ 和导体 $B$ 在两端温度分别为 $T$ 和 $T_0$ 时的温差电动势；$e$ 指电子电荷量，$e = 1.6 \times 10^{-19}$ C；$K$ 指玻尔兹曼常数，$K = 1.38 \times 10^{-23}$ J/K；$N_A(T)$ 和 $N_B(T)$ 指金属导体 $A$ 和导体 $B$ 在温度为 $T$ 时的电子密度。

上述两式表明，温差电动势的大小只与导体的种类及导体两端温度有关。

3. 接触电动势

当两种不同导体 $A$、$B$ 接触时，由于材料不同，两者具有不同的电子密度，如 $N_A > N_B$，则在接触面处产生自由电子扩散现象，从 $A$ 到 $B$ 扩散的电子数比从 $B$ 到 $A$ 多，于是在导体 $A$、$B$ 之间就产生了电位差，即在其接触处形成一个由 $A$ 到 $B$ 的静电场 $E_s$，如图 12-4 所示。这个静电场将阻止电子扩散的继续进行，并加速电子向相反的方向转移。当电子扩散的能力与静电场的阻力达到动态平衡时，接触处的自由电子扩散就达到动态平衡状态。此时 $A$、$B$ 之间所形成的电位差称为接触电动势，其数值不仅取决于两种不同金属导体的性质，还与接触处的温度有关。用符号 $E_{AB}(T)$ 表示金属导体 $A$ 和 $B$ 的接触点在温度为 $T$ 时的接触电动势，其脚注 $A$ 和 $B$ 的顺序代表电位差的方向，如果改变脚注顺序，电动势的正负符号也应改变，即 $E_{AB}(T) = -E_{BA}(T)$。

接触电动势 $E_{AB}(T)$ 可用式（12-4）表示为

$$E_{AB}(T) = \frac{KT}{e} \ln \frac{N_A(T)}{N_B(T)} \tag{12-4}$$

同理，导体 $A$ 和 $B$ 的接触点在温度为 $T_0$ 时的接触电动势 $E_{AB}(T_0)$ 可表示为

$$E_{AB}(T_0) = \frac{KT_0}{e} \ln \frac{N_A(T_0)}{N_B(T_0)} \tag{12-5}$$

式中：$T$、$T_0$、$N_A(T_0)$、$N_B(T_0)$、$K$ 和 $e$ 的意义同式（12-2）。

上述两式表明，接触电动势的大小与两种导体的种类及接触处的温度有关。

4. 热电偶回路的热电动势

综上所述，当两种不同的均质导体 $A$ 和导体 $B$ 首尾相接组成闭合回路时，如果 $N_A > N_B$，而且 $T > T_0$，则在这个回路内，将会产生两个接触电动势 $E_{AB}(T)$、$E_{AB}(T_0)$ 和两个温差电动势 $E_A(T, T_0)$、$E_B(T, T_0)$。如图 12-5 所示，热电偶回路的热电动势 $E_{AB}(T, T_0)$ 为

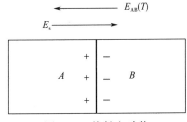

图 12-4　接触电动势

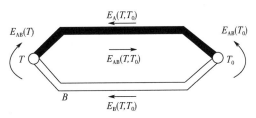

图 12-5　热电偶回路的热电动势

$$E_{AB}(T, T_0) = E_{AB}(T) + E_B(T, T_0) - E_{AB}(T_0) - E_A(T, T_0)$$

$$= \frac{KT}{e}\ln\frac{N_A(T)}{N_B(T)} + \frac{K}{e}\int_{T_0}^{T}\frac{1}{N_B(T)}d[N_B(T)\cdot T]$$

$$- \frac{KT_0}{e}\ln\frac{N_A(T_0)}{N_B(T_0)} - \frac{K}{e}\int_{T_0}^{T}\frac{1}{N_A(T)}d[N_A(T)\cdot T] \quad (12\text{-}6)$$

将式（12-6）整理后可得

$$E_{AB}(T, T_0) = \frac{K}{e}\int_{T_0}^{T}\ln\frac{N_A(T)}{N_B(T)}dT \quad (12\text{-}7)$$

由于温差电动势比接触电动势小，而又有 $T > T_0$，所以在总电动势 $E_{AB}(T, T_0)$ 中，以导体 $A$、$B$ 在 $T$ 端的接触电动势 $E_{AB}(T)$ 所占的比例最大，总电动势 $E_{AB}(T, T_0)$ 的方向将取决于 $E_{AB}(T)$ 的方向。在热电偶回路中，因为 $N_A > N_B$，所以导体 $A$ 为正极，导体 $B$ 为负极。

式（12-7）表明，热电动势的大小取决于热电偶两个热电极材料的性质和两端接点的温度。因此，当热电极的材料一定时，热电偶的总电动势 $E_{AB}(T, T_0)$ 就仅是两个接点温度 $T$ 和 $T_0$ 的函数差，可表示为

$$E_{AB}(T, T_0) = f_{AB}(T) - f_{AB}(T_0) \quad (12\text{-}8)$$

如果能保持热电偶的冷端温度 $T_0$ 恒定，对一定的热电偶材料，则 $f_{AB}(T_0)$ 为常数，可用 $C$ 代替，其热电动势就只与热电偶测量端的温度 $T$ 成单值函数关系，即

$$E_{AB}(T, T_0) = f_{AB}(T) - C = \varphi_{AB}(T) \quad (12\text{-}9)$$

这一关系式可通过试验方法获得。在实际测温中，就是保持热电偶冷端温度 $T_0$ 为恒定的已知温度，再用显示仪表测出热电动势 $E_{AB}(T, T_0)$，而间接地求得热电偶测量端的温度，即为被测的温度 $T$。

通常，热电偶的热电动势与温度的关系，都是规定热电偶冷端温度为 0℃ 时。按热电偶的不同种类，分别列成表格形式，这些表格称为热电偶的分度表。

热电偶温度计由热电偶、连接导线和显示仪表三部分组成。图 12-6 是最简单的热电偶温度计测温系统的示意图。

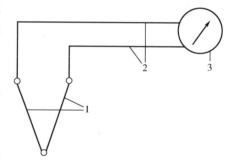

图 12-6　热电偶温度计示意图
1—热电偶；2—导线；3—显示仪表

### 12.2.2　热电偶基本定律

**1. 均质导体定律**

如果只用一种均质导体组成闭合回路，则不论其导体是否存在温差，回路中均不会产生电流（即不产生电动势）；反之，如果回路中出现电流，则恰好证明此导体是非均质的。本定律是校验热电偶的材料是否均匀一致的重要依据。

由均质导体定律可得出推论：①组成热电偶的材料必须是均质导体，否则将会给测量带来附加误差。因此很有必要根据均质导体定律事先对热电偶进行检测，输出的温差电动势越大，则说明导体材料越不均匀，给测量带来的误差也将越大。②热电偶必须由两种不同性质的导体或半导体 $A$、$B$ 组成，否则即使两接点的温度不同，在回路中也不会产生温差电

动势。

2. 中间导体定律

在热电偶回路中接入第三种均质材料的导体后,只要中间接入的导体两端具有相同的温度,就不会影响热电偶的热电动势。

这条基本定律十分重要,有了这条基本定律,就可以在热电偶回路中引入各种显示仪表和连接导线等,而且可以采用各种焊接方法来制作热电偶,只要保证引入的中间导体两端的温度相同,就不致影响热电偶回路的热电动势。

3. 中间温度定律

热电偶 $AB$ 在接点温度为 $T_1$、$T_3$ 时的热电动势 $E_{AB}(T_1,T_3)$ 等于热电偶 $AB$ 在接点温度为 $T_1$、$T_2$ 和 $T_2$、$T_3$ 时热电动势 $E_{AB}(T_1,T_2)$ 和 $E_{AB}(T_2,T_3)$ 的代数和,如图 12-7 所示,即

$$E_{AB}(T_1,T_3) = E_{AB}(T_1,T_2) + E_{AB}(T_2,T_3) \tag{12-10}$$

图 12-7 热电偶中间温度定律

中间温度定律为制定热电偶的分度表奠定了理论基础。而且,这条基本定律也是工业测温中应用补偿导线的理论依据,因为只要匹配与热电偶的热电性质相同的补偿导线,便可使热电偶的冷端远离热源,而不影响热电偶的测量精度。

### 12.2.3 标准化热电偶

1. 标准化热电偶简介

根据热电偶测温原理,理论上任意两种导体都可以组成热电偶。但实际情况并非如此,为了保证一定的温度精度,对组成热电偶的材料必须进行严格的选择。工业用热电极材料应满足以下要求:

(1) 物理和化学性质稳定,温差电特性显著,复现性好,同种材料的电极之间具有良好的互换性,且不为测温介质所腐蚀,高温下不被氧化。

(2) 电阻温度系数小,电导率高,组成电偶对输出的温差电动势大,且与温度呈线性或简单的函数关系,以便于提高仪表的灵敏度和准确度,并便于仪表的刻度和测量。

(3) 材质均匀,塑性好,易拉丝,成批生产。

在实际生产中,同时具备上述要求的热电极材料是难以找到的。因此,应根据不同的测温范围,选用不同的热电极材料。目前在国际上公认的比较好的热电极材料只有几种,这些材料是经过精选而且进行标准化的,现将工业上常用的(标准化的)几种热电偶介绍如下:

1) 铂铑$_{30}$-铂铑$_6$热电偶(分度号 B)。它也称为双铂铑热电偶,是典型的高温热电偶。以铂铑$_{30}$(铂 70%,铑 30%)为正极,铂铑$_6$(铂 94%,铑 6%)为负极。由于两个热电极都是铂铑合金,因而提高了抗污染能力和机械强度,在高温下其热电特性较为稳定,宜在氧化性和中性介质中使用。长期使用的最高温度可达 1600℃,短期使用温度可达 1800℃。这种热电偶的热电动势较小,因此冷端温度在 40℃ 以下使用时,一般不必进行冷端温度的补偿。

2) 铂铑$_{10}$-铂热电偶(分度号 S)。铂铑$_{10}$为正极,纯铂丝为负极,适宜在氧化性及中性

介质中长期使用。其测温上限长期使用可达 1300℃，短期可达 1600℃。缺点：热电动势较小，价格昂贵，机械强度低；不宜在还原性介质中使用。

3）镍铬-镍铝或镍铬-镍硅热电偶（分度号 K）。以镍铬合金为正极，镍铝（或镍硅）合金为负极，是一种廉价金属热电偶。它具有较好的抗氧化性和抗腐蚀性；复现性较好；热电动势大；热电动势与温度关系近似于线性关系；其成本较低，虽然测量精度不高，但能满足工业测温的要求，是工业上最常用的热电偶；其长期使用的最高温度为 1000℃，短期使用温度可达 1200℃。

4）镍铬-康铜热电偶（分度号 F）。以镍铬合金为正极，康铜（含镍 40% 的镍铜合金）为负极。由于康铜在高温下容易氧化，其测温范围为 -200~870℃。热电动势大，价格便宜，低温下性能稳定，尤其适宜在 0℃ 以下使用。

5）铜-康铜热电偶（分度号 T）。以纯铜为正极，康铜为负极，其测温范围为 -200~300℃。铜热电极容易氧化，一般在氧化性气体中使用时不宜超过 300℃。其热电动势较大，热电特性良好，材料质地均匀，成本低。

2. 热电偶的结构

热电偶的结构形式较多，目前应用最广的主要有普通型热电偶及铠装热电偶。

如图 12-8 所示，普通型热电偶由热电极、绝缘子、保护套管及接线盒四部分组成。常用的有螺纹和法兰两种连接方式，还有卡套等连接方式。

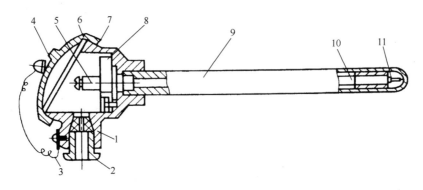

图 12-8　普通型热电偶的基本结构

1—出线孔密封圈；2—出线孔螺母；3—链条；4—面盖；5—接线柱；6—密封圈；
7—接线盒；8—接线座；9—保护管；10—绝缘子；11—热电偶

铠装热电偶将热电偶丝与绝缘材料及金属套管经整体复合拉伸工艺加工而成可弯曲的坚实组合体。铠装热电偶较好地解决了普通热电偶体积及热惯性较大，在弯曲结构复杂的对象上不便安装等问题，其结构如图 12-9 所示。

与普通型热电偶不同的是：热电偶与金属保护套管之间被氧化镁绝缘材料填实，三者成为一体；具有一定的可弯曲性。

3. 热电偶的冷端补偿

从热电效应的原理可知，热电偶产生的热电动势与两端温度有关。只有冷端的温度恒定，热电动势才是热端温度的单值函数。由于热电偶分度表是以冷端温度为 0℃ 时制成的，因此在使用时要正确反映热端温度（被测温度），最好设法使冷端温度恒为 0℃。但在实际应用中，热电偶的冷端通常靠近被测对象，且受到周围环境温度的影响，其温度不是恒定不

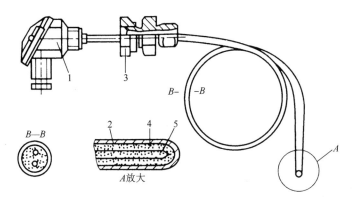

图 12-9　铠装热电偶

1—接线盒；2—金属套管；3—固定装置；4—绝缘材料；5—热电极

变的。为此，必须采取一些相应的措施进行补偿或修正。

（1）冰浴法。将热电偶冷端置于冰点恒温槽中，使冷端温度恒定在 0℃ 时进行测温。冰浴法适用于实验室或精密温度测量。

（2）冷端温度修正。热电偶分度表是以冷端温度处于 0℃ 为基础而制成的，所以如果直接利用分度表，根据显示仪表的读数求得温度必须使冷端温度保持为 0℃。如果冷端温度不为 0℃，则必须对仪表指示值进行修正，例如冷端温度恒定在 $T_0 > 0℃$ 时，则测得的热电势将小于该热电偶的分度值，因此为了求得所测的真实温度，可利用 $E(T,0) = E(T,T_0) + E(T_0,0)$ 进行修正。

（3）冷端补偿导线。用补偿导线代替部分热电偶丝作为热电偶的延长部分，使冷端移到离开被测介质较远的地方，如图 12-10 所示。这样可节省较多的贵金属热电偶材料。必须注意补偿导线的热电特性须与所取代的热电偶丝一样。

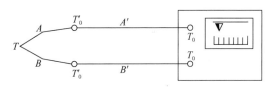

图 12-10　补偿导线在测温回路中的连接

表 12-2 列出了各种热电偶补偿导线的材料，选用时务必不能搞错。注意，对于具有补偿导线的热电偶，其冷端温度应该是补偿导线的末端温度。

表 12-2　常用热电偶补偿导线

| 热电偶名称 | 补偿导线 | | | | 工作端为 100℃，冷端为 0℃ 时的标准热电势/mV |
| --- | --- | --- | --- | --- | --- |
| | 正　极 | | 负　极 | | |
| | 材料 | 颜色 | 材料 | 颜色 | |
| 铂铑-铂 | 铜 | 红 | 镍铜 | 白 | $0.64 \pm 0.03$ |
| 镍铬-镍硅 | 铜 | 红 | 康铜 | 白 | $4.10 \pm 0.15$ |
| 镍铬-康铜 | 镍铬 | 褐绿 | 康铜 | 白 | $6.95 \pm 0.30$ |
| 铜-康铜 | 铜 | 红 | 康铜 | 白 | $4.10 \pm 0.15$ |

（4）冷端补偿器。上面讲到的热电偶测温可用补偿导线把冷端移到温度较稳定的地方，但不能保持其冷端温度的恒定，用查分度表的方法计算热电动势也不方便，而采用冷端补偿

器即可解决矛盾。其原理是利用不平衡电桥所产生的不平衡电压来补偿热电偶参考端温度变化而引起的热电动势的变化。

如图 12-11 所示，虚线圆内的电桥就是冷端补偿器，由 4 个桥臂阻值 $R_1$、$R_2$、$R_3$、$R_{Cu}$ 和桥路稳压源组成。$R_1$、$R_2$ 和 $R_3$ 是由电阻温度系数很小的锰铜丝绕制的，其电阻值基本不随温度变化。$R_{Cu}$ 是由电阻温度系数很大的铜丝绕制而成的。

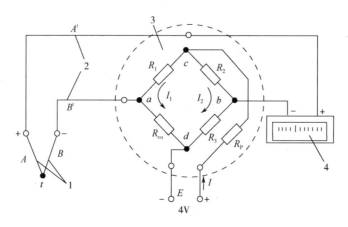

图 12-11　冷端补偿器的应用
1—热电偶；2—补偿导线；3—冷端补偿器；4—显示仪表

设计桥路电压为 4V，由直流稳压电源供电，$R_P$ 为限流电阻，其阻值因热电偶分度号的不同而不同。电桥输出电压 $U_{ab}$ 串联在热电偶测温回路中。热电偶用补偿导线将其冷端连接到冷端补偿器内，使冷端温度与 $R_{Cu}$ 电阻所处的温度一致。

在常温下（取 20℃）使电桥平衡，这时电桥的 4 个桥臂阻值 $R_1 = R_2 = R_3 = R_{Cu} = 1\Omega$，桥路平衡无输出，$U_{ab} = 0$。当冷端温度 $t_0$ 偏离 20℃时，例如 $T_0$ 升高时，$R_{Cu}$ 随 $T_0$ 升高而增大，则桥路输出 $U_{ab}$ 也随之增大，而热电偶回路中的总热电动势随 $T_0$ 的升高而减小。适当选择桥路电流，可使 $U_{ab}$ 的增加与热电动势的减小数值相等，使 $U_{ab}$ 与热电动势叠加后，保持电动势不变，从而起到冷端补偿的作用。

由于电桥在 20℃时是平衡的，所以采用这种温度补偿电桥时，应将显示仪表的零位预先调整到 20℃。

## 12.3　热电阻温度计

金属材料或半导体材料的电阻值会随着温度而变化，电阻值和温度之间具有单一的函数关系。利用这一函数关系来测量温度的方法，称为热电阻测温法，而用于测温的材料称为热电阻。热电阻性能稳定，测量精度高。工业上广泛用于测量 −200～850℃ 范围内的温度。

制作电阻的金属和合金应具有以下条件：温度系数较高，电阻温度关系线性良好，材料的化学与物理性能稳定，容易提纯和复制，机械加工性能好等。

按感温元件的材料分，热电阻可分为金属热电阻和半导体热敏电阻两类。

用做热电阻的金属材料通常有铂、铜、镍、铟、铑等。半导体材料制成的电阻主要有锗电阻、热敏电阻、碳电阻等。

### 12.3.1 金属电阻温度计

利用纯金属丝，如铂和铜等制成的金属热电阻的最大特点是性能稳定，其中铂热电阻的测温精度最高。

热电阻材料应具有较高的电阻温度系数（$\alpha$ 值）。金属的纯度对电阻温度系数的影响很大，纯度越高，$\alpha$ 值越大。温度系数的定义为

$$\alpha = \frac{R_{100} - R_0}{R_0 \times 100} = \left(\frac{R_{100}}{R_0} - 1\right) \times \frac{1}{100} \tag{12-11}$$

式中：$R_0$ 和 $R_{100}$ 分别为 0℃ 和 100℃ 时热电阻的电阻值。

铂的纯度通常用 $W(100) = R_{100}/R_0$ 表示，$R_{100}/R_0$ 越大，纯度越高，$\alpha$ 值也越大。

#### 1. 铂热电阻

铂丝具有如下特点：纯度高，物理化学性能稳定，电阻值与温度之间线性关系好，电阻率高，机械加工性能好，长时间稳定的复现性可达 0.0001K。

利用铂的上述特性制成的传感器称为铂电阻温度传感器，通常使用的铂电阻温度传感器的零度阻值为 100Ω，电阻变化率为 0.3851Ω/℃。铂电阻温度传感器的精度高，稳定性好，应用温度范围广，是中低温区（$-200\sim850$℃）最常用的一种温度检测器，不仅广泛应用于工业测温，而且被制成各种标准温度计（涵盖国家和世界基准温度）供计量和校准使用。

铂电阻温度/电阻特性为

$$R_t = R_0[1 + At + Bt^2 + C(t-100)t^3] \quad (-200℃ < t < 0℃) \tag{12-12}$$

$$R_t = R_0(1 + At + Bt^2) \quad (0℃ < t < 850℃) \tag{12-13}$$

式中：$R_t$ 为 $t$℃ 时的电阻值；$R_0$ 为 0℃ 时的电阻值；$A$、$B$、$C$ 为与铂纯度有关的分度常数。

国内统一设计的工业用标准铂电阻的 $W(100) \geqslant 1.391$。其 $R_0$ 分别为 50Ω 和 100Ω 两种。选定 $R_0$ 值，根据式（12-12）和式（12-13）即可以列出铂电阻的分度表——温度与电阻值的对照关系表，只要测出热电阻 $R_t$，通过查分度表就可以确定被测温度。

#### 2. 铜热电阻

工业用铜热电阻的测温范围为 $-50\sim150$℃，它的电阻-温度关系可以近似表示为

$$R_t = R_0(1 + \alpha t) \tag{12-14}$$

铜热电阻温度计的优点是价格便宜，容易得到较纯的铜。它具有较高的电阻温度系数 $\alpha$，而且电阻和温度的关系是线性的。它的缺点是容易氧化，因此只能在较低温度和无水分及无腐蚀性的环境下工作。它的电阻率小，因此铜热电阻的体积大，热惯性也大。

国内工业用铜热电阻的分度号有 Cu50 和 Cu100 两种，其 $R_0$ 分别为 50Ω 和 100Ω。

#### 3. 热电阻的结构

金属热电阻一般由电阻丝、骨架、引线和保护管等组成，其外形与热电偶相似。热电阻通常也有普通型和铠装型等结构形式。

图 12-12 和图 12-13 分别为普通型和铠装型金属热电阻。

需要说明的是，热电阻引线有两线制、三线制和四线制三种。

（1）两线制。在热电阻的两端各连一根导线的引线形式为两线制。这种引线形式配线简单，但要带入引线电阻的附加误差，用于测量精度要求不高的场合，并且导线的长度不宜过长。

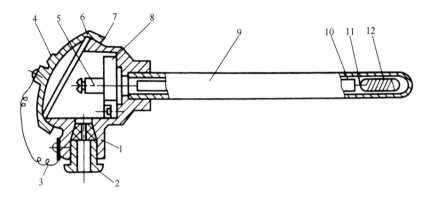

图 12-12　普通热电阻的结构

1—出线孔密封圈；2—出线孔螺母；3—链条；4—面盖；5—接线柱；6—密封圈；
7—接线盒；8—接线座；9—保护管；10—绝缘子；11—热电阻；12—骨架

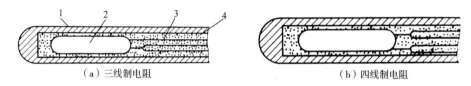

（a）三线制电阻　　　　　　　　　　　　　　（b）四线制电阻

图 12-13　铠装热电阻的结构

1—不锈钢管；2—感温元件；3—内引线；4—氧化镁绝缘材料

（2）三线制。在热电阻的一端连接两根导线的引线，另一端连接一根引线，这种引线形式为三线制。设与热电阻 $R_t$ 连接的三根引线阻值均为 $r$。

当电桥平衡时，有

$$R_2(R_t + r) = R_1(R_3 + r) \tag{12-15}$$

如果 $R_1 = R_2$，则有 $R_t = R_3$，即 $r$ 的存在不影响电桥平衡。该连接方法可以消除引线电阻的附加误差，精度高于两线制，应用很广。

（3）四线制。在热电阻的两端各连两根导线的引线形式为四线制，在高精度测量时采用。由恒流源供给的已知电流 $I$ 流过热电阻 $R_t$，使其产生电压降 $U$，电位差计测得 $U$，便可得到 $R_t$（$R_t = U/I$）。尽管引线存在电阻，但有电流流过的引线上，电压降 $rI$ 不在测量范围内；连接电位差计的引线虽然存在电阻，但没有电流流过，所以四根引线的电阻对测量均无影响。

图 12-14 和图 12-15 分别为热电阻的三线制和四线制接法。

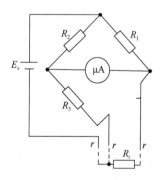

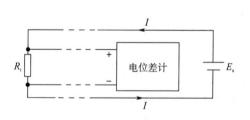

图 12-14　热电阻的三线制接法　　　　　图 12-15　热电阻的四线制接法

**4. 热电阻测温电路**

图 12-16 是一个电桥式电阻温度计的原理图。$R_1$、$R_2$、$R_3$ 和 $R_t$（$R_{ref}$ 和 $R_{FS}$）组成电桥的四个臂，$R_1$、$R_2$ 和 $R_3$ 是固定电阻，$R_t$ 是热电阻，$R_{ref}$ 和 $R_{FS}$ 是锰铜电阻，两者分别等于热电阻 $R_t$ 在起始温度（如 0℃）及满度（如 100℃）时的电阻值。首先将开关 T 接在位置

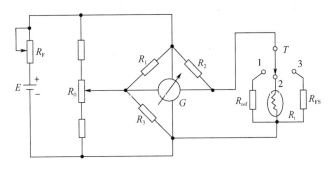

图 12-16　电桥式电阻温度计原理图

"1"，调节 $R_0$ 使指示仪表的指示为零；然后将开关 T 接在位置 "3"，调节 $R_{FS}$ 使指示仪表满度偏转；最后将开关 T 接在位置 "2" 上，就可以正常工作。

## 12.3.2　半导体热敏电阻

热敏电阻是一种电阻值随温度呈指数变化的多晶半导体感温元件，由过渡金属氧化物的混合物组成。根据热敏电阻的温度特性划分，热敏电阻有负温度系数热敏电阻、正温度系数热敏电阻和临界温度系数热敏电阻。用于低温的元件是由锰、镍、钴、铜、铬、铁等复合氧化物烧结而成的，具有负温度系数。用于高温的元件是由氧化钴等稀土元素的氧化物烧结而成的，具有正温度系数。用于温度测量的热敏电阻主要是负温度系数热敏电阻，温度测量范围是 $-100 \sim 300℃$。

热敏电阻的形状有珠型和片型等多种，如图 12-17 所示。

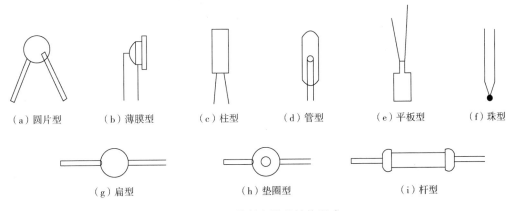

（a）圆片型　　（b）薄膜型　　（c）柱型　　（d）管型　　（e）平板型　　（f）珠型

（g）扁型　　　　　　（h）垫圈型　　　　　　（i）杆型

图 12-17　热敏电阻的结构形式

热敏电阻的主要特点：热敏电阻的输出信号大，灵敏度比热电偶和金属热电阻高；体积小、结构简单、便于成形；热容量小、响应时间短；复现性好；互换性好；稳定性好等。

热电特性如下：

（1）负温度系数热敏电阻（negative temperature coefficient，NTC）。它的电阻值随温度的升高而呈指数降低，故称为负温度系数热敏电阻。其电阻温度特性表示为

$$R_T = R_0 e^{B(\frac{1}{T} - \frac{1}{T_0})} \tag{12-16}$$

式中：$T$ 为被测温度，K；$T_0$ 为参考温度，K；$R_T$、$R_0$ 为温度分别为 $T$ 和 $T_0$ 时的热敏电阻

阻值；$B$ 为热敏电阻的材料常数，又称为热敏指数。

热敏电阻的温度系数：

$$\alpha = -\frac{B}{T^2}$$

可以看出，电阻温度系数是常数 $B$ 和温度 $T$ 的函数，而与电阻 $R$ 无关。同时，它随温度的变化而变化。热敏电阻的温度系数比金属丝的高很多，所以它的灵敏度较高。

（2）正温度系数热敏电阻（positive temperature coefficient，PTC）。它的电阻值随温度升高而呈指数增加，故称为正温度系数热敏电阻。其电阻温度特性表示为

$$R_T = R_0 e^{B(T-T_0)} \tag{12-17}$$

有的正温度系数热敏电阻达到某一温度时，其阻值会突然增大，可以起报警作用。

（3）临界温度系数热敏电阻（critical temperature resistor，CTR）。它的热电性质与 NTC 相似，不同之处是在某一温度下，其阻值急剧下降，因而可用于低温临界温度报警。

## 12.4　非接触式测温法

非接触测温主要是利用热辐射来测量物体温度。任何物体温度高于绝对零度时，其内部带电粒子在原子或分子内会始终不断地处于振动状态，并能自发地向外发射能量。这种依赖于物体本身温度向外辐射能量的过程称为热辐射。辐射能以波动形式表现出来，其波长的范围极广，从短波、X 光、紫外光、可见光、红外光到电磁波。在温度测量中主要是可见光和红外光。

与膨胀法测温、热电偶测温、热电阻测温等相比，辐射测温有如下特点：

（1）辐射测温的物理基础是基本的辐射定律，它的温度可以和热力学温度直接联系起来，因此可以直接测量热力学温度。

（2）辐射测温是非接触测量，测量过程中不干扰被测物体的温度场，从而测量精度较高。

（3）响应时间短，最短可以达到微秒级，容易进行快速测量和动态测量。

（4）测温范围广，从理论上讲，辐射测温无上限。

（5）可以进行远距离遥测。

辐射测温的缺点：不能测量物体内部的温度；受发射率的影响较大；受中间环境介质的影响较大；设备复杂，价格较高等。

根据测温原理的不同，辐射测温可以分为全辐射测温法、亮度测温法、红外测温法、光纤测温法等。

### 12.4.1　全辐射温度计

全辐射温度计测温的理论基础是斯忒藩-玻耳兹曼定律，它通过测量辐射物体的全波长的热辐射来确定物体的辐射温度。全辐射温度计测的是被测对象的辐射温度，在实际测量中，需要将辐射温度换算成真实温度。

全辐射温度计的工作原理如图 12-18 所示。透镜 1 将物体发出的辐射能经过光栅 2、3 聚集到受热片 4 上。在受热片上装有热电堆，热电堆用 8～12 只热电偶或更多只热电偶串联

而成，见图 12-19。热电偶的热端汇集到中心一点，冷端位于受热片的四周，受热片输出的热电动势为所有热电偶输出的电动势之和。

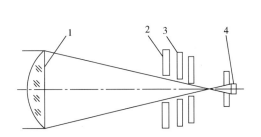 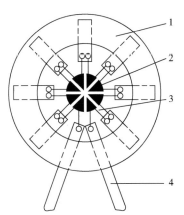

图 12-18　辐射感温器的工作原理图
1—透镜；2—可变光栅；3—固定光栅；
4—受热片

图 12-19　热电堆的结构
1—云母片；2—受热靶面；3—热电偶丝；
4—引出线

全辐射温度计能自动测量温度，其输出量为电量，适于远传和自动控制，是在线温度检测常用的一种仪表。

### 12.4.2　光学高温计和光电高温计

亮度温度计是根据普朗克定律，通过测量物体在一定波长下的单色辐射亮度来确定它的亮度温度的，又称为单波段温度计。亮度温度计可以分为两类：光学高温计和光电高温计。

1. 光学高温计

它是发展最早、应用最广的非接触式温度计。它的结构简单、使用方便、测温范围广，广泛用于高温熔体、高温窑炉的温度测量。

光学高温计的工作原理如图 12-20 所示。测温时调整物镜系统，使辐射源或被测物体成像在高温计灯泡的灯丝平面上。然后通过调整目镜系统，使人眼能清晰地看到被测物体和灯丝的成像。调整电测系统的可变电阻，改变通过灯丝的电流，使被测物体或辐射源的亮度在红色滤光片的光谱范围内处于平衡，即相互间处于相同的亮度温度。由于高温灯泡在检定时

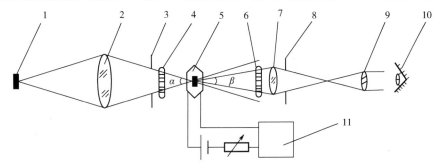

图 12-20　隐丝式光学高温计原理
1—被测物体或辐射源；2—物镜；3—物镜光栅；4—吸收玻璃；5—高温计小灯泡；6—红色寒光片；
7—显微镜物镜；8—目镜光栅；9—显微镜目镜；10—人眼；11—电测仪器

223

其亮度温度与通入电流之间的对应关系已知，因而通过上述方法就可以确定被测物体在红色滤光片波长范围内的亮度温度。

在使用光学高温计的过程中，最经常的工作是用人眼进行亮度平衡。所谓亮度平衡，是指通过调节电流，用人眼观察的高温计灯丝瞄准区域均匀地消失在辐射源或被测物体的背景上，即"隐丝"或"隐灭"。在"隐丝"时，灯丝与瞄准目标相交的边界无法分辨出来，即它们在高温计视野上具有相同的亮度和亮度温度。高温计电流过高或过低都不能出现"隐丝"，也就是不能产生亮度平衡。由于使用这种高温计测温时，必须使被测物背景与小灯泡灯丝间的亮度达到"隐丝"程度，所以这种光学高温计又称为隐丝式光学高温计。图 12-21 显示了调整亮度时在高温计视野上灯丝的三种情况。

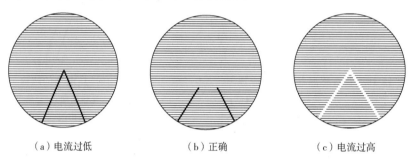

（a）电流过低　　　　　　　（b）正确　　　　　　　（c）电流过高

图 12-21　亮度比较情况示意图

2. 光电高温计

光电高温计测温靠手动的办法改变光学高温计小灯泡的电流，并用人眼进行观察，实现亮度平衡。该方法受到人为因素影响，会导致测量误差。

光电高温计采用硅光电池作为光敏元件，代替人眼睛感受被测物体辐射亮度的变化，并将此亮度信号转换成电信号，经滤波放大后送检测系统进行后续转换处理，最后显示出被测物体的亮度温度。

与光学高温计相比，光电高温计具有下列特点：灵敏度高；准确度高；使用波长范围宽；测温范围宽；响应时间短；自动化程度高等。

### 12.4.3　比色高温计

比色高温计利用物体的单色辐射现象来测温，但是它是利用同一被测物体在两个波长下的单色辐射亮度之比随温度变化这一特性作为测温原理的。因此，在用比色高温计测量物体温度时，没有必要精确地知道被测物体的光谱发射率，只需知道两个波长下光谱发射率的比值即可。一般说来，测量光谱发射率的比值要比测量光谱发射率的绝对值简便和精确。

采用比色高温计测量物体表面温度时，可以减少被测表面发射率的变化和光路中水蒸气、尘埃等的影响，提高测量精度。

图 12-22 为具有单光路调制系统的比色高温计原理图。由被测对象 1 辐射来的射线经光学系统聚焦在光敏元件上，在光敏元件之前放置开孔的旋转调制盘 6，这个圆盘由电动机 7 带动，将光线调制成交变的。在圆盘的开孔上附有两种颜色的滤光片 8 和 9，一般多为红、蓝色。这样使红光、蓝光交替地照在光敏元件上，使光敏元件输出相应的红光和蓝光信号，再将这个信号放大并经运算后送显示仪表。

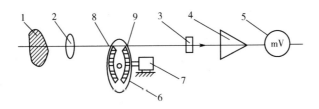

图 12-22　比色高温计

1—被测对象；2—透镜；3—光敏元件；4—运算放大器；5—显示装置；6—调制盘；

7—电动机；8、9—滤光片

### 12.4.4　红外测温

红外线是一种不可见的电磁波，波长为 $0.75\sim1000~\mu m$，由于其在电磁波的波谱图中位于红光之外，所以称为红外线。

红外测温原理与辐射测温相同，不同的是辐射测温所选用的波段一般为可见光，而红外测温所选用的波段为红外线。

红外温度计将被测物体表面发射的红外波段辐射的能量通过光学系统汇聚到红外探测元件上，使其产生电信号，经放大、模数转换等处理，最后以数字形式显示温度值。由此可见，这类温度计与光学高温计或光电高温计相似，由光学系统和电子线路系统两大部分组成。

图 12-23 为红外温度计的工作原理图。物镜是由椭球面-球面组合的反射系统，主镜为椭球反射面，反射面真空镀铝，反射率达 95% 以上。由于采用了反射系统，使得光谱能量损失很小。光学系统的焦距通过改变次镜位置调整，使最佳成像位置在热敏电阻表面。次镜到热敏电阻的光路之间装有透过波长 $2\sim15~\mu m$、倾斜 45° 角的锗单晶滤光片，它使红外辐射透射到热敏电阻上，而可见光反射到目镜系统，以便对目标瞄准。

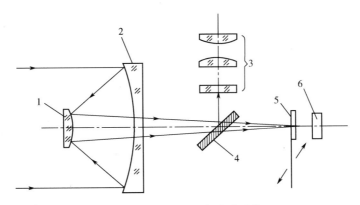

图 12-23　红外测温仪光路系统

1—次镜；2—主镜；3—目镜系统；4—锗单晶滤光片；5—机械调制片；6—热敏电阻

机械调制片是边缘等距开孔的旋转圆盘，光线通过圆盘小孔照射到热敏电阻上，圆盘由电动机带动旋转，使照射到热敏电阻上的光线强度为交变的，再经热敏电阻转换为交流电信号以便进行交流放大。

　　红外测温方法几乎可以在所有温度测量场合使用。例如，各种工业窑炉、热处理炉温度测量、感应加热过程中的温度测量，尤其是钢铁工业中的高速线材、无缝钢管轧制、有色金属锻铸、热轧等过程的温度测量及军事方面的应用，如各种运载工具发动机内部温度测量、导弹红外（测温）制导、夜视仪等；在一般社会生活方面，如快速非接触人体温度测量、防火监测等。

## 习　题　十　二

　　12.1　接触式测温与非接触式测温各有什么特点？

　　12.2　常用温标有哪几种？

　　12.3　热电偶测温的工作原理是什么？

　　12.4　金属电阻温度计和半导体热敏电阻各有什么特点？

　　12.5　全辐射温度计、光学高温计、光电高温计、比色高温计、红外温度计各有什么特点？

第 12 章课件

习题十二答案

# 参考文献

[1] 李力，等．机械信号处理及其应用［M］．武汉：华中科技大学出版社，2007.

[2] 沈凤麟，叶中付，钱玉美．信号统计分析与处理［M］．合肥：中国科学技术大学出版社，2001.

[3] 孔德仁，朱蕴璞，狄长安．工程测试与信息处理［M］．北京：国防工业出版社，2003.

[4] 卢文祥，杜润生．机械工程测试、信息、信号分析［M］．武汉：华中理工大学出版社，1990.

[5] 贾民平，张洪亭．测试技术［M］．北京：高等教育出版社，2009.

[6] 张淼．机械工程测试技术［M］．北京：高等教育出版社，2008.

[7] 黄长艺，严晋强．机械工程测试技术基础［M］．北京：机械工业出版社，1995.

[8] 杨将新，杨世锡，等．机械工程测试技术［M］．北京：高等教育出版社，2008.

[9] 孔德仁，朱蕴璞，狄长安．工程测试技术［M］．北京：科学出版社，2004.

[10] 潘宏侠．机械工程测试技术［M］．北京：国防工业出版社，2009.

[11] 张优云，陈花玲，等．现代机械测试技术［M］．北京：科学出版社，2005.

[12] 熊诗波，黄长艺．机械工程测试技术基础［M］．北京：机械工业出版社，2006.

[13] 黄长艺，等．机械工程测量与试验技术［M］．北京：机械工业出版社，2000.

[14] 刘培基，王安敏．机械工程测试技术［M］．北京：机械工业出版社，2003.

[15] 秦树人．机械工程测试原理与技术［M］．重庆：重庆大学出版社，2002.

[16] 盛骤，谢世千，潘承毅．概率论与数理统计［M］．北京：高等教育出版社，1989.

[17] 赵淑清，郑薇．随机信号分析［M］．哈尔滨：哈尔滨工业大学出版社，1999.

[18] 汪学刚，张明友．现代信号理论［M］．北京：电子工业出版社，2005.

[19] 胡广书．现代信号处理教程［M］．北京：清华大学出版社，2004.

[20] 佟德纯．工程信号处理及应用［M］．上海：上海交通大学出版社，1989.

[21] 周浩敏．信号处理技术基础［M］．北京：北京航空航天大学出版社，2001.

[22] 王济，胡晓．Matlab 在振动信号处理中的应用［M］．北京：中国水利水电出版社，2006.

[23] 何道清．传感器与传感器技术［M］．北京：科学出版社，2004.

[24] 刘君华．智能传感器系统［M］．西安：西安电子科技大学出版社，1999.

[25] 张洪润，张亚凡．传感器技术与应用教程［M］．北京：清华大学出版社，2005.

[26] 王雪文，张志勇．传感器原理及应用［M］．北京：北京航空航天大学出版社，2004.

[27] 郭爱芳．传感器原理及应用［M］．西安：西安电子科技大学出版社，2007.

[28] 高国富，等．智能传感器及其应用［M］．北京：化学工业出版社，2005.

[29] 李晓莹，张新荣，等．传感器与测试技术［M］．北京：高等教育出版社，2004.

[30] 秦树人．虚拟仪器［M］．北京：中国计量出版社，2003.

[31] 陈晓军．传感器与检测技术项目式教程［M］．北京：电子工业出版社，2014.

[32] 宋雪臣，单振清．传感器与检测技术项目式教程［M］．北京：人民邮电出版社，2015.

[33] 陈桂明，张明照，戚红雨，等．应用 Matlab 建模与仿真［M］．北京：科学出版社，2001.

[34] 柏林，王见，秦树人．虚拟仪器及其在机械测试中的应用［M］．北京：科学出版社，2007.

[35] 张贤达．时间序列分析——高阶统计量方法［M］．北京：清华大学出版社，1996.

[36] 施阳，李俊，等．MATLAB 语言工具箱——TOOLBOX 实用指南［M］．西安：西北工业大学出版社，1998.

[37] 樊尚春，乔少杰．检测技术与系统［M］．北京：北京航空航天大学出版社，2005.

[38] 张碧波，丛文龙．设备状态监测与故障诊断［M］．北京：化学工业出版社，2005．

[39] 林英志，殷晨波，袁强．设备状态监测与故障诊断技术［M］．北京：北京大学出版社，中国林业出版社，2007．

[40] 郑秀媛，谢大吉．应力应变电测技术［M］．北京：国防工业出版社，1985．

[41] 孙树栋．工业机器人技术基础［M］．西安：西北工业大学出版社，2006．

[42] 孟庆鑫，王晓东．机器人技术基础［M］．哈尔滨：哈尔滨工业大学出版社，2006．

[43] 郭洪红．工业机器人技术技术［M］．西安：西安电子科技大学出版社，2006．

[44] 谢进，李大美．Matlab 与计算方法实验［M］．武汉：武汉大学出版社，2009．

[45] Sanjit K. M. 数字信号处理实验指导书［M］．孙洪，余翔宇，译．北京：电子工业出版社，2005．

[46] 杨述斌，李永全．数字信号处理实践教程［M］．武汉：华中科技大学出版社，2007．

[47] 朱横君，肖燕彩，邱成．Matlab 语言及实践教程［M］．北京：清华大学出版社，北京交通大学出版社，2004．